"十三五"普通高等教育本科系列教材

Java语言程序设计实用教程

主　编　王素琴
副主编　周长玉　彭　文
编　写　张智源　韩立涛　刘谕齐　施文豪

中国电力出版社
CHINA ELECTRIC POWER PRESS

内 容 提 要

本书为“十三五”普通高等教育本科系列教材，在全面介绍 Java 语言语法知识的同时，注重对面向对象程序设计思想、Java 核心机制与基本原理的阐述，主要内容包括 Java 语言概述、Java 语言基础、类与对象、异常处理、基于 Swing 的图形用户界面设计、输入/输出流、数据库编程、多线程编程和网络编程。

本书特别注重提高读者运用 Java 语言和面向对象技术解决实际问题的能力。书中给出了大量经过调试运行的程序实例及适量的课后习题，便于读者学习和自测。本书在重点章节设置了二维码，读者可扫描观看相关教学视频或动画。

本书可作为普通高等院校计算机及相关专业 Java 语言程序设计课程的教材，也可供从事计算机工作的技术人员学习或参考。

图书在版编目（CIP）数据

Java 语言程序设计实用教程/王素琴主编. —北京：中国电力出版社，2017.2（2021.8 重印）
“十三五”普通高等教育本科规划教材
ISBN 978-7-5198-0230-1

Ⅰ. ①J… Ⅱ. ①王… Ⅲ. ①JAVA 语言－程序设计－高等学校－教材 Ⅳ. ①TP312.8

中国版本图书馆 CIP 数据核字（2017）第 003055 号

中国电力出版社出版、发行
（北京市东城区北京站西街 19 号 100005 http://www.cepp.sgcc.com.cn）
北京雁林吉兆印刷有限公司印刷
各地新华书店经售
*
2017 年 2 月第一版 2021 年 8 月北京第七次印刷
787 毫米×1092 毫米 16 开本 19 印张 465 千字
定价 **38.00** 元

前　言

面向对象软件开发方法已经成为计算机应用开发领域的主流技术，它从现实世界客观存在的事物（即对象）出发来构造软件系统，并在其中尽可能运用人类的自然思维方式。采用面向对象方法开发的软件系统具有容易理解、稳定性好、可重用性高等优点。

Java 语言是面向对象程序设计语言的成功典范，自 1995 年诞生以来，短短几年就成为软件开发领域最常用、最重要的语言之一，广泛应用于 Web 应用、移动应用及云计算平台的开发中。

本书在内容的编排上做了精心的设计，注重理论性、实用性和先进性的统一。在准确、深入地介绍 Java 语言基本语法知识的同时，将实用性强的应用程序穿插在理论讲述中。另外，结合开发应用程序的需要，本书还详细阐述了数据库应用程序开发、多线程编程及网络程序设计技术，并配以精心设计的案例及程序。通过本书的学习，读者不仅能够掌握 Java 语言的语法知识，了解面向对象程序设计的基本方法，而且能够提升开发实际应用程序的能力。同时，作为最活跃的程序设计语言之一，Java 语言一直在发展、演化中。本书对 Java 语言的常用新特性进行了详细介绍，包括 JDK 7 中引入的异常的多重捕获及自动资源管理，JDK 8 中引入的函数式接口及 lambda 表达式的使用等。

本书在内容的阐述上自成体系，通俗易懂，从问题的引入到问题的解决，体现了由浅入深、循序渐进的原则。由于在数据库、多线程及网络编程等章节的学习上需要用到数据库、操作系统和计算机网络等课程的基础知识，考虑到 Java 语言课程的开设可能早于这些专业课，因此在各章中加入了专业基础知识的介绍，便于读者的理解和掌握。各章都配有丰富的例题，较复杂的例题都有详细的分析过程和运行结果的说明。各章后面配有多种类型的习题，知识点覆盖全面，便于读者复习和自测。本书在重点章节设置了二维码，读者可扫描观看教学视频或动画。

下面简要介绍本书的主要内容与教学安排：

第 1 章　Java 语言概述，主要介绍 Java 语言的发展历史、语言特点、平台构成，并以一个简单的程序为例来说明 Java 程序的开发过程及使用的开发工具。

第 2 章　Java 语言基础，介绍 Java 语言的基础知识，包括标识符、数据类型、变量、运算符、表达式、流程控制、数组、字符串和输入/输出等。

第 3 章　类与对象，系统介绍 Java 语言中面向对象程序设计的基本概念和基本方法，重点是封装、继承和多态三大特性的实现过程。

第 4 章　异常处理，介绍异常的概念、异常类、捕获异常、声明异常、异常处理机制及自定义异常类等。

第 5 章　基于 Swing 的图形用户界面设计，主要介绍 Java 图形用户界面设计的基本原理、常用的组件、布局管理器和事件处理机制等。

第 6 章　输入/输出流，介绍流的基本概念、I/O 类的体系、文件流、缓冲流、数据流、对象流、桥接流等。

第 7 章　数据库编程，首先介绍 Java 数据库连接应用编程接口 JDBC 的相关概念及结构化查询语言 SQL，然后详细阐述了使用 JDBC 技术开发数据库应用程序的基本方法和过程。

第 8 章　多线程编程，首先介绍 Java 多线程机制的基本概念，然后重点阐述了线程的创建、调度、同步控制及线程之间的通信等。

第 9 章　网络编程，首先介绍网络编程相关的基本概念，然后进一步介绍如何编写连接网络服务的 Java 程序，重点介绍基于连接的 Socket 网络通信程序设计。

第 1 章～第 6 章是 Java 基础篇，第 7 章～第 9 章是 Java 应用篇，在教学中可根据实际情况选用。

本书第 1 章～第 3 章由彭文编写，第 4 章～第 6 章由王素琴编写，第 7 章～第 9 章由周长玉编写。高宇豆、王金睿、张智源、韩立涛、刘谕齐和施文豪参与了内容的校对、例题和习题的编写及程序的调试工作。

限于作者水平，书中难免存在疏漏之处，欢迎各位同行和广大读者批评指正。

编　者

2016 年 12 月

目　　录

扫一扫　观看视频

二维码　总码

第1章 Java 语 言 概 述

Java 是一种可以编写跨平台应用程序的面向对象程序设计语言，在软件开发领域得到了广泛应用。本章主要介绍 Java 语言的发展历史、语言特点和平台构成，并以一个简单的程序为例来说明 Java 程序的开发过程及常用的开发工具。

1.1 Java 语言的发展历史

1995 年 5 月 23 日，Sun 公司在 SunWorld 大会上第一次公开展示 Java 语言。Java 这个词是位于印度尼西亚的爪哇岛的英文名称，该岛因盛产咖啡而闻名，所以 Java 语言的标识是一杯正冒着热气的咖啡。

1996 年初，Sun 公司发布了 Java 语言的第 1 个版本 Java 1.0，但很快人们就意识到它不能用来进行真正的应用开发。后来的 Java 1.1 弥补了其中的大部分缺陷，改进了反射能力，并为图形用户界面（GUI）编程增加了新的事件处理模型。

1998 年 12 月 Java 1.2 版本发布，这个版本取代了早期玩具式的 GUI，图形工具箱更加精细且具有可伸缩性，更加接近“一次编写，随处运行”的目标。Java 1.2 发布三天后，Sun 公司将其命名为“Java 2 标准版软件开发工具箱 1.2 版”。

标准版的 1.3 和 1.4 版本继续对 Java 2 进行改进，扩展了标准类库，提高了系统性能，修改了部分缺陷。

Java 5.0 版是自 1.1 版以来第一个对 Java 语言做出重大修改的版本(这一版本原来被命名为 1.5 版，在 2004 年的 JavaOne 会议之后，版本数字升为 5.0)。这个版本添加了泛型类型、for each 循环、自动装箱和元数据等新的语言特性。

2006 年末，Sun 公司发布了 Java 6，改进了系统性能，增加了类库。Oracle 公司于 2009 年收购了 Sun 公司，并于 2011 年发布了 Java 的新版本 Java 7，其中做了较多的改进。2014 年 3 月 Java 8 面世，这一版本最大的改进是新增了 Lambda 表达式。

1.2 Java 语言的运行原理

Java 语言比较特殊，它既是编译型语言又是解释型语言。Java 的源程序代码必须通过编译器将其编译为 Java 字节码（byte code）后才能运行，所以称之为编译型语言。但 Java 字节码不能直接运行，只能在 Java 虚拟机（具体说明见 1.4.1 节）环境中被解释执行，因此称之为解释型语言。一个 Java 程序的运行过程如图 1-1 所示。

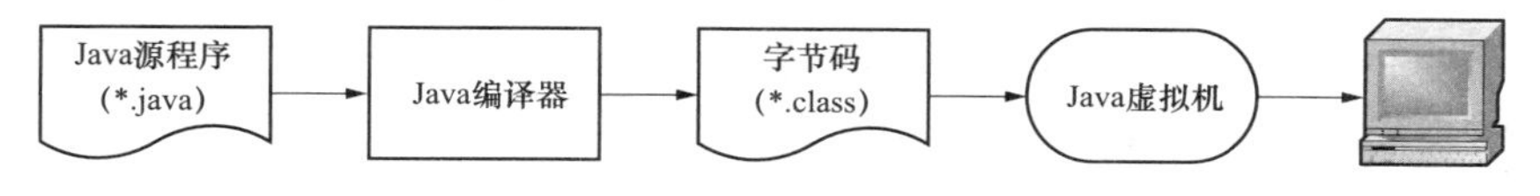

图 1-1　Java 程序的运行过程

Java 程序是由虚拟机负责解释执行，并非是操作系统，这样做的优点是可以实现程序的跨平台运行。也就是说，一段 Java 程序编译后的字节码可以在装有不同操作系统的计算机上运行，只要每台计算机上装有对应的 Java 虚拟机即可，如图 1-2 所示。这种方式使得 Java 语言解决了在不同操作系统编译时产生不同机器代码的问题，大大降低了程序开发和维护的成本。

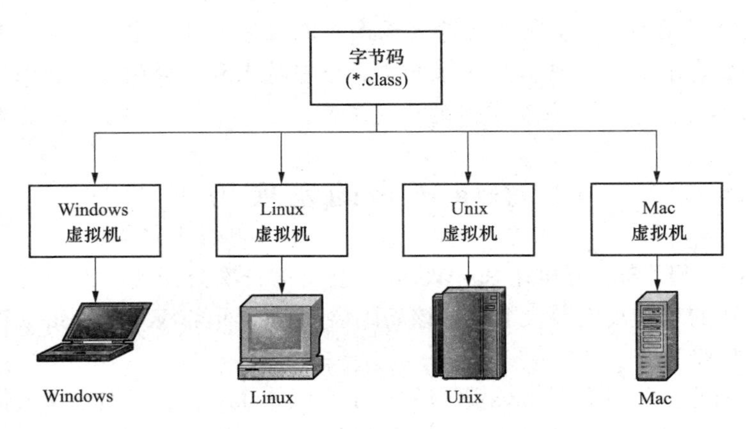

图 1-2　Java 程序的跨平台运行原理

1.3 Java 语言的特点

与其他语言（如 C++、Delphi、C#等）相比，Java 语言有着突出的特点，使其受到广泛的关注，主要体现如下：

1. 简单性

Java 语言是一种相对简单的编程语言，其基本语法与 C++语言极为相似，如常用的条件语言、循环语句和控制语句等。但 Java 语言摒弃了 C++语言中不易理解的部分，减少了编程的复杂性，例如去掉了指针变量、结构体、运算符重载、多重继承等复杂特性。

2. 面向对象

Java 语言是一种纯粹的面向对象程序设计语言，除了基本数据类型以外，都是对象，程序代码以类的形式组织，由类来定义对象的各种属性和行为。Java 语言支持继承机制，减少了程序设计的复杂性。

3. 平台无关性

Java 语言经编译后生成与计算机硬件结构无关的字节码，这些字节码不依赖于任何硬件平台和操作系统。Java 程序在运行时，需要由一个解释程序对生成的字节码解释执行。这体现了 Java 语言的平台无关性，使得 Java 程序可以在任何平台上运行，如 MS-DOS、Windows、Unix 等，因此具有很强的移植性。

4. 安全性

在网络环境中，安全性是个不容忽视的问题。Java 语言在安全性方面引入了实时内存分配及布局来防止程序员直接修改物理内存布局。通过字节码验证器对字节码进行检验，防止网络病毒及其他非法代码侵入。此外，Java 语言还采用了专门的异常处理机制对程序运行过程中遇到的异常事件进行捕获和处理，如输入错误、内存空间不足、程序异常中止等。

5. 分布式

分布式包括数据分布和操作分布。数据分布是指数据可以分散在不同主机之上，而操作分布是指把一个计算任务分散到不同主机上进行处理。对于数据分布，Java 语言提供 URL 对象访问 URL 地址上的资源。对于操作分布，Java 语言提供了用于网络应用编程的类库，开发人员可以进行网络程序设计。此外，Java 语言的远程方法调用（RMI）机制也是开发分布式应用的重要手段。

6. 多线程机制

Java 语言支持多线程机制，Java 程序能够并行处理多项任务，可以大大提高程序的执行效率。

7. 内存管理机制

Java 语言采用了自动垃圾回收机制进行内存的管理，它可以自动、安全地回收不再使用的内存块。程序员在编程时无需担心内存的管理问题，从而使 Java 程序的编写变得简单，同时也减少了内存管理方面出错的可能性。

1.4 Java 语言平台

为了使软件开发人员、服务提供商和设备生产商可以针对特定的市场进行开发，Sun 公司将 Java 划分为三个技术平台，分别为 Java SE、Java EE 和 Java ME。

Java SE（Java Platform Standard Edition，以前称为 J2SE），为开发普通桌面和商务应用程序提供解决方案。Java SE 是三个平台中最核心的部分，包含了 Java 最核心的类库，如集合、流、数据库连接及网络编程等。

Java EE（Java Platform Enterprise Edition，以前称为 J2EE），为开发企业级应用程序提供解决方案。Java EE 是在 Java SE 的基础上构建的，用于开发、装配及部署企业级应用程序，主要包括 JSP、Servlet、JavaBean、EJB 和 Web Service 等技术。

Java ME（Java Platform Micro Edition，以前称为 J2ME），为在移动设备和嵌入式设备上运行的应用程序提供解决方案。Java ME 包括灵活的用户界面、健壮的安全模型、许多内置的网络协议及对可以动态下载的联网和离线应用程序的丰富支持。

Java 语言平台由 Java 虚拟机（Java Virtual Machine，JVM）和 Java 应用编程接口（Java Application Programming Interface，API）两部分组成，它为 Java 源程序的编写、编译和运行提供了完善的环境。

1.4.1 Java 虚拟机

Java 虚拟机是运行 Java 程序的虚拟计算机，它解释 Java 字节码并执行代码要完成的操作。Java 虚拟机与计算机硬件和操作系统相关，根据不同的操作系统开发相应的版本。

Java 虚拟机由五部分组成，包括一组指令集、一组寄存器、一个栈、一个无用单元收集堆和一个方法区域。这五部分是 Java 虚拟机的逻辑组成，不依赖于任何实现技术或组织方式，但它们的功能必须在真实计算机上以某种方式实现。

Java 虚拟机的指令包含一个单字节的操作符，用于指定要执行的操作，还有 0 个或多个操作数，提供操作所需的参数或数据。有些指令没有操作数，仅由一个单字节的操作符构成。

Java 虚拟机的寄存器用于保存计算机的运行状态，与微处理器中的某些专用寄存器类似。Java 虚拟机的寄存器有四种，包括 Java 程序计数器、指向操作数栈顶端的指针、指向当前执行方法的执行环境指针和指向当前执行方法的局部变量区第一个变量的指针。

Java 虚拟机的栈有三个区域：局部变量区、运行环境区、操作数区。

Java 虚拟机的堆是一个运行时数据区，类的实例（对象）从中分配空间。Java 语言具有无用单元收集能力，它不给程序员显式释放对象的能力。

Java 虚拟机的方法区域与传统语言中的编译后代码及 Unix 进程中的正文段类似。它保存方法代码（编译后的 Java 代码）和符号表。在当前的 Java 实现中，方法代码不包含在无用单元收集堆中，但计划在将来的版本中实现。

1.4.2 Java API

Java API 是 Java 语言提供的类和接口的集合，目的是为应用程序与开发人员提供一套访问主机系统资源的标准方法，但又无需访问源码或理解内部工作机制细节。Java API 以包的形式组织，表 1-1 列出了 Java API 中常用包的名称及包含内容。

运行 Java 程序时，虚拟机装载程序所使用的 Java API 类文件。所有被装载的类文件和已经装载的动态库共同组成了在 Java 虚拟机上运行的整个程序。

表 1-1 Java API 中常用包的名称及包含内容

包名称	包 含 内 容	包名称	包 含 内 容
java.applet	创建 Applet 需要的类和接口	java.rmi	远程方法调用的类和接口
java.awt	图形用户界面的类和接口	java.sql	访问数据库的类和接口
java.io	输入/输出流的类和接口	java.text	处理文本、日期、数字和消息的类和接口
java.lang	Java 的基础类和接口	java.util	包含日期、集合等实用的类和接口
java.math	与数学计算相关的类和接口	javax.swing	轻量级用户界面的类和接口
java.net	网络应用的类和接口		

1.5 Java 程序开发

为了方便用户开发 Java 程序，Sun 公司提供了一套 Java 开发工具包（Java Development Kit，JDK），它是整个 Java 语言的核心，其中包括 Java 编译器、Java 运行工具、Java 文档生成工具和 Java 打包工具等。此外，Sun 公司还提供了 Java 程序运行时的环境工具 JRE（Java Runtime Environment），Java 虚拟机就包含在其中。为了简化操作流程，在 JDK 中自带了 JRE，这样开发人员只需要在计算机上安装 JDK 即可，不需要专门安装 JRE 工具。

1.5.1 JDK 下载与安装

1. JDK 的下载

在浏览器录入以下网址，进入下载页面，其中有针对不同操作系统的 JDK 版本，选择适用于 Windows 操作系统的最新版本下载即可，本书中的代码是基于 JDK 8 版本编写。

http://www.oracle.com/technetwork/java/javase/downloads/index.html

2. JDK 的安装

双击已下载好的 JDK 文件，按照安装提示逐步操作，选择默认路径依次安装 JDK 和 JRE

文件。

3．安装文件说明

JDK 安装完毕后，在安装目录会出现文件夹“JDK 1.8.0_74”（不同 JDK 版本安装后的文件夹名称不同），其中包含的内容有：

（1）bin 目录：存放 JDK 开发工具的可执行文件。

（2）lib 目录：存放开发工具需要的附加类库和支持文件。

（3）jre 目录：存放 Java 虚拟机，可支持执行 Java 语言编写的程序。

（4）demo 目录：存放带有源代码的 Java 编程示例。

（5）include 目录：存放 C 语言头文件，支持 Java 本地接口与 Java 虚拟机调试程序接口的本地编程技术。

（6）src.zip 压缩文件：存放组成 Java2 核心 API 的所有类的 Java 编程语言源文件。

1.5.2　Java 程序的编写

JDK 安装完毕后，便可以开始 Java 程序的开发，主要分为编写源程序、编译、调试和运行等步骤。

打开 Windows 操作系统中的记事本程序，录入［例 1-1］中的代码，将文件命名为“HelloWorld.java”并保存在 E 盘根目录下。

【例 1-1】　输出一行文字“第一个 Java 程序”。

```
/*
*该程序的功能是在标准输出端
*打印出一行文字"第一个 Java 程序"
*/
public class HelloWorld {
    public static void main(String[] args) {
        System.out.println("第一个 Java 程序");
    }
}
```

各行代码的含义如下：

（1）第 1～4 行代码为 Java 的注释语句，这里采用的是多行注释。

（2）第 5 行的 class 是 Java 关键字，用于定义一个类，public 表示类的访问权限。在 Java 中，所有的代码都需要写在类中。HelloWorld 是类名，关键字 class 和类名之间需要用空格、制表符或换行符等空白字符分隔。类名后面要写一对花括号，定义了这个类的范围，花括号中的内容也称为类体。Java 规定标记为 public 的类名必须与文件名一致，所以该程序的文件名必须是“HelloWorld.java”（注意：大小写敏感）。

（3）第 6 行定义了一个 main()方法，这是 Java 程序的执行入口。根据 Java 语言规范，main()方法必须声明为 public。

（4）第 7 行是一条打印语句，作用是在输出端显示文本“第一个 Java 程序”。其中 System 类是一个特殊的类，它表示当前运行的系统，out 是 System 类的成员变量，是标准输出流对象。

在编写程序时，代码中出现的括号、分号、双引号等符号必须采用英文半角格式，否则程序会出错。另外，为了增加程序可读性，在编写 Java 代码时，大家都会遵循一定的规范：

（1）类名：首字母大写，多个单词合成一个类名时，每个单词的首字母要大写，如 HelloWorld。

（2）接口名：命名规则与类名相同。

（3）方法名：常由多个单词合成，第一个单词首字母小写，其后每个单词的首字母都要大写，如 showMessageDialog()。

（4）变量名：一般为名词，第一个单词全小写，其后每个单词首字母大写，如 rowName。

（5）常量名：基本数据类型的常量名为全大写，如果是由多个单词构成，可以用下划线隔开，如 PERSON_COUNT。

1.5.3 Java 程序的编译与运行（微课 1）

Java 源程序文件编写完毕后，打开 DOS 窗口对程序进行编译与运行。Windows 7 及以下操作系统，单击“开始”菜单按钮，在“搜索程序和文件”框中输入“cmd”，再按“回车”键即可打开一个 DOS 窗口。Windows 8 系统可在键盘上同时按下 windows+r 的组合键，在弹出窗口中输入“cmd”，然后再按“回车”键，打开 DOS 窗口。

为了操作方便，首先将源文件所在的目录（文件夹）设为当前目录，[例 1-1] 中的源文件在 E 盘根目录下，则需要在 DOS 提示符下直接输入“E:”，单击“回车”键，当前 DOS 提示符变为 E:，如图 1-3 所示。如果源文件不是在 E 盘根目录，而是在 E:\JavaCode 目录下，则首先在 DOS 提示符下输入“E:”，按“回车”键之后，再录入“cd E:\JavaCode”，按“回车”键之后，目录切换成功。

在图 1-3 所示的目录下，输入命令“javac HelloWorld.java”，按“回车”键之后开始编译源文件。一旦编译成功，会在当前目录下生成 HelloWorld.class 文件。Java 程序中的每个类被编译后都会生成一个后缀名为 class 的字节码文件。

运行 Java 程序也相对简单，在上述操作之后，输入“java HelloWorld”命令，按“回车”键之后，在界面上显示文本“第一个 Java 程序”。需要注意的是，录入的命令中，不需要加上“.class”，否则会出现错误。

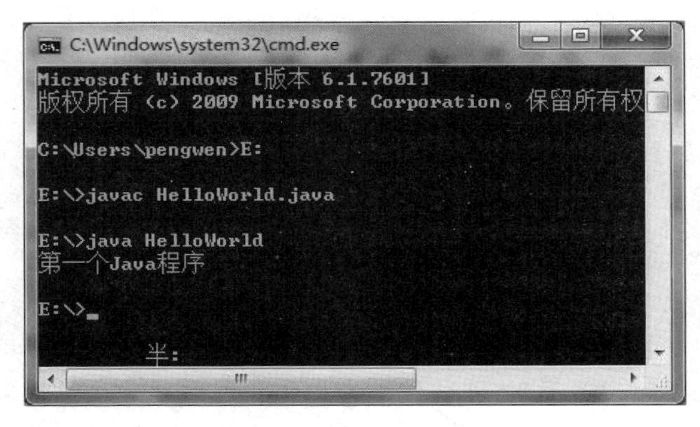

图 1-3 DOS 窗口

1.6 Eclipse 的安装与使用

在记事本中编写 Java 程序效率较低，目前市面上出现若干针对 Java 语言的开发平台，其中 Eclipse 是目前最常用的平台之一，它是一个开放源代码的、可扩展的集成开发环境。

1.6.1 Eclipse 的下载与安装

1. Eclipse 的下载

Eclipse 的下载网址为 http://www.eclipse.org/downloads/eclipse-packages/，在下载页面中列出了不同版本的 Eclipse 的下载选项。需要下载的是 Eclipse IDE for Java Developers，根据

操作系统的不同选择 32 位或 64 位版本，点击下载即可，本书中下载的是 Windows64 bit 版本。

2. Eclipse 的安装

双击下载后的文件 eclipse.exe，即可打开 Eclipse。在安装过程中会出现“选择 Workspace”的界面，也就是项目代码存放的位置，本书中工作空间设在“D:\Java”文件夹下。

1.6.2　Eclipse 的使用（微课 2）

通过 Eclipse 可以完成 Java 程序的编写、编译、调试和运行，主要步骤如下。

1. 建立项目

选择菜单栏中的 File→New→Java project 这一选项，在弹出界面的 Project name 栏中输入项目名，例如“Test”，其他选项都是默认的即可，直到单击 Finish 创建项目完毕。

名为“Test”的项目建立成功，界面如图 1-4 所示，在 Test 节点下出现了 src 节点。与此同时，在工作空间中出现“Test”文件夹，其中包含目录 src、bin、lib 和.settings。src 目录中存放在该项目下编写的 Java 源代码，bin 目录存放编译后的字节码文件，lib 存放与该项目相关的包，.settings 目录存放与配置相关的文件。

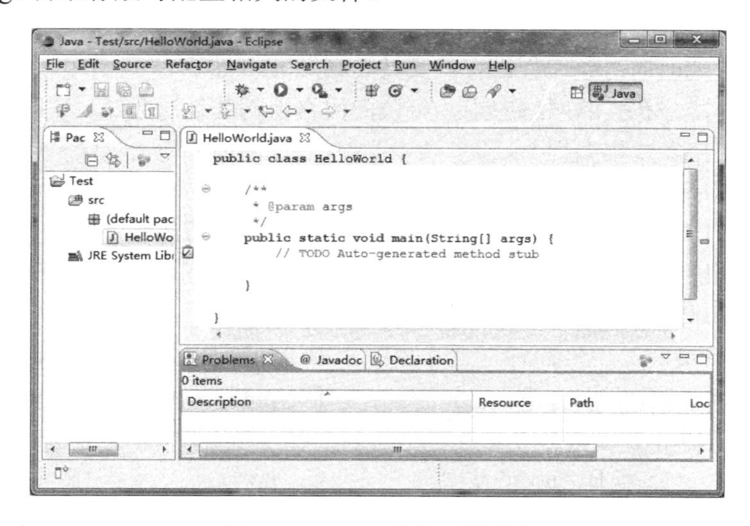

图 1-4　Eclipse 建立工程界面

2. 创建 Java 程序

选择项目 Test 下的 src，单击右键，选择 New→class，输入类名，这里输入了类名“Hello Word”，选中 public static void main(String[] args)，单击 Finish 按钮，Java 程序文件创建成功。

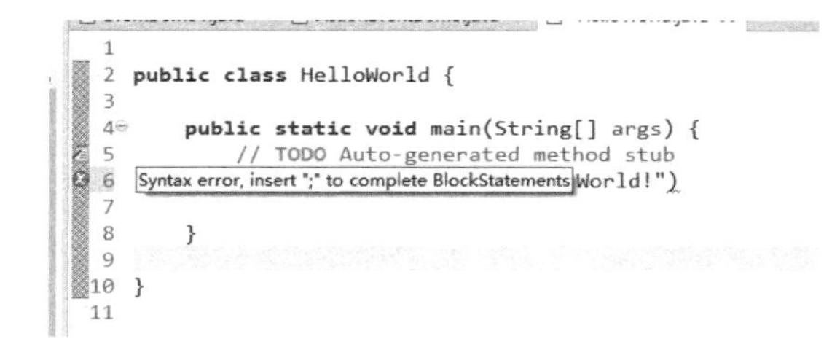

图 1-5　编写 Java 程序

3. 编写、运行程序

Eclipse 采用即时编译机制，在输入代码的过程中，如果某一行语句有错误，就会在该行的左侧显示一个“红叉”，将鼠标移至该红叉位置，会显示错误提示信息，如图 1-5 所示。

程序编写完毕后，单击工具栏上的 (run）按钮，即可运行程序。

本章小结

本章介绍了 Java 语言的发展历史、Java 语言的运行原理及平台构成和 Java 语言的特点。通过编写了一个简单的 Java 程序，详细说明了 Java 程序的编译及运行过程。最后，介绍了 Java 语言编程中常用的 Eclipse 软件的安装与使用。

通过本章的学习，读者对 Java 语言有了初步的认识，了解了 Java 程序的开发过程，更多的 Java 语言知识将在后续章节中讲解。

习　题

一、单项选择题

1．Java 程序经过编译后生成的文件的后缀是_________。

A．obj　　B．exe　　C．class　　D．java

2．下面关于 Java 语言特点的描述中，错误的是_________。

A．Java 是纯面向对象编程语言，支持单继承和多继承

B．Java 支持分布式的网络应用，可访问网络上的其他对象

C．Java 支持多线程编程

D．Java 程序与平台无关、可移植性好

3．Java 语言的核心包中，提供编程应用的基本类和接口的包是_________。

A．java.util　　B．java.lang　　C．java.applet　　D．java.rmi

4．下面的 main()方法原型，正确的是_________。

A．void main()　　B．public static void main()

C．public main(String args[])　　D．public static void main(String args[])

5．Java 语言中编译程序的命令是_________。

A．java　　B．javadoc　　C．javac　　D．javah

二、简答题

1．简述 Java 语言的特点。

2．Java 语言的三个技术平台分别是什么？每个平台的适用范围是什么？

3．简述 Java 虚拟机的主要功能。

4．简述 Java 程序的开发步骤。

5．通过查找资料，简述目前 Java 程序开发的主要工具有哪些？

第2章 Java 语言基础

学习编程语言与学习英语一样，都需要从字母、单词和语法等基础知识开始。本章将介绍Java语言的基础知识，包括标识符、数据类型、变量、运算符、表达式、流程控制、数组、字符串和输入、输出等。

2.1 标识符与数据类型

在编写 Java 程序之前，首先需要了解 Java 程序能使用哪些有效字符序列及能处理哪些类型的数据，这就是 Java 语言的标识符与数据类型。

2.1.1 标识符

Java 程序中使用的各种对象，如变量、方法、类、数组等都要有名字，这些名字称为标识符（Identifier）。标识符由编程者指定，但必须遵循一定的语法规则。Java 语言中的标识符必须满足以下条件：

（1）标识符只能包含字母、数字、下划线（_）和美元符号（$）；

（2）标识符必须以字母、下划线和美元符号开头。

标识符的命名除了必须满足上述条件之外，还应使其尽量体现明确的含义，也就是要做到“见名知意”，以提高程序的可读性。例如，name、id、width 等标识符要比 n1、i2、w3 等标识符更直观，尽管它们都是合法的。

另外，Java 语言的标识符是大小写敏感的，即 Name 和 name、Person 和 person 是两个不同的标识符，在使用时要特别注意这一点。

在所有合法的标识符中，有一些标识符被 Java 语言赋予特定含义，不允许用户对其重新定义，这些标识符称为保留字（Reserved Word）。而在所有保留字中又有一些标识符对 Java 的编译器有特殊的意义，它们用来表示一种数据类型，或者表示程序的结构等，称之为关键字（Keyword）。

Java 语言中共有 53 个保留字，其中 50 个为关键字（goto 和 const 目前尚未使用），另外 3 个保留字是值，分别为 true，false 和 null。Java 语言定义的保留字如表 2-1 所示。

表 2-1　Java 语言定义的保留字

abstract	assert	boolean	break	byte	case	catch	char	class
const	continue	default	do	double	else	enum	extends	***false***
final	finally	float	for	goto	if	implements	import	instanceof
int	interface	long	native	new	***null***	package	private	protected
public	return	short	static	strictfp	super	switch	synchronized	this
throw	throws	transient	***true***	try	void	volatile	while	

2.1.2　数据类型

程序在执行过程中，需要处理的数据必须存储在内存的空间中，并且要知道这块空间的位置。为了更方便地访问内存，采用变量名代表该数据存储空间的位置。然而由于不同数据存储时所需的空间大小各不相同，因此对不同数据采用不同的数据类型来区分。

Java 语言中的数据类型分为基本数据类型和引用数据类型两种。基本数据类型在声明变量后会立刻分配数据的内存空间，在其中存储的是数据值，数据占用的内存空间大小是固定的，与软硬件环境无关。引用数据类型在声明变量时不会分配数据的内存空间，只会分配一个空间用来存储数据的内存地址。

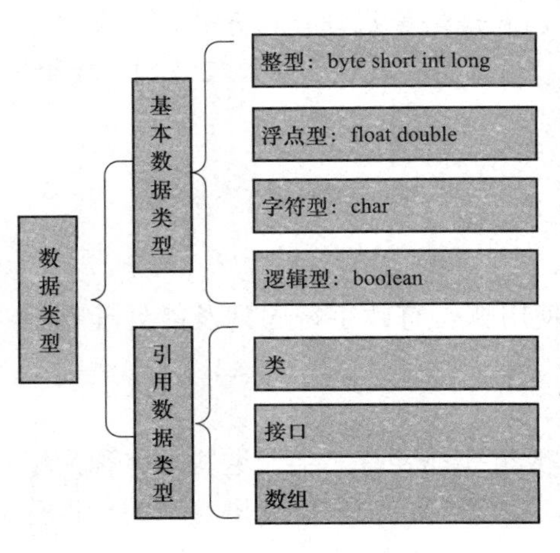

图 2-1　Java 数据类型

Java 语言一共有 8 种基本数据类型和 3 种引用数据类型，如图 2-1 所示。基本数据类型包括 4 种整型、2 种浮点型、1 种表示 Unicode 编码的字符型和 1 种表示真值的逻辑型。

1. 整型

整型用于表示没有小数部分的数值。Java 语言提供了 4 种整型：字节型（byte）、短整型（short）、整型（int）和长整型（long），每种类型的存储需求和表示范围如表 2-2 所示。

表 2-2　　Java　整　型

类型	存储需求	表 示 范 围
byte	1 字节	−128～127
short	2 字节	−32 768～32 767
int	4 字节	−2 147 483 648～2 147 483 647
long	8 字节	−9 223 372 036 854 775 808～9 223 372 036 854 775 807

2. 浮点型

Java 语言用浮点型表示实数，也就是带有小数部分的数值。Java 语言提供 2 种浮点数：单精度浮点型（float）和双精度浮点型（double），每种类型的存储需求和表示范围如表 2-3 所示。

表 2-3　　Java 浮 点 型

类型	存储需求	表 示 范 围
float	4 字节	约为±3.402 823 5E +38（有效位数 6～7）
double	8 字节	约为±1.797 693 134 862 315 7E +308（有效位数 15）

通常情况下，程序中出现的浮点型数值默认为 double 类型，如果要将一个浮点型数值指定为 float 类型，需要在数值后面加字母 F 或 f。

3. 字符型

字符型表示一个字符，类型说明符为 char。Java 语言的字符采用 Unicode 字符集编码方案，每个字符占两个字节，以一个 16 位无符号整数来表示，取值范围是“\u0000”到“\uFFFF”，共 65 536 个字符。Unicode 字符集的前 128 个字符与 ASCII 表对应。由于 Java 语言采用了 Unicode 这种新的国际标准编码方案，使得其处理多种语言的能力得到极大提高。

字符型数值必须使用单引号将字符括起来。某些特殊的字符可以采用转义字符来表示，如换行符和制表符在源程序中直接出现会被当作分隔符而不是当作字符来使用，因而分别使用'\n'和'\t'来表示。需要说明，转义字符改变了字符原有的含义，但仍然只表示一个字符，即'\n'不表示 2 个字符。常用的转义字符如表 2-4 所示。

表 2-4　Java 的 转 义 字 符

转义字符	名称	Unicode 值	转义字符	名称	Unicode 值
\a	响铃	\u0007	\r	回车	\u000d
\b	退格	\u0008	\"	双引号	\u0022
\t	制表	\u0009	\'	单引号	\u0027
\n	换行	\u000a	\\	反斜杠	\u005c

4. 逻辑型

逻辑型（boolean）也称为布尔型，用来表示逻辑值。逻辑型数据只能取 true 和 false 两个值，并且不能与整型数据进行转换，这一点与 C 语言不同。

2.1.3　常量

常量是在程序运行过程中不能被修改的数值，Java 语言中每种数据类型都有相应的常量。

1. 整型常量

整型常量就是整数，Java 语言中的整型常量可以采用十进制、八进制、十六进制和二进制 4 种表示方法。十进制的整型常量以非 0 数字开头，如 14，–40 等；八进制的整型常量用数字 0 开头的数值表示，且只能出现数字 0～7，如 020 代表十进制数值 16；十六进制的整型常量用 0x 或者 0X 开头的数值表示，如 0x1a 代表十进制数值 26；二进制的整型常量用 0b 或者 0B 开头的数值表示，如 0B1100 代表十进制数值 12。不管哪种进制的整型常量，它只是一个数值的不同表现形式，如 10，012，0xa 和 0b1010，这些常量都表示数值 10。另外，还可以在数字之间添加下划线，例如 1_000_000 表示一百万。这些下划线只是为了让人更易读懂，编译器会自动忽略这些下划线。

程序中出现的整型常量被看作 int 型，在内存中分配 4 字节，如 123。整型常量后面添加字母 L 或者 l，被看作长整型常量，在内存中分配 8 字节，如 123L。

2. 浮点型常量

浮点型常量指的是实数，Java 语言中的浮点型常量有十进制小数和科学计数法两种表示方式。

（1）十进制小数：由整数部分、小数点和小数部分构成，且必须包含小数点，如.23、1. 和 1.23 都是合法的表示。

（2）科学计数法：由数值部分、e（或者 E）和指数部分构成，如 1.23e2、123e-1，其中 e 前面必须有数字，e 后面必须是整数。

程序中出现的浮点型常量被看作为 double 型，在内存中分配 8 字节，如 1.23。如果要将浮点型常量指定为 float 型，需要在它后面加上字母 f 或 F，在内存中分配 4 字节，如 1.23f。

3. 字符型常量

字符型常量是用一对单引号括起来的单个字符，如'0'、'a'、'好'等。字符可以是数字、字母、汉字等，也可以是转义字符，还可以使用 Unicode 码表示一个字符，如'\u0041'。

4. 逻辑型常量

逻辑型常量只有两个：true 和 false，分别代表真值和假值。

除了以上各种类型的常量以外，Java 语言还允许利用关键字 final 进行常量声明，例如：

final double PI=3.141 592 6;

将 PI 声明为常量，它不能被再次赋值。为了区别于普通的变量，建议被声明为常量的标识符全部用大写字母表示。

2.1.4 变量

在程序运行过程中，数值可以改变的量称为变量。在 Java 语言中，每一个变量属于一种数据类型，该类型决定了变量在内存中所占空间的大小和所能进行的合法操作等。变量必须“先声明后使用”，变量声明的格式为

数据类型 变量名;

其中变量名应是合法的标识符，例如：

```
int number;
```

当多个变量属于同一数据类型时，可在一条语句中声明，变量之间用逗号隔开，例如：

```
int year, month, day;
```

声明变量之后，必须对其赋值方可使用，不能使用未被赋值的变量。例如，Java 编译器认为下面的语句是错误的：

```
int number;
System.out.println(number);// The local variable number may not have been
initialized
```

Java 语言可以在声明变量时直接进行初始化操作，格式为

数据类型 变量名 = 数值;

其中的数值可以是常量、其他已赋值的变量或者表达式等，例如 `int number = 123;`或者 `int c = a+b;`。

2.1.5 数据类型转换

Java 语言中数据类型转换分为自动类型转换和强制类型转换，自动类型转换是由系统自动完成，不需要程序做特殊说明，而强制类型转换要求程序显式说明。

1. 自动类型转换

自动类型转换是指两种数据类型在转换过程中不需要显式声明，由系统自动完成。自动类型转换的原则是将取值范围小的类型转换为取值范围大的类型，例如：

```
short s = 10;
int n = s;
```

在上面的语句中，将 short 类型变量 s 赋值给 int 类型变量 n，由于 int 类型的取值范围大于 short 类型的取值范围，在赋值过程中不会造成数据的丢失，所以编译器自动完成转换。

除了上述赋值操作，在不同数据类型参与运算时也会进行自动类型转换，Java 语言规定当两种不同类型的操作数进行运算时，需要先将两个操作数转换为同一种类型，然后才能执行运算。图 2-2 是不同数据类型间的转换规则。

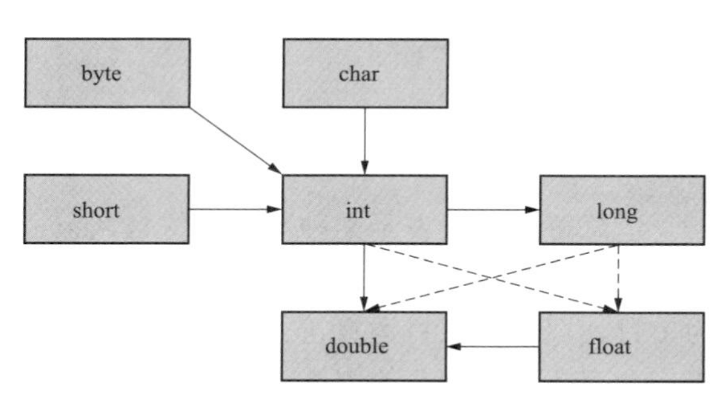

图 2-2 不同数据类型间的转换规则

图 2-2 中有 6 条实线箭头，表示在数据转换过程中信息不会丢失。另外 3 条虚线箭头表示在数据转换过程中可能存在精度损失。不同类型数据转换规则为

（1）如果两个操作数中有一个是 double 型，则另一个操作数转换为 double 型；

（2）否则，如果两个操作数中有一个是 float 型，则另一个操作数转换为 float 型；

（3）否则，如果两个操作数有一个是 long 型，则另一个操作数转换为 long 型；

（4）否则，两个操作数都被转换为 int 型。

也就是说，即使是两个同为 byte 型的数据进行运算，也要先将两个数据转换为 int 型后再进行运算，运算结果也为 int 型。此外，由于 boolean 型只有 true 和 false 两个数值，且与整型及字符型不兼容，所以不能对 boolean 型数据进行转换。

2. 强制类型转换

自动类型转换都是将低精度数据转换为高精度数据，但在实际情况中有时需要将高精度数据转换为低精度数据，如将 double 型转化为 int 型，此时需要通过强制类型转换完成。强制类型转换的格式为

(目标类型) 变量名

例如：

```
double x = 3.14;
int n = (int)x;
```

执行时，先读取变量 x 的值（为 3.14），将 3.14 强制转换为整数（为 3），再将 3 赋值给变量 n。最后，变量 n 的值为 3，但变量 x 的数值不会变，仍然是 3.14。

强制类型转换最典型的应用就是两个整数相除而要得到小数部分，例如：

```
int a = 10, b = 3;
double d = a/b;
```

给变量 d 赋值时，首先计算 a/b 的值，由于整数运算的结果仍然是整数，所以 a/b 的结果为 3，与期望的结果 3.333 333 不同。为了得到期望的结果，可以采用下面三种强制类型转换方式：

```
d = (double)a / b;
d = a / (double)b;
d = (double)a / (double)b;
```

此外，需要注意，如果试图将一种类型的数据转换为另一种类型的数据，而又超出目标类型的表示范围，则会得到完全不同的数值，如：

```
byte b = (byte)400;
```

赋值后，b 的值为–112。

2.2　运算符与表达式

运算符是用来表示某种运算的符号，Java 语言中的运算符包括算术运算符、关系运算符、逻辑运算符、位运算符、赋值运算符、条件运算符等。根据所需操作数的个数，将运算符分为单目、双目和三目运算符。此外，运算符还有优先级与结合性的规定，运算符的优先级是指在含有多个运算符的表达式中对运算符所规定的运算优先次序，Java 语言中，运算符的优先级共分 14 级。1 级最高，14 级最低。运算符的结合性是指在同一个表达式中相同优先级的多个运算符应遵循的运算顺序，分为左结合性和右结合性两种。左结合性是指优先级相同时，从左至右进行运算；右结合性是指优先级相同时，从右至左进行运算。Java 语言中的运算符详见表 2-5。

表 2-5　　运算符优先级与结合性

<table>
<tr><th>优先级</th><th>运算符</th><th>目数</th><th>结合性</th></tr>
<tr><td>1</td><td>.　[]　()</td><td></td><td>从左向右</td></tr>
<tr><td>2</td><td>!　～　++　—　+（一元运算）–（一元运算）</td><td>单目</td><td>从右向左</td></tr>
<tr><td>3</td><td>* / %</td><td>双目</td><td>从左向右</td></tr>
<tr><td>4</td><td>+ –</td><td>双目</td><td>从左向右</td></tr>
<tr><td>5</td><td><< >> >>></td><td>双目</td><td>从左向右</td></tr>
<tr><td>6</td><td><　<=　>　>=　instanceof</td><td>双目</td><td>从左向右</td></tr>
<tr><td>7</td><td>==　!=</td><td>双目</td><td>从左向右</td></tr>
<tr><td>8</td><td>&</td><td>双目</td><td>从左向右</td></tr>
<tr><td>9</td><td>^</td><td>双目</td><td>从左向右</td></tr>
<tr><td>10</td><td>|</td><td>双目</td><td>从左向右</td></tr>
<tr><td>11</td><td>&&</td><td>双目</td><td>从左向右</td></tr>
<tr><td>12</td><td>||</td><td>双目</td><td>从左向右</td></tr>
<tr><td>13</td><td>?：</td><td>三目</td><td>从右向左</td></tr>
<tr><td>14</td><td>=　+=　–=　*=　/=　%=　&=　|=　^=
<<=　>>=　>>>=</td><td>双目</td><td>从右向左</td></tr>
</table>

注　优先级为 1 级的运算符中，“.”为双目运算符，其他两个没有目数。

表达式是由操作数和运算符按一定的语法形式组成的符号序列。每个表达式结果运算后都会产生一个确定的值，称为表达式的值。

在对一个表达式进行运算时，要按照运算符的优先级从高到低进行，如果运算符的优先级相同，则按照其结合性运算。但可以应用括号()改变运算次序，例如：

```
a + b * c;
```

应该是先计算 b*c，再与 a 相加，但加入括号后，变为

```
(a + b) * c;
```

则先计算 a+b，再与 c 相乘。

2.2.1　算术运算符

算术运算符是用来进行算术运算的符号，包括加运算+、减运算–、乘运算*、除运算/、取模运算%、自增运算++、自减运算––、取正运算+和取负运算–。

整数和浮点数在执行除运算时有区别，两个整数之间相除，结果仍然是整数，不保留小数部分。另外，整数被 0 除会产生异常，而浮点数被 0 除会得到无穷大，这是因为浮点数中的 0 是一个无限接近 0 的数值，并不是真正的 0 值，所以相除后会得到无穷大的数值。

Java 语言中，取模运算%并不只限于整数之间的操作，也可以是浮点数，这一点与 C 语言不同。a%b 与 a–((int)(a/b)*b)的含义相同。取模支持对负数进行运算，运算结果的符号总是与被除数的符号保持一致，参见［例 2-1］。

【例 2-1】 取模运算符。

```
public class App2_1 {
    public static void main(String[] args) {
        int a = 10, b = -3, c = -10, d = 3;
        float f = 10.1f, g = 3.0f;
        System.out.println(a % b);
        System.out.println(c % d);
        System.out.println(f % g);
    }
}
```

程序运行结果为

```
1
-1
1.1000004
```

自增和自减运算符适用于整数、浮点数和字符，分为前缀和后缀两种形式，其中前缀形式表示操作数先执行加 1 或者减 1，然后将操作数应用于表达式，而后缀形式表示操作数先应用于表达式，然后操作数执行加 1 或者减 1 操作。例如：

```
int i = 10,j,k;
float f = 5.0f,g;
j = i++;                                    // j 的值为 10,i 的值为 11
k = ++i;                                    // k 的值为 12,i 的值为 12
g = ++f;                                    // g 的值为 6.0,f 的值为 5.0
```

2.2.2　关系运算符

关系运算符用于比较两个值之间的大小关系。Java 语言中，关系运算符包括大于>、大于等于>=、小于<、小于等于<=、等于==和不等于!=，关系运算的运算结果为逻辑型的值 true 或 false。例如：

```
int a = 5, b = 4, c = 4;
a > b 的值为 true
a < b 的值为 false
b >= c 的值为 true
a != c 的值为 true
a > b > c 编译错误
```

其中，最后一行表达式 a>b>c 是错误的，因为 a>b 的运算结果是逻辑型的值 true，但接下来逻辑型（true）与整型（c）进行比较是错误的，这一点与 C 语言不同。

另外，由于浮点型数据存储时有舍入误差，可能导致逻辑上应该相等的两个数值不相等，因此应该避免对实数作相等比较。例如，x，y 均为浮点型，进行相等比较时，要避免使用 x==y，可以写为 Math.abs(x-y)<1e-6，表示 x 与 y 的差值绝对值小于 10^{-6}。

2.2.3 逻辑运算符

逻辑运算符是处理两个逻辑型数据之间的运算，Java 语言包括 6 种逻辑运算符：逻辑与&、逻辑或|、逻辑非!、异或^、简洁与&&和简洁或||，各运算符的运算规则如表 2-6 表示。

表 2-6 逻 辑 运 算 符

<table>
<tr><th>运算符</th><th>名称</th><th>运 算 规 则</th><th>示例</th></tr>
<tr><td>&</td><td>逻辑与</td><td>两个操作数都为 true 时，运算结果为 true，否则运算结果为 false</td><td>a&b</td></tr>
<tr><td>|</td><td>逻辑或</td><td>两个操作数都为 false 时，运算结果为 false，否则运算结果为 true</td><td>a|b</td></tr>
<tr><td>!</td><td>逻辑非</td><td>将操作数取反</td><td>!a</td></tr>
<tr><td>^</td><td>异或</td><td>两个操作数不同时，运算结果为 true，否则运算结果为 false</td><td>a^b</td></tr>
<tr><td>&&</td><td>简洁与</td><td>两个操作数都为 true 时，运算结果为 true，否则运算结果为 false</td><td>a&&b</td></tr>
<tr><td>||</td><td>简洁或</td><td>两个操作数都为 false 时，运算结果为 false，否则运算结果为 true</td><td>a||b</td></tr>
</table>

其中简洁运算（&&和||）与非简洁运算（&和|）的区别在于，非简洁运算必须计算完两个操作数之后，再进行与、或运算，得到最终的运算结果；而简洁运算在计算第一个操作数后，如果根据这个操作数的值就能确定最终的运算结果，那么就不会再计算第二个操作数。也就是说，对于简洁与&&，只要第一个操作数为 false，就不需要计算第二个操作数，整个表达式的结果为 false；对于简洁或||，只要第一个操作数为 true，就不需要计算第二个操作数，整个表达式的结果为 true。例如：

```
int x = 3,y = 5;
boolean b = x > y & ++x == --y;                 // b=false,x=4,y=4
boolean b = x > y && ++x == --y;                // b=false,x=3,y=5
```

2.2.4 位运算符

在处理整型数据时，可以直接对整型数据的各个比特位进行操作，Java 语言提供了 7 种位运算符，如表 2-7 表示。

表 2-7 位 运 算 符

<table>
<tr><th>运算符</th><th>名称</th><th>运 算 规 则</th><th>示例</th></tr>
<tr><td>~</td><td>按位取反</td><td>将操作数按位取反</td><td>~a</td></tr>
<tr><td>&</td><td>按位与</td><td>将两个操作数按位进行与运算</td><td>a&b</td></tr>
<tr><td>|</td><td>按位或</td><td>将两个操作数按位进行或运算</td><td>a|b</td></tr>
<tr><td>^</td><td>按位异或</td><td>将两个操作数按位进行异或运算</td><td>a^b</td></tr>
<tr><td>>></td><td>右移</td><td>将第一个操作数按位向右移动第二个操作数的位数</td><td>a>>b</td></tr>
<tr><td><<</td><td>左移</td><td>将第一个操作数按位向左移动第二个操作数的位数</td><td>a<<b</td></tr>
<tr><td>>>></td><td>0 填充右移</td><td>将第一个操作数按位向右移动第二个操作数的位数，左侧的空位填 0</td><td>a>>>b</td></tr>
</table>

Java 语言中，位运算符只能用于整型和字符型数据。位运算符中的&、|和^同时也是逻辑运算符，在程序运行过程中，根据操作数的类型决定运算符是位运算符还是逻辑运算符。进行移位运算（>>、<<、>>>）时，数据类型长度低于 int 型的操作数会自动转换为 int 型再移位，例如：

```
byte b = 127;
System.out.println(b<<1);
```

程序运行结果为

```
254
```

对于 int 型整数移位运算 a>>b，由于 int 型长度为 32 个 bit，系统先将 b 对 32 取模，得到的结果才是真正移位的位数，例如 a>>33 和 a>>1 的结果相同。对于 long 型整数移位运算 a>>b，则是先将 b 对 64 取模。

2.2.5　赋值运算符

赋值运算符是最常用的运算符，其功能是为变量赋值。Java 语言的赋值运算符分为简单赋值运算符和复合赋值运算符。简单赋值运算符是把一个表达式的值赋给一个变量，其格式为

变量=表达式

当赋值运算符两侧的数据类型不一致时，根据 2.1.5 节中的规则进行转换。

复合赋值运算符是先执行某种运算，然后再赋值。Java 语言中共有 11 个复合赋值运算符，详见表 2-8。

表 2-8　　复 合 赋 值 运 算 符

运算符	示例	等效表达式	运算符	示例	等效表达式
+=	a+=b	a=a+b	|=	a|=b	a=a|b
–=	a–=b	a=a–b	^=	a^=b	a=a^b
*=	a*=b	a=a*b	>>=	a>>=b	a=a>>b
/=	a/=b	a=a/b	<<=	a<<=b	a=a<<b
%=	a%=b	a=a%b	>>>=	a>>>=b	a=a>>>b
&=	a&=b	a=a&b			

需要说明的是，表中的等效表达式通常与原表达式等效，但在特殊情况下可能会有错误，例如：

```
short s = 5;
s += 1;                        // 正确
s = s + 1;                     // 错误
```

这是因为，变量 s 本身是 short 型，在执行 s+1 运算时，首先将 s 的值转换为 int 型再做加法运算，得到的运算结果是 int 型，将这个 int 型的结果赋给 short 型变量 s 时，就会出现错误。而复合赋值 s+=1，会自动将 s+1 的运算结果转换为 s 对应的数据类型，能够避免此种情况。

2.2.6　条件运算符

条件运算符是 Java 语言中唯一的三目运算符，其格式为

表达式 1?表达式 2:表达式 3

其中表达式 1 可以为关系表达式或者逻辑表达式，整个条件表达式的执行过程为：求解表达式 1 的值，若表达式 1 的值为 true 则取表达式 2 的值作为条件表达式的结果，若表达式 1 的值为 false 则取表达式 3 的值作为条件表达式的结果。例如：

```
int a = 5,b = 10,c;
c = a < b ? a : b;                          // c 的值为 5
c = a > b ? a : b < 20 ? 20 : b;            // c 的值为 20
```

其中，最后一行的语句中出现了两个条件运算符，由于条件运算符是右结合性，所以先执行 b<20?20：b，运算结果为 20，然后再执行 a>b?a：20，运算结果为 20，将 20 赋给 c。

2.3 流 程 控 制

Java 语言虽然是面向对象的语言，但是在类的方法中仍然需要借助于结构化程序设计的基本流程控制结构来组织语句，完成相应的逻辑功能。基本流程控制结构包括顺序结构、分支结构和循环结构。Java 语言中，分支结构语句有 if 语句和 switch 语句，循环结构语句有 while 语句、do-while 语句和 for 语句。

2.3.1 顺序结构

顺序结构是最简单的流程控制结构，按照书写顺序依次执行各条语句。所执行的语句即可以是以分号“;”结尾的简单语句，也可以是以一对花括号“{}”括起来的复合语句（或称语句块）。复合语句中声明的变量只能在复合语句内部使用，例如：

```
public static void main(String args[]){
      int a = 5,b = 10;
      {
            float f = 1.2f;
      }
}
```

其中变量 a 和 b 的作用域是从变量声明开始到 main()方法结束，而变量 f 的作用域是从变量声明开始到其下一行的花括号结束。

一个复合语句可以嵌套在另一个复合语句中。但与 C 语言不同，Java 语言不允许复合语句内声明的变量与复合语句外声明的变量同名，例如，以下代码就存在编译错误。

```
public static void main(String args[]){
      int a = 5,b = 10;
      {
            float a = 1.2f;
      }
}
```

但 Java 语言允许两个平行的复合语句定义同名变量，例如：

```
public static void main(String args[]) {
      {
            int a = 5;
      }
      {
```

```
        float a = 1.2f;
    }
}
```

2.3.2 if 语句

if 语句是 Java 语言中最常用的分支语句，用于在两条路径中选择一个分支执行。if 语句有多种形式，下面将分别介绍。

1. 单分支形式

单分支 if 语句的格式为

```
if(条件表达式)
    语句块
```

这是 if 语句最简单的形式，执行时，首先判断条件表达式的值，为 true 时，执行语句块，否则直接执行 if 语句之后的其他语句。其中，if 后面的括号不能省略，条件表达式的运算结果必须是逻辑值，语句块可以是简单语句（一条语句），也可以是复合语句。当语句块中包含 2 条及以上的语句时，一定要用花括号括起来。

例如：

```
if(x > y){
  max = x;
  min = y;
}
```

当要表达“如果……，否则……”时，就需要用到 if 语句的第二种形式。

2. 双分支形式

双分支 if 语句的格式为

```
if(条件表达式)
    语句块 1
else
    语句块 2
```

执行时首先判断条件表达式的值，如果为 true，则执行语句块 1，否则执行语句块 2。例如：

```
if(score >= 60)
     System.out.println("及格");
else
     System.out.println("不及格");
```

需要说明的是，else 子句不能单独使用，必须和 if 配对使用，而且 else 总是与离它最近的 if 配对，如果要改变这种匹配方式，可以通过使用花括号{}来实现。例如：

```
if(x >= 0)
     if(y >= 0)
           sign = 1;
else
     sign = -1;
```

虽然编程者想让 else 与第 1 个 if 相匹配，但这样写的结果是 else 与第 2 个 if 相匹配，与编程者的意图相悖，这时就可以使用花括号{}来解决：

```
if(x >= 0){
```

```
    if(y >= 0)
        sign = 1;
}
else
    sign = -1;
```

3. 多分支形式

多分支 if 语句的格式为

```
if(条件表达式 1)
    语句块 1
else if(条件表达式 2)
    语句块 2
else if(条件表达式 3)
   ⋮
else if(条件表达式 n)
    语句块 n
else
    语句块 n+1
```

这种形式适合于处理分支条件较多的情况，else if 子句可以有多个。执行时，依次判断各个条件表达式的值，当某个值为 true 时，则执行其内嵌的语句块，然后直接跳到整个 if 语句的后续语句继续执行。如果所有的条件表达式值均为 false，则执行 else 内嵌的语句块 n+1，然后继续执行 if 语句的后续语句。

【例 2-2】 根据成绩分数，评定成绩的级别，级别分为 A、B、C、D、E 五级，90 分及以上级别为 A，80 分至 89 分级别为 B，70 分至 79 分级别为 C，60 分至 69 分级别为 D，59 分及以下级别为 E。

```
public class App2_2 {
    public static void main(String[] args) {
        int score = 75;
        char grade;
        if (score >= 90)
            grade = 'A';
        else if (score >= 80)
            grade = 'B';
        else if (score >= 70)
            grade = 'C';
        else if (score >= 60)
            grade = 'D';
        else
            grade = 'E';
        System.out.println("评定级别为:" + grade);
    }
}
```

程序运行结果为

```
评定级别为:C
```

2.3.3 switch 语句

Java 语言还提供了 switch 语句来解决多分支的问题，switch 语句的一般语法格式为

```
switch(表达式){
    case 常量表达式 1:
        语句块 1
        break;
    case 常量表达式 2:
        语句块 2
        break;
      ⋮
    case 常量表达式 n:
        语句块 n
        break;
    default:
        语句块 n+1
}
```

其中，表达式的值可以是 byte、short、int、char，不包括 long 型，各个常量表达式的值也必须是这些数据类型。case 子句可以有多个，default 子句可以省略。

需要说明的是：在 JDK 5.0 中 Java 语言引入了新特性 enum 枚举，可以作为表达式的值。在 JDK7.0 中 Java 语言又引入新特性，表达式也可以是 String 类型（参见 2.5.1 节）的值，关于这两个新特性，有兴趣的读者可查询相关资料。

switch 语句执行时，首先计算表达式的值，然后依次与各个常量表达式的值进行比较，如果与某个常量表达式的值相同，则执行相应的语句块，再执行 break 语句结束 switch 语句；如果表达式的值与所有常量表达式的值都不同，则执行 default 相应的语句块 n+1，结束 switch 语句。

每个 case 后面的语句块都应该有 break 语句，这样才能使 switch 语句正常结束，如果缺少 break 语句，则会在执行某一个语句块之后自动将其后面的所有语句块都执行一遍，例如：

```
int season = 1;
switch (season) {
    case 1: System.out.println("春季");
    case 2: System.out.println("夏季");
    case 3: System.out.println("秋季");
    case 4: System.out.println("冬季");
}
```

程序运行结果为

```
春季
夏季
秋季
冬季
```

从程序可以看出，season 与第 1 个 case 相匹配，输出“春季”，但由于缺少 break，程序会依次执行后面所有的语句，导致出现 4 行输出信息。可见，break 语句对于 switch 语句的正确使用非常重要。

【例 2-3】 根据成绩分数采用 switch 语句来评定成绩的级别，级别分为 A、B、C、D、E 五级。

分析：由于 case 子句后面的表达式必须是常量，如果每个成绩分数对应一个 case 子句，则程序异常复杂。通过分析可知，成绩分数十位上的数字刚好可以作为评定级别的依据，针对十位上的数字可能的取值编写相应的 case 子句即可完成评定过程。

```
public class App2_3 {
     public static void main(String[] args) {
          int score = 75;
          char grade;
          int decade = score / 10;
          switch (decade) {
               case 10:
               case 9: grade = 'A';break;
               case 8: grade = 'B';break;
               case 7: grade = 'C';break;
               case 6: grade = 'D';break;
               default: grade = 'E';
          }
          System.out.println("评定级别为:" + grade);
     }
}
```

程序运行结果为

```
评定级别为:C
```

2.3.4 while 语句

while 语句的格式为

```
while(条件表达式)
     语句块
```

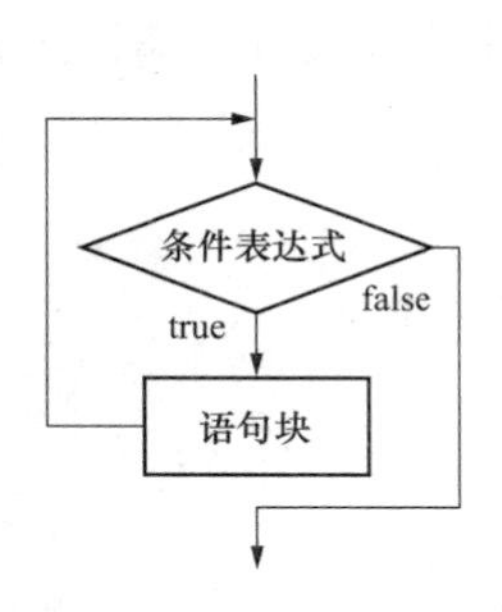

图 2-3 while 语句的执行流程

while 语句在执行时，首先判断条件表达式的值，如果为 true，则执行语句块，然后再次判断条件表达式，重复这一过程，直到条件表达式为 false，循环结束，while 语句的执行流程如图 2-3 所示。while 语句的特点是“先判断后执行”，因此特殊情况下，语句块有可能一次都不执行。

while 语句中的条件表达式表示循环执行的条件，简称“循环条件”，语句块是重复执行的语句组，简称“循环体”，语句块可以是单个语句，也可以是复合语句。

【例 2-4】 计算 1～50 之间所有整数的和值。

```
public class App2_4 {
     public static void main(String[] args) {
          int i = 1, sum = 0;
          while (i <= 50) {
               sum = sum + i;
               i++;
          }
          System.out.println("和值为:" + sum);
     }
}
```

程序运行结果为

```
和值为:1275
```

2.3.5　do-while 语句

do-while 语句的格式为

```
do
    语句块;
while(条件表达式);
```

do-while 语句在执行时，首先执行循环体，然后判断条件表达式的值，当条件表达式的值为 true 时，重复执行语句块，直到条件表达式的值为 false，循环结束，其流程见图 2-4。do-while 语句的特点是“先执行后判断”，因此，语句块至少执行一次。

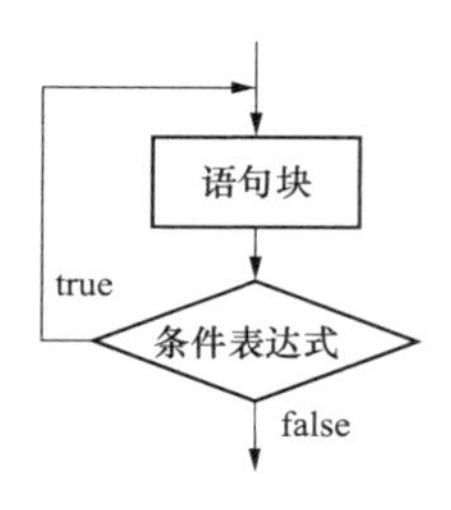

图 2-4　do-while 语句的执行流程

需要注意的是，do-while 语句中 while 后面的分号“;”不能缺少。

【例 2-5】 用 do-while 语句计算 1～50 之间所有整数的和值。

```
public class App2_5 {
    public static void main(String[] args) {
        int i = 1, sum = 0;
        do {
            sum = sum + i;
            i++;
        } while (i <= 50);
        System.out.println("和值为:" + sum);
    }
}
```

程序运行结果为

```
和值为:1275
```

一般情况下，用 while 语句和 do-while 语句解决同一问题时，二者的循环条件和循环体相同，运行结果也相同，如［例 2-4］和［例 2-5］。但是，如果条件表达式一开始就为 false，while 语句的循环体一次也不执行，而 do-while 语句至少执行一次循环体，这种情况下两种循环语句的运行结果是不同的。

2.3.6　for 语句

for 语句是三种循环语句中应用最广泛的，其一般格式为

```
for(表达式 1;表达式 2;表达式 3)
    语句块
```

for 语句在执行时，首先计算表达式 1，然后判断表达式 2 的值，如果为 true，执行语句块后再计算表达式 3，然后判断表达式 2 的值，直到其值变为 false，循环结束，for 语句的执行流程如图 2-5 所示。

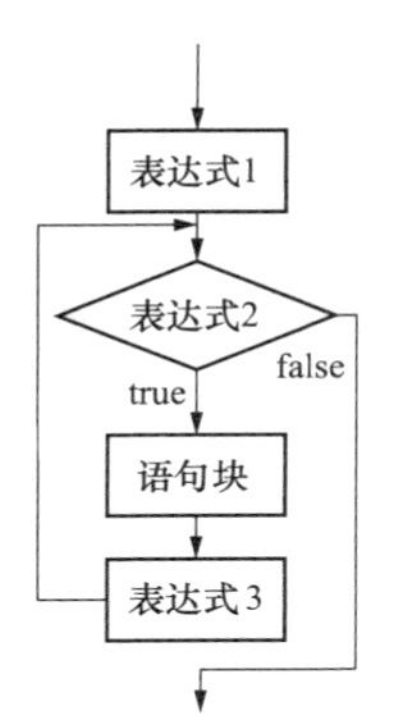

图 2-5　for 语句的执行流程

其中，表达式 1 只执行一次，一般用来初始化数据，表达式 2 表示循环条件，一般是关系表达式或逻辑表达式，表达式 3 在语句

块后执行，一般是给循环控制变量重新赋值。

【例 2-6】 用 for 语句计算 1～50 之间所有整数的和值。

```
public class App2_6 {
    public static void main(String[] args) {
        int i, sum = 0;
        for (i = 1; i <= 50; i++)
            sum = sum + i;
        System.out.println("和值为:" + sum);
    }
}
```

程序运行结果为

```
和值为:1275
```

for 语句的使用非常灵活，其中的 3 个表达式均可以省略，[例 2-6] 中程序可以省略表达式 1 和表达式 3，变为以下形式：

```
int i = 1,sum = 0;
for( ; i <= 50; ) {
    sum = sum + i;
    i++;
}
```

若将表达式 2 省略，程序会陷入死循环，必须在语句块中有结束循环的操作。另外，在表达式 1 中可声明变量，该变量的作用域为 for 循环体，例如：

```
for(int i = 1;i <= 50;i++)
  sum = sum + i;
```

Java 语言允许在相互独立的 for 语句中声明同名的变量，以下是两个 for 语句，声明了相同的变量 i：

```
for(int i = 1;i <= 50;i++)
  sum1 = sum1 + i;
for(int i = 1;i <= 100;i++)
  sum2 = sum2 + i;
```

Java 语言中的三种循环语句一般情况下可以互相代替，不过各自还是有不同的特点，while 语句多用于循环次数不定的情况，在不满足条件时不执行；do-while 语句多用于至少执行一次循环体的情况；for 语句多用于循环次数固定的情况。

2.3.7 多重循环

如果循环体内又有其他循环语句，则称为多重循环，也称为嵌套循环。理论上，Java 语言不限制循环嵌套的层数，但常用的循环为二重循环或三重循环。

【例 2-7】 求 3～100 之间的所有素数，并以每行 10 个数字的形式输出。

分析：本题目首先需要依次遍历 3～100 之间的每个数字，这是外层循环。然后判断每个数字是否为素数，这是内层循环。在控制输出格式时，声明一个变量来记录已输出的素数个数，当个数达到 10 的倍数时按“回车”键换行。

```
public class App2_7 {
    public static void main(String[] args) {
```

```
            System.out.println("3～100之间的所有素数为:");
            int n = 0;
            for (int i = 3; i < 100; i += 2) {                  // 外层循环
                  int k = (int) Math.sqrt(i);                   // 计算平方根
                  boolean isPrime = true;
                  for (int j = 2; j <= k; j++) {                // 内层循环
                        if (i % j == 0)
                              isPrime = false;
                  }
                  if (isPrime) {
                        System.out.printf("%4d", i);
                        n++;
                        if (n % 10 == 0)
                              System.out.println();
                  }
            }
      }
}
```

程序运行结果为

```
3~100之间的所有素数为:
   3   5   7  11  13  17  19  23  29  31
  37  41  43  47  53  59  61  67  71  73
  79  83  89  97
```

说明：在本例中 Math.sqrt()方法的功能是计算一个数值的平方根，其中 Math 类位于 java.lang 包内，是 Java 语言进行数值计算的类。另外，printf()方法是 Java 语言中的格式化输出方法，其参数的含义与 C 语言中的 printf()方法一致，可参见 2.6.2 节。

2.3.8 跳转语句

在循环语句中，有时必须提前结束循环体的执行，这就需要用到跳转语句。Java 语言提供了 break、continue 和 return 三种跳转语句，还为 break 语句和 continue 语句增加了带标签的形式。

2.3.8.1 break 语句

在 2.3.3 节中已经用到过 break，用于从 switch 语句中跳出，break 语句也可以跳出循环语句。例如，[例 2-7] 中内层循环用于判断变量 i 是否为素数，在这一过程中，如果 i % j == 0 为 true，就能够确定变量 i 不是素数，不需要再继续判断下去，所以内层循环的代码可以修改为

```
for (int j = 2; j <= k; j++) {                          // 内层循环
      if (i % j == 0) {
            isPrime = false;
            break;
      }
}
```

需要说明的，break 语句只能跳出它所在的循环语句，上面的程序段是内层循环，所以 break 语句只能跳出内层循环，不能直接跳出外层循环。Java 语言还提供了带标签的 break 语句，可以完成多重循环的跳转。标签的格式为

标签:
语句块

语句块是用花括号{}括起来的一段代码，如果语句块中只包含一个循环语句，花括号{}

也可以省略。标签的命名应该符合 Java 标识符的规定。

带标签的 break 语句的格式为

break 标签;

如前所述，标签代表着一个语句块，执行“break 标签;”语句就从标签对应的语句块中跳出来，执行语句块后面的语句，例如：

```
outer:
for (int i = 0; i < 3; i++) {
       System.out.print("Begin " + i + ":");
       for (int j = 0; j < 100; j++) {
            if (j == 10)
                   break outer;
            System.out.print(j + "");
       }
}
System.out.println("loops complete.");
```

程序运行结果为

```
Begin 0:0 1 2 3 4 5 6 7 8 9 loops complete.
```

当 i=0，j=10 时，满足条件执行 break outer;语句，跳出标签 outer 对应的外层循环，执行它后面的语句，输出“loops complete”字符串。

标签还可以相互嵌套，这样就可以根据不同情况选择跳出的范围，例如：

```
first: {
     second: {
         third: {
              System.out.println("Before the break.");
              if (true)
                    break second;      // 跳出 second 所代表的语句块
         }
         System.out.println("This is after third block.");
     }
     System.out.println("This is after second block.");
}
System.out.println("This is after first block.");
```

程序运行结果为

```
Before the break.
This is after second block.
This is after first block.
```

如果将程序中的 break second;语句改为 break first;，那么就会跳出 first 所代表的语句块，则程序运行结果为

```
Before the break.
This is after first block.
```

2.3.8.2 continue 语句

continue 语句只能用于循环语句中，它的作用是终止当前这一轮循环，跳过本轮循环剩

余的语句，直接进入下一轮循环。在 while 和 do-while 语句中，continue 语句会使流程直接跳转至条件表达式，在 for 语句中，continue 语句使流程跳转至表达式 3。例如：

```
for (int i = 1; i < 10; i++) {
      if (i % 2 == 0)
             continue;
      System.out.print(i);
}
```

程序运行结果为

```
13579
```

当 i 为偶数时，条件表达式 i%2==0 为真，执行 continue 语句后，直接跳过输出语句，去执行 for 语句的表达式 3（i++）。这样一来，i 为奇数时输出 i 的值，i 为偶数时不会输出。

continue 语句也可以与标签一起使用，其格式为

continue 标签;

这时，标签一般放在外层循环语句的前面，用来标识这个循环语句。执行“continue 标签;”语句后，程序跳转到标签指明的外层循环的起始处，例如：

```
loop:
for (int i = 3; i <= 30; i++) {
      for (int j = 2; j <= i / 2; j++)
           if (i % j == 0)
                continue loop;
      System.out.printf("%4d", i);
}
```

程序运行结果为

```
   3   5   7  11  13  17  19  23  29
```

当 i % j == 0 为真（表明 i 不是素数）时，就会执行“continue loop;”语句，跳到外层循环的起始处（i++），执行下一轮循环，继续判断下一个整数。

由于标签的使用破坏了 Java 程序的固有结构，增加了程序开发的复杂性。一般情况下，不推荐使用带标签的 break 和 continue 语句。

2.3.8.3 return 语句

return 语句的功能是退出当前方法，返回到调用该方法的语句处，执行下一条语句。return 语句的格式有 2 种：

（1）return 表达式;

表达式的值就是调用方法的返回值。

（2）return;

如果方法没有返回值，则表达式可以省略。

2.4 数　　组

无论在哪种编程语言中，数组都是非常重要的数据类型。Java 语言中，数组是引用数据类型，这一点与 C 语言有着本质区别。

2.4.1 Java 数组概述（微课 3）

数组是由数目固定的、相同类型的元素组成的有序集合，每个元素相当于一个变量。Java

语言中，数组元素可以是基本数据类型也可以是类的对象，但数组内各个元素的类型必须相同。数组中的元素在内存中连续存放，并且是有序的，可以通过数组名和数组元素的位置来访问数组元素。本节只讨论基本数据类型数组的使用方法，对象数组将在第 3 章介绍。

为了更充分地理解数组的存储方式，这里首先介绍 Java 语言内存分配的基本原理。Java 语言把内存分为两种：栈内存和堆内存，如图 2-6 所示。

栈内存中存储基本数据类型、对象引用变量（对象名）和数组引用变量（数组名），当超出变量的作用域之后，Java 会自动释放这些变量占用的内存空间，该内存空间可以立刻被另作他用。

堆内存用于存储数组和对象的数据。在堆内存中分配的内存，由 Java 虚拟机负责回收管理。在堆内存中创建一个数组或者对象时，一般会将其在堆内存中的首地址赋值给栈内存中声明的变量，这个变量就是数组或者对象的引用变量。这样，就可以使用栈内存中的引用变量来访问堆内存中的数组或者对象，引用变量相当于为数组或者对象起的一个别名，或者代号。

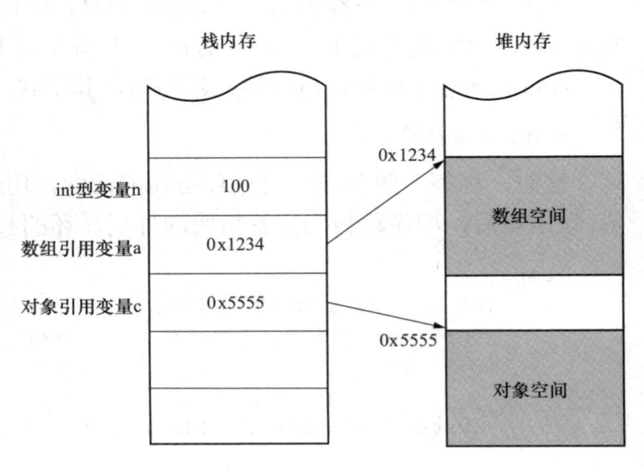

图 2-6 栈内存和堆内存

引用变量是普通变量，定义时在栈内存中分配空间，引用变量在程序运行到其作用域外就会释放。而数组和对象本身在堆内存中分配，即使程序运行到数组和对象的作用域之外，数组和对象本身占用的堆内存也不会被立即释放。当数组和对象在没有引用变量指向它的时候，会变成垃圾，不能再被使用，但是仍然占用着内存，在随后的不确定时间会被垃圾回收器释放掉，这也是 Java 程序比较耗费内存的主要原因。

为了使栈内存空间中的引用变量有初始值，Java 提供了一个特殊的引用类型常量 null，表示该引用变量不指向堆内存中的地址。

2.4.2 一维数组的定义

Java 语言中对数组的操作与其他语言有一些差异，它将数组的定义分为数组声明和数组创建两步。数组声明是声明数组名和数组元素的类型，数组创建是为数组元素分配内存空间。

1. 数组声明

一维数组是最简单的数组，声明一维数组的格式有两种：

```
数据类型[] 数组名;
数据类型 数组名[];
```

方括号[]是数组的标志，可以出现在数组名的后面，也可以出现数据类型名的后面，这两种形式都合法，但多数人喜欢第一种形式。与 C 语言不同，Java 语言在数组声明时并不为数组元素分配空间，只是在栈内存中为数组名（引用变量）分配了空间，但值未定。

2. 数组创建

数组创建必须采用 new 运算符，其格式为

```
数组名 = new 数据类型[元素个数];
```

其中数据类型必须与数组声明中的数据类型一致，元素个数必须是整型常量。例如：

```
int[] a;                        // 数组声明
a = new int[10];                // 数组创建
```

这两条语句执行时，首先在栈内存中分配一个数组名空间 a，此时 a 未被赋值，如图 2-7（a）所示。然后在堆内存中分配连续的 10 个整型元素空间，并将首地址存放在数组名 a 中，如图 2-7（b）所示。在分配数组元素内存时，如未指定元素值，系统将为其指定相应数据类型对应的默认值（整数为 0，浮点数为 0.0，字符为'\u0000'，布尔类型为 false，引用类型为 null）。

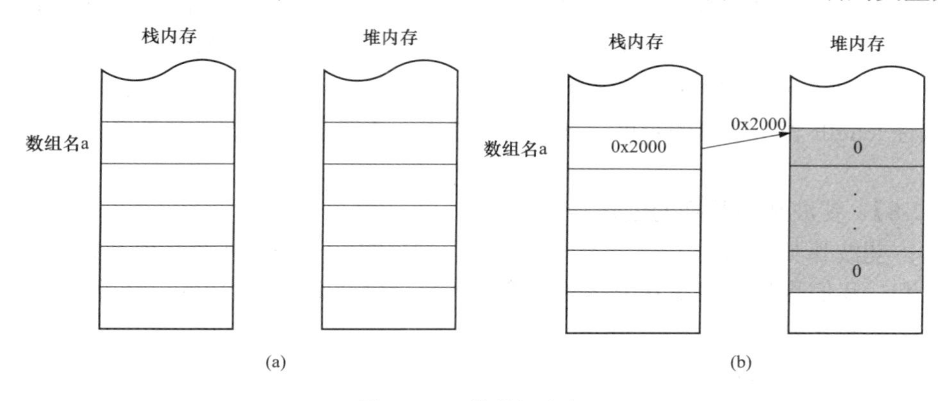

图 2-7 一维数组定义

为了使用方便，也可以将数组声明和数组创建合并成一条语句，格式为

```
数据类型[] 数组名 = new 数据类型[元素个数];
数据类型 数组名[] = new 数据类型[元素个数];
```

例如：

```
int[] a = new int[10];
```

数组一旦定义之后，就不能改变数组元素的个数，但是可以使数组名指向一个全新的数组空间，但原来的数组空间将丢失。例如：

```
a = new int[20];
```

此时数组名 a 的值是重新在堆内存中分配 20 个整型元素的首地址，原来 10 个整型元素的空间因为没有引用变量指向它而成为“垃圾”，在某个时刻被 Java 垃圾回收器释放掉。如果仍然想使用原来的数组空间，必须在原数组变为“垃圾”前，再定义一个数组名来建立彼此之间的关联，例如：

```
int[] b = a;
a = new int[20];
```

当一个数组名不指向任何空间时，可将其赋值为 null。

2.4.3 一维数组的初始化

为数组元素分配空间时，可在声明数组的同时为数组元素初始化，其格式为

数据类型[] 数组名 = {初值1,初值2,……,初值n};

采用这种方式初始化数组，不需要给出数组元素个数，编译器会根据初值个数自动计算数组长度。例如：

```
int[] a={1,2,3,4,5,6};                    // 数组a有6个数组元素
```

当数组元素为类的对象时，数组元素的创建和初始化需要使用new运算符（详见3.2.12节）。

2.4.4 一维数组元素的访问

当定义了数组并为数组元素分配空间之后，就可以访问数组元素了。数组元素的访问方式为

数组名[下标]

其中下标必须是整型数据，可以是常量、变量或表达式，如 a[2]、a[i]、a[i+1]等。与其他语言一样，Java 语言的数组下标也是从 0 开始，并且不允许超过数组的长度。一个长度为 10 的数组，其数组元素的下标为 0～9，不包括 10。在 Java 语言中，数组被看作是对象，它有一个属性 length 表示数组的长度，这在访问数组元素时非常重要，而在 C 语言中没有这一特性。

【例 2-8】 斐波那契数列的创建与访问。

分析：斐波那契数列为 1，1，2，3，5，8，13，21，……，从第 3 项开始，每一项都是前两项之和。我们将数组中第 0 个元素和第 1 个元素赋值为 1，然后依次计算出每项的数值，最后遍历数组输出数列。

```
public class App2_8 {
     public static void main(String[] args) {
          int[] a = new int[10];
          int i = 0;
          a[0] = 1; a[1] = 1;
          for (i = 2; i < a.length; i++)
               a[i] = a[i - 1] + a[i - 2];
          for (i = 0; i < a.length; i++)
               System.out.print(a[i] + "");
     }
}
```

程序运行结果为

```
1 1 2 3 5 8 13 21 34 55
```

说明：main()方法中的第 3 行和第 4 行代码是为数组元素赋值，也就是斐波那契数列的头两项，第 1 个 for 循环是从第 3 项开始计算斐波那契数列后续的元素值，第 2 个 for 循环依次输出数列元素。

2.4.5 foreach 循环

从上例可以看出，使用数组时，依次访问数组元素是极为常用的操作。Java 语言在 JDK 5.0 版本中增加了一个专门用于遍历数据集合的循环控制语句 foreach，其功能更加强大、书写更加简洁。foreach 语句的格式为

```
for (元素类型 t 元素变量 x : 遍历对象 obj )
     引用 x 的语句
```

其中遍历对象 obj 一般是数组，t 是数组元素的类型。声明一个与数组元素类型相同的变量 x，用 x 顺次代表每一个数组元素执行循环体。[例 2-8] 中的第 2 个 for 循环可改写为

```
for ( int v : a )
      System.out.print ( v + "" );
```

其功能也是输出所有数组元素。

从程序运行结果可以看出，foreach 循环语句的元素变量顺次遍历数组中所有的元素，而不需要使用下标。

foreach 循环中只允许访问数组元素，而不允许修改数组元素。[例 2-8] 中的第 1 个 for 循环语句就不能改写为 foreach 格式。

2.4.6　数组拷贝

在 Java 语言中，允许将元素类型相同的一个数组名赋值给另一个数组名，使得两个数组名引用同一块数组空间，例如：

```
int[] a = new int[5];
int[] b = a;
b[2] = 2;
System.out.println(a[2]);      // 输出结果:2
```

这样赋值后，数组名 a 和 b 指向同一块数组元素空间，都包含同样的 5 个数组元素，如图 2-8 所示。

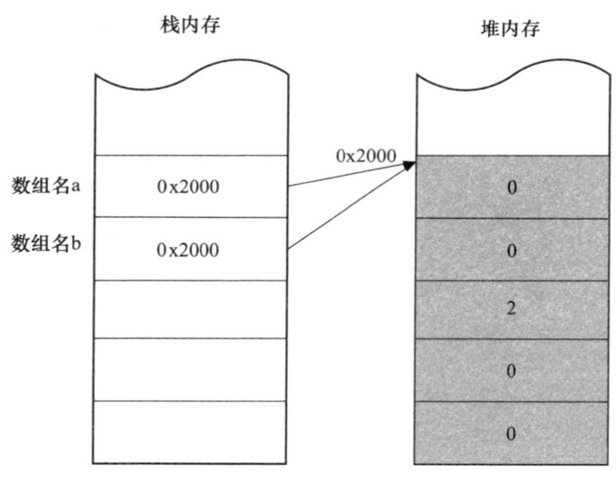

图 2-8　数组名赋值

如果希望将一个数组的所有元素拷贝到另一数组中，Java 语言提供了 System 类的 arrayCopy()方法，其方法原型为

```
public void arraycopy(Object src, int srcPos, Object dest, int destPos, int length)
```

其中 src 是源数组，srcPos 是源数组要复制元素的起始位置，dest 是目的数组，destPos 是目的数组放置元素的起始位置，length 是要拷贝的长度，src 和 dest 必须是同类型或者可以进行类型转换的数组。例如：

```
char[] copyFrom = { 'd', 'e', 'c', 'a', 'f', 'f', 'e', 'i', 'n', 'a', 't', 'e', 'd' };
char[] copyTo = new char[7];
System.arraycopy(copyFrom, 2, copyTo, 0, 7);
System.out.println(new String(copyTo));
```

程序运行结果为

```
caffein
```

2.4.7　多维数组

Java 语言并没有真正的多维数组，而是通过建立数组的数组来得到多维数组。因此，多维数组的数组元素不是基本类型的数据，而是数组。多维数组的数组元素不一定占据连续的内存空间。最常用的多维数组是二维数组，下面以二维数组为例来说明多维数组的使用方法。

1. 二维数组的定义

与一维数组类似，二维数组的定义也分为数组声明和数组创建，二维数组声明的格式为

```
数据类型[][] 数组名;
数据类型[]数组名[];
数据类型 数组名[][];
```

这三种声明格式完全相同，都在栈空间分配内存来存储一个二维数组名，其中第一种格式最为常用，本书后续例题均采用第一种格式。

创建二维数组的格式为

```
数组名 = new 数据类型[n][m];
```

其中 n 表示数组的行数，m 表示数组的列数，例如一个二维数组的定义为

```
int [][] a;
a = new int[2][3];
```

此时，内存分配情况如图 2-9 所示。可以看出 Java 语言中的二维数组 a 是由 2 个元素 a[0]和 a[1]组成，而 a[0]和 a[1]又分别是一个长度为 3 的一维数组（二维数组的每一行都是一个一维数组）。在内存分配上，Java 语言只要求一维数组的元素要连续分配，也就是说 a 中的 2 个元素必须连续，a[0]中的 3 个元素必须连续，a[1]中的 3 个元素必须连续，但 a[0]和 a[1]中的 6 个元素可以是不连续的。

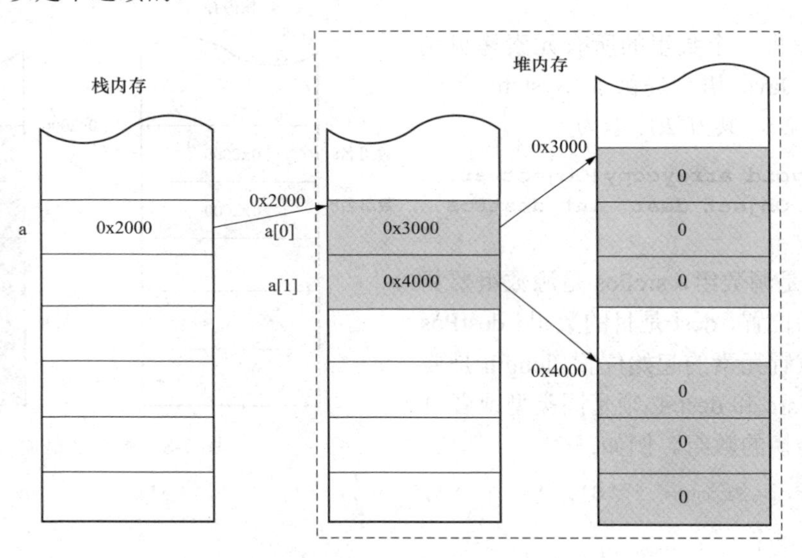

图 2-9 二维数组的内存分配

二维数组的声明与创建也可以合并在一个语句中，其格式为

```
数据类型 数组名 = new 数据类型[n][m];
```

如：`int [][] a = new int[2][3];`，该语句的内存分配与图 2-9 一致。

与 C 语言不同，Java 语言中的二维数组中每一行的元素个数可以相同，也可以不同。如果元素个数相同，称为规则二维数组，创建方式如前所述。如果每行元素个数不同，称为不规则二维数组，这时每行的一维数组都需要单独创建。不规则二维数组的创建格式为

```
数据类型 数组名 = new 数据类型[n][];
数组名[0] = new 数据类型[m1];
数组名[1] = new 数据类型[m2];
 ⋮
数组名[n-1] = new 数据类型[mn];
```

例如，

```
int[][]b = new int[2][];
b[0] = new int[2];
b[1] = new int[3];
```

数组b在内存中的存储如图2-10所示。

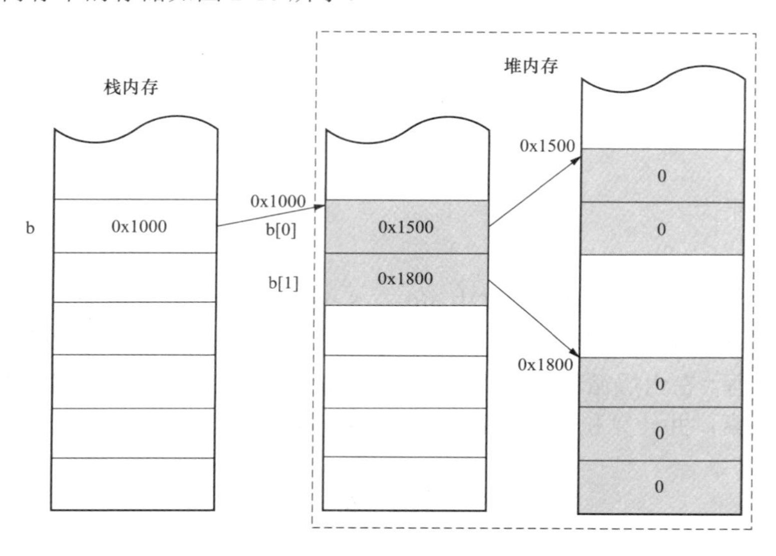

图2-10 不规则二维数组示意图

2. 二维数组的初始化

二维数组的初始化与一维数组类似，在定义数组时，直接给出初始值，但必须利用花括号{}区分维数，其格式为

```
数据类型[][] 数组名 = {{第1行初值}, {第2行初值}, ……, {第n行初值}};
```

此时，用户不需要给出数组的长度，系统根据花括号的层次和数量计算数组的维数及每一维的长度，例如：

```
int[][]c = {{1,2,3},{4,5}};
```

该语句定义了二维数组c，有两个数组元素c[0]和c[1]，c[0]是一个长度为3的一维数组，c[1]是一个长度为2的一维数组。

3. 二维数组的应用

操作数组时，经常要用到数组的length属性。二维数组本身具有length属性，表示二维数组的行数。同时，二维数组的每个数组元素都是一个一维数组，也有自己的length属性，表示某一行数组元素的个数。这些length属性含义不同，以上面的数组c为例：

```
c.length;                    // c的行数2
```

```
c[0].length;                    // c 第 0 行数组元素的个数 3
c[1].length;                    // c 第 1 行数组元素的个数 2
```

【例 2-9】 求二维数组的每行元素的和值。

```
public class App2_9 {
    public static void main(String[] args) {
        int[][] a = { { 1, 2, 3, 4, 5 }, { 6, 7, 8 }, { 9, 10, 11, 12 } };
        int[] b = new int[3];
        int i, j;
        for (i = 0; i < a.length; i++) {
            for (j = 0; j < a[i].length; j++)
                b[i] = b[i] + a[i][j];
        }
        for (int v : b)        // 使用 for each 语句顺次输出数组 b 的元素
            System.out.print(v+"");
    }
}
```

程序运行结果为

```
15 21 42
```

说明：二维数组 a 有 3 个元素，其中 a[0]有 5 个元素，a[1]有 3 个元素，a[2]有 4 个元素，定义长度为 3 的数组 b 用来存储数组 a 每行的和值。外层循环以 a.length 为终止条件，依次遍历 a 中的每一行。在内层循环中，以每一行的元素个数 a[i].length 为终止条件，依次遍历每一行中的所有元素，并计算和值。最后采用 foreach 格式输出和值。

2.5 字　符　串

Java 语言用一对双引号括起来的 Unicode 字符序列表示字符串，例如，字符串"Java\u0041"包含 5 个 Unicode 字符'J'、'a'、'v'、'a'和'A'。在 Java 语言中，字符串是用类的对象来表示的。程序中用到的字符串分为两大类，一类是创建之后不能再被修改的字符串，用 String 类对象来表示；另一类是创建之后允许被修改的字符串，用 StringBuffer 类对象表示。

2.5.1 String 类的使用

String 类是 Java 语言提供的常用类，主要用于字符串的创建、拼接、比较等操作。

1. 字符串创建

用 String 类创建字符串的格式有两种：

```
String 变量名=字符串常量;
String 变量名=new String(字符串常量);
```

例如：

```
String s1 = "Java";
String s2 = new String("Java");
```

变量 s1 和 s2 都表示字符串"Java"，但是两者有区别。s1 指向的字符串"Java"存储在字符串常量池，s2 指向的字符串"Java"存储在堆内存中。

Java 虚拟机为了减少字符串常量的重复创建，开辟了一个特殊的内存区域，称为字符串常量池。当以字符串常量形式来创建字符串对象时（第 1 种形式），Java 虚拟机首先会对这个常量进行检查，如果字符串常量池中存在相同内容的字符串对象，则将这个对象引用返回；否则，创建一个新的字符串对象，然后将这个对象放入字符串常量池，并返回该对象引用。

第 2 种形式创建的字符串对象，会在堆内存中为其分配空间，并且即使字符串对象与之前创建的字符串对象内容相同仍然会再次分配空间。总之，创建这种字符串对象一定会分配新的内存空间。

为了验证这一存储原理，再次定义变量 s3：

```
String s3 = "Java";
System.out.println(s1 == s3);                    // 输出结果为 true
```

可见 s1 和 s3 指向同一块空间，没有重复创建，继续定义 s4：

```
String s4 = new String("Java");
System.out.println(s2 == s4);                    // 输出结果为 false
```

变量 s2 和 s4 都采用 new 运算符创建对象，会在堆内存中不同位置分配空间，所以两者指向不同的内存空间。

2. 字符串拼接

Java 语言允许使用“+”连接两个字符串。例如：

```
String s1 = "abc";
String s2 = "xyz";
String s3 = s1 + s2;                             // s1+s2 的结果是"abcxyz"
```

当字符串与非字符串类型的数据进行拼接时，后者被自动转换为字符串，再拼接，这一特性通常在输出数据时使用。例如：

```
int i = 5;
System.out.println("i=" + i);                    // 输出结果为 i=5
```

3. String 类的常用方法

String 类定义了很多字符串操作的方法，如表 2-9 所示，调用这些方法的格式为

```
String 对象名.方法名();
```

表 2-9　　String 类的常用方法

方法原型	说明
public int length ()	返回字符串的长度
public boolean isEmpty ()	如果 length()为 0 返回 true，否则返回 false
publicchar charAt(int index)	返回 index 位置的字符
public String toLowerCase ()	将字符串中所有字符都转换为小写字符
public String toUpperCase ()	将字符串中所有字符都转换为大写字符
publicString substring(int beginIndex)	返回下标从 beginIndex（包含）开始的子串
publicString substring(int beginIndex, int endIndex)	返回下标从 beginIndex（包含）开始到 endIndex（不包含）的子串
publicString replace(char oldChar, char newChar)	将字符串中所有的 oldChar 转换为 newChar

续表

方 法 原 型	说 明
publicint indexOf(String str)	返回 str 在字符串中第一次出现的位置
publicString concat(String str)	将 str 连接在当前字符串的尾部
publicboolean equals(ObjectanObject)	比较 anObject 与当前字符串的内容是否相同
publicboolean equalsIgnoreCase(String str)	比较 str 与当前字符串的内容是否相同，忽略字符大小写
publicint compareTo(String str)	比较 str 和当前字符串的内容，返回差值。若两者相等，返回 0；若两者不相等，则返回第一个不同字符的差值；若两者仅长度不同，则返回两者长度的差值

说明：

（1）equals()方法是判断两个字符串内容是否相同，而"=="是判断两个字符串是否为同一实例，即在内存中的存储空间是否相同。

（2）以上所有方法都不会改变字符串本身，例如 replace()方法返回一个新创建的字符串，原字符串不变。

（3）isEmpty()方法适用于字符串已经分配了内存空间时使用。当字符串变量为 null 时，并没有为其分配内存空间，不能使用 isEmpty()方法。例如：

```
String s1 = new String();
String s2 = "";
String s3 = null;
```

其中 s1 和 s2 调用 isEmpty()方法时，返回值都是 true，而 s3 调用 isEmpty()方法，则会出现 NullPointerException 异常。

【例 2-10】 字符串的比较。

```
public class App2_10 {
    public static void main(String[] args) {
        String s1 = "Hello World";
        String s2 = "Hello World";
        String s3 = new String("Hello World");
        String s4 = new String(s1);
        System.out.println(s1.equals(s2));
        System.out.println(s1 == s2);
        System.out.println(s1.equals(s3));
        System.out.println(s1 == s3);
        System.out.println(s1.equals(s4));
        System.out.println(s1 == s4);
        System.out.println(s3.equals(s4));
        System.out.println(s3 == s4);
    }
}
```

程序运行结果为

```
true
true
true
```

```
false
true
false
true
false
```

2.5.2　StringBuffer 类的使用

StringBuffer 类和 String 类一样，也用来代表字符串。但是由于 StringBuffer 类的内部实现方式和 String 类不同，所以 StringBuffer 类在进行字符串处理时，不生成新的对象，在内存使用上要优于 String 类。

在实际使用时，如果经常需要对一个字符串进行修改，例如插入、删除等操作，使用 StringBuffer 更合适。

在 StringBuffer 类中有很多与 String 类相同的方法，功能也相同，但是有一个显著的区别在于，对 StringBuffer 对象的修改都会改变对象自身。

1. 字符串创建

系统为 StringBuffer 类对象分配内存时，除去字符所占空间外，会另加 16 个字符大小的缓冲区。StringBuffer 类的构造方法如下。

（1）StringBuffer()。构造一个容量大小为 16 个字符的空 StringBuffer 对象。

（2）StringBuffer(int length)。构造一个容量大小为 length 的空 StringBuffer 对象。

（3）StringBuffer(String str)。构造一个容量大小为 str.length()+16 的 StringBuffer 对象，其初始值为 str。

2. StringBuffer 类的常用方法

StringBuffer 类与 String 类不同，包含了追加、插入和删除等改变字符串内容的方法，表 2-10 列出了 StringBuffer 类的常用方法。

表 2-10　　StringBuffer 类的常用方法

方 法 原 型	说　明
public int length()	返回字符串的长度
public int capacity()	返回字符串的容量
public StringBuffer append (Object obj)	将 obj 连接到字符串末尾
public StringBuffer deleteCharAt(int index)	删除 index 位置的字符，形成新的字符串
public StringBuffer insert(int offset, Object obj)	将 obj 插入到 offset 位置，形成新的字符串
public void setCharAt(int index, char ch)	修改字符串中 index 位置的字符为新的字符 ch

【例 2-11】 字符串的处理。

```
public class App2_11 {
     public static void main(String[] args) {
          StringBuffer s = new StringBuffer("abcd");
          s.append("123");
          System.out.println(s);
          s.insert(4, "0");
          System.out.println(s);
          s.deleteCharAt(1);
```

```
            System.out.println(s);
            s.setCharAt(0, 'e');
            System.out.println(s);
        }
}
```

程序运行结果为

```
abcd123
abcd0123
acd0123
ecd0123
```

2.6 输入/输出

为了增加程序的实用性，需要程序能够接收来自用户的输入（一般指键盘），并以适当的格式输出（一般指显示器）。

2.6.1 输入

Java 语言提供了两种从键盘输入数据的方式，都用到标准输入流对象 System.in，它是 InputStream 类的对象，详见第 6 章。

1. 单个字符输入

System.in.read()方法能够接收键盘输入，并将其转换为字节形式。

【例 2-12】 从键盘输入一个字符，然后将其打印出来。

```
import java.io.*;
public class App2_12 {
    public static void main(String[] args) throws IOException {
        System.out.print("Enter a Char:");
        char c = (char) System.in.read();
        System.out.println("your char is :" + c);
    }
}
```

程序运行结果为

```
Enter a Char:a↙
your char is :a
```

说明：结果中的斜体部分表示键盘输入的内容，↙表示回车操作，第 1 行代码的作用是导入用于输入、输出的 IO 包，main()方法首部中的 throws IOException 的作用是处理 read()方法可能产生的异常。read()方法的原型为

```
public int read() throws IOException
```

read()方法返回值为 int 类型，但只有最低字节是有效数据，可以通过强制转换将其变为 char 类型。这种输入方式一次只能获取一个字节，效率比较低。当我们希望输入一串字符时编程比较复杂。

2. 多种类型数据的输入

从 JDK 5.0 开始，在 java.util 包中增加了一个用于输入各种类型数据的 Scanner 类。使用

时，首先创建 Scanner 类的对象，然后调用相应的方法来获取数据。Scanner 类的常用方法见表 2-11。

表 2-11　Scanner 类的常用方法

方 法 原 型	说　　明
public String nextLine()	读取输入的下一行内容
public String next()	读取输入的下一个有效字符
public int nextInt()	读取下一个表示整数的字符序列，并将其转换成 int 型
public long nextLong()	读取下一个表示整数的字符序列，并将其转换成 long 型
public float nextFloat()	读取下一个表示整数的字符序列，并将其转换成 float 型
public double nextDouble()	读取下一个表示浮点数的字符序列，并将其转换成 double 型
public boolean hasNext()	检测是否还有输入内容

【例 2-13】 从键盘输入一系列数据，然后将其打印出来。

```
import java.util.*;
public class App2_13 {
     public static void main(String[] args){
          Scanner sc = new Scanner(System.in);
          System.out.println("请输入你的姓名:");
          String name = sc.nextLine();
          System.out.println("请输入你的年龄:");
          int age = sc.nextInt();
          System.out.println("请输入你的工资:");
          float salary = sc.nextFloat();
          System.out.println("你的信息如下:");
          System.out.println("姓名:"+name+"\n"+"年龄:"+age+"\n"+"工资:"+salary);
     }
}
```

程序运行结果为

```
请输入你的姓名:
Tom↙
请输入你的年龄:
30↙
请输入你的工资:
5000↙
你的信息如下:
姓名:Tom
年龄:30
工资:5000.0
```

说明：从运行结果来看，使用 Scanner 类既可以输入字符串也可以输入基本数据类型，是最为常用的输入方式。

另外，Scanner 类的成员方法 nextLine()和 next()都可以读取字符串，但是它们之间有着本质区别。next()方法一定要读取到有效字符（非空格、非 Tab 键、非 Enter 键）后才能够完成输入，对输入有效字符之前遇到的空格键、Tab 键或 Enter 键等分隔符，next()方法会自动将其忽略。只有在输入有效字符之后，next()方法才将其后输入的空格键、Tab 键或 Enter 键等视为分隔符。所以 next()方法不能得到带空格的字符串。而 nextLine()方法的结束符只是 Enter 键，即 nextLine()方法返回的是 Enter 键之前的所有字符，可以得到带空格的字符串。

【例 2-14】 next()方法与 nextLine()方法的区别。

```
import java.util.*;
public class App2_14 {
      public static void main(String[] args) {
            String s1, s2;
            Scanner sc = new Scanner(System.in);
            System.out.print("请输入第一个字符串:");
            s1 = sc.next();
            System.out.print("请输入第二个字符串:");
            s2 = sc.nextLine();
            System.out.println("输入的字符串是:" + s1 + "" + s2);
      }
}
```

程序运行结果为

```
请输入第一个字符串:abc↙
请输入第二个字符串:输入的字符串是:abc
```

说明：其中 next()方法读取了字符串"abc"，遇到“回车”键结束；nextLine()方法读取了被 next()方法遗留下的 Enter 作为它的结束符，所以没办法给 s2 从键盘输入值。实际上，其他 nextInt()、nextDouble()等方法存在同样的问题，解决的办法是在每一个 nextInt()、next Double()等方法之后加一个 nextLine()方法，将 nextInt()、nextDouble()等方法遗留的 Enter 结束符过滤掉。

在［例 2-14］中 `s1=sc.next();`语句后面添加语句 `sc.nextLine();`，就能达到预期的效果。

2.6.2　输出

Java 语言提供标准输出流 System.out 来完成数据的输出，System.out 是 PrintStream 类的标准输出流对象，它最常用的是 print()方法和 println()方法，两种方法的区别为 println()方法在每次输出后按“回车”键换行。例如：

```
System.out.println("Java");
System.out.println(10);
```

运行结果为

```
Java
10
```

Java 语言从 JDK 5.0 版本开始吸纳了 C 语言中的 printf()方法的格式控制方式，这样既迎合了习惯使用 C 语言编写程序的开发者，又提高了 Java 程序在字符界面下的显示控制能力。例如：

```
double value = 1000.0 / 3;
System.out.printf("%10.2f", value);
```

运行结果为

```
    333.33
```

在 Java 中，printf()是一个定义在 PrintSream 类中的成员方法，其方法原型为

```
public PrintStream printf( String  format, Object …… args)
```

其中，format 是一个与 C 语言的 printf()方法一样的格式控制字符串，它采用格式控制符控制数据的显示格式。常用的格式控制符有 d、x、o、f、e、s、c、b。

本章小结

本章介绍了 Java 语言的数据类型、运算符与表达式、流程控制语句、数组、字符串及输入、输出。读者在学习过程中应该注意 Java 语言与其他语言的异同点，尤其是引用数据类型的使用，这样有助于提高学习效率。通过本章的学习，读者编写了具有字符界面的程序，完成了输入、处理和输出环节。从下一章开始将学习 Java 语言中面向对象的相关知识。

习　题

编程题

1．编程将一个 float 型数的整数部分和小数分别输出显示。

2．编程求出自然数 101～199 中的所有素数，每行显示 10 个数。

3．编程顺序输出 1～100 之间所有能被 7 整除的整数。

4．编程求出一个一维 int 型数组的元素最大值、最小值、平均值和所有元素之和。

5．编程实现 float 型数组的冒泡排序。

6．编程定义一个包含 2 个元素的二维 double 型数组，每个元素的数组长度从键盘输入，然后再依次输入二维数组中所有元素的数值，并以行列形式输出二维数组的全部元素。

7．编程比较两个 String 对象的大小，若字符串 1 和字符串 2 相等，返回 0；若字符串 1 和字符串 2 不相等，则返回第一个不同字符的差值；若字符串 1 和字符串 2 仅长度不同，则返回两者长度的差值。

8．编程将一个 StringBuffer 类对象中的所有小写字母变为大写字母，大写字母变为小写字母，然后输出显示。

9．编程实现从键盘依次输入姓名（字符串）、年龄（整型）、性别（字符）和成绩（浮点型），然后依次显示上述内容。

第 3 章　类　与　对　象

面向对象的编程思想是使计算机语言对事物的描述与现实世界中该事物的本质尽可能一致，它与面向过程的编程思想存在着本质差别。本章将介绍 Java 语言中面向对象程序设计的基本概念和基本方法，重点讲述封装、继承和多态三大特性的实现过程。

3.1　面向对象基本概念

在学习面向对象程序设计方法之前，需要先了解面向对象程序设计的基本思想及相关的概念。

3.1.1　面向对象程序设计

面向对象程序设计是当前主流的程序设计模式，在很多应用领域已经取代了面向过程的程序设计。Java 是纯粹的面向对象程序设计语言，而 C++语言中包含了很多非面向对象的特性。

面向对象的程序是由对象组成，每个对象包含公开的特定功能和隐藏的实现部分。程序中的对象可以是自定义的，也有一部分来自标准库。在面向对象程序设计中，其实不必关心对象的具体实现，只要能满足用户的需求即可。

面向对象程序设计有三个基本特性：封装、继承和多态。

封装就是把客观事物经过抽象封装成类，类可以设定自己的数据和方法的访问权限，即对外公开的程度和范围。类就是一个封装了数据，以及操作这些数据的代码的逻辑实体。在一个对象内部，一些代码或数据是私有的，不能被外界访问，而一些代码或数据对部分类或全部类开放。通过这种方式，内部数据和代码得到了不同级别的保护。

继承是指这样一种能力：它可以使用已有类的功能，并在无需重新编写已有类的情况下对这些功能进行扩展。通过继承创建的新类称为“子类”，被继承的类称为“父类”或“超类”。继承的过程，就是从一般到特殊的过程。

多态是指不同类的对象对同一消息做出不同的响应。多态机制使具有不同内部结构的对象可以共享相同的外部接口。这意味着，虽然针对不同对象的具体操作不同，但通过一个公共的类，这些操作可以通过相同的方式予以调用。

3.1.2　类和对象的基本概念

在面向对象程序设计中，类（class）和对象（object）是最核心的概念。类是对某一类事物的描述（共性），是抽象的、概念上的定义；而对象则是实际存在的属于该类事物的具体个体（个性），因而也称为实例。例如，图 3-1 中“计算机设计图”就是计算机类，按照这个图纸生产出来的若干台“计算机”就是计算机类的对象。

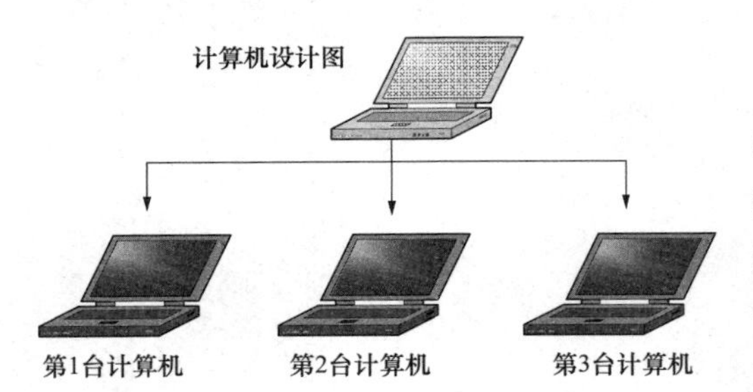

图 3-1　计算机类与计算机对象

类由数据成员与方法成员封装而成，其中数据成员表示类的属性，方法成员表示类的行为。Java 语言把数据成员称为域变量、属性、成员变量等，而把方法成员也称为成员方法。

3.2　类　的　封　装

从形式上看，封装是把对象的数据和方法组合在一个类中，并对对象的使用者隐藏了方法的实现过程。所以，类的定义实际上就是定义类的成员变量与成员方法，所定义的类是一个新的数据类型，用它可以创建对象实例。

3.2.1　类的基本结构

Java 语言中，类定义的基本结构为

```
[类修饰符]  class 类名称 {
    [修饰符] 数据类型成员变量;
    [修饰符] 返回值类型方法名 (参数表 ){
        语句块
    }
}
```

其中 class 是关键字，方括号[]中的修饰符是可选项，它用于限定类的访问权限。Java 语言中类修饰符分为公共访问控制符 public、抽象类说明符 abstract、最终类说明符 final 和缺省访问控制符，具体含义如表 3-1 所示。

表 3-1　　类　修　饰　符

类　修　饰　符	说　　明
public	将一个类定义为公共类，该类可以被任何类访问
abstract	将一个类定义为抽象类，不可以创建它的对象
final	将一个类定义为最终类，它不能被其他类继承
缺省	只有在同一个包中的类才能访问这个类

一个类可以有多个修饰符，但 abstract 和 final 互斥，不能同时出现。这些修饰符将在后续章节详细说明。

下面是人员类 Person 的定义：

```
public class Person {
    String name;                    // 声明成员变量 name
    int age;                        // 声明成员变量 age
    char sex = '男';                // 声明成员变量 sex 并赋初值
    String getInfo(){               // 定义成员方法 getInfo(),获取人员信息
        String info;
        info = "姓名为:" + name + " 年龄为:" + age + " 性别为:" + sex;
        return info;
    }
}
```

其中第 1 行代码表示定义了一个名为 Person 的公共类。第 2，3，4 行代码是类的成员变量的声明，之后是成员方法 getInfo()的定义，该方法用于获取人员的详细信息。需要说明的

是 Java 语言中的类定义，不需要在最后花括号“}”之后加分号。

3.2.2 成员变量

成员变量是描述对象状态的数据，是类中重要的组成部分。Java 语言中成员变量的声明格式为

```
[修饰符] 数据类型 变量名 [= 初始值];
```

其中，数据类型可以是基本数据类型、类或者数组等，变量名是合法标识符。成员变量在声明时可以赋初始值（与 C++语言有较大的区别），如果没有赋值，则会由系统根据数据类型给定初始值（详见 3.2.4 节）。成员变量的修饰符包括 8 种，如表 3-2 所示。

表 3-2 成员变量修饰符

成员变量修饰符	说明
public	公共访问修饰符，该变量为公共的，可以被任何类的方法访问
private	私有访问修饰符，该变量只允许本类的方法访问，其他任何类（包括子类）中的方法均不能访问
protected	保护访问修饰符，该变量可以被本类、子类及同一个包中的类访问，在子类中可以覆盖此变量
缺省	缺省访问修饰符，该变量在同一个包中的类可以访问，其他包中的类不能访问
final	最终修饰符，该变量的值不能被修改
static	静态修饰符，该变量属于类，被类的所有对象共享，即所有对象都可以使用该变量
transient	临时修饰符，该变量在对象序列化时不被保存
volatile	易失修饰符，该变量可以同时被几个线程控制和修改

3.2.3 成员方法

成员方法通过改变成员变量的状态来描述对象的行为，是实现类功能的机制。Java 语言中的成员方法的定义格式为

```
[修饰符] 返回值 数据类型 方法名 (参数列表) {
    语句块
}
```

成员方法的修饰符共有 9 种，如表 3-3 所示。

表 3-3 成员方法修饰符

成员方法修饰符	说明
public	公共访问修饰符，该方法为公共的，可以被任何类的方法访问
private	私有访问修饰符，该方法只允许本类的方法访问，其他任何类（包括子类）中的方法均不能访问
protected	保护访问修饰符，该方法可以被本类、子类及同一个包中的类访问
缺省	缺省访问修饰符，该方法在同一个包中的类可以访问，其他包中的类不能访问
final	最终修饰符，该方法不能被重载
static	静态修饰符，该方法属于这个类，不需要实例化就可以使用
abstract	抽象修饰符，该方法只有方法原型，没有方法实现，需在子类中实现
synchronized	同步修饰符，在多线程程序中，该修饰符用于在运行前，对它所属的方法加锁，以防止其他线程的访问，运行结束后解锁
native	本地修饰符，该方法的方法体是用其他语言在程序外部编写的

Java 语言允许成员变量和成员方法有多个修饰符，但需要注意修饰符彼此间有互斥的情况。

需要说明的是，表 3-1 中的修饰符用于控制类的访问权限，即在某一个类中能否创建或者访问另外一个类的对象。而表 3-2 和表 3-3 中的修饰符用于控制类中成员的访问权限，只有在类访问权限允许的情况，类成员访问权限才起作用。

3.2.4 对象的创建

类的实例化结果是对象，也就是由类声明的变量，因此，可以将对象理解为一种自定义数据类型的变量。对象之间靠传递消息而相互作用，完成一些行为或者修改对象的属性。一旦对象完成工作后，将被销毁，所占用的资源将被系统回收。

Java 语言中，创建对象的格式为

```
类名 对象名;
对象名 = new 类名();
```

例如：`Person person;`和 `person = new Person();`，也可以将两条语句合并，格式为

```
类名 对象名 = new 类名();
```

例如：`Person person = new Person();`

其中，赋值运算符右侧的 new Person()，是以 Person 类为模板，在堆内存中创建一个 Person 对象，包括成员变量 name、age 和 sex，然后将地址返回给赋值运算符左侧的引用变量 person。末尾的()意味着，在对象创建后，立即调用 Person 类的构造方法（见 3.2.10 节），对生成的对象进行初始化。

Java 语言中的类是引用类型，person 对象的内存分配如图 3-2 所示。

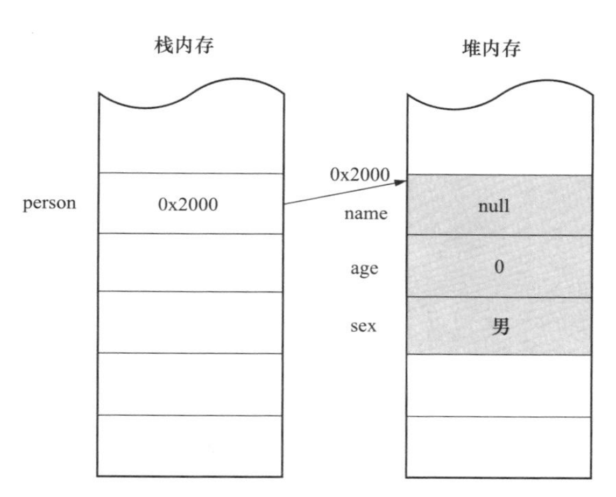

图 3-2 对象的内存分配

当 person 对象被创建时，其成员变量 sex 被赋予初值，那么 name 和 age 是什么值呢？Java 语言规定：当一个对象被创建时，会对其中各种类型的成员变量自动进行初始化，即使没有显式为它提供初值，Java 语言也保证它有一个初始值。表 3-4 是成员变量的初始值。

表 3-4 成员变量的初始值

数据类型	初始值	数据类型	初始值
byte	0	float	0.0f
short	0	double	0.0
int	0	char	'\0'
long	0L	boolean	false
引用类型	null		

3.2.5 对象的引用

创建对象之后，就可以访问它的成员变量和成员方法，通过对象访问成员的格式为

对象名.成员变量
对象名.成员方法(实际参数)

其中运算符“.”称为成员运算符，用于访问对象的成员。

【例 3-1】 对象的引用。

```
class Person {
    String name;                          // 声明成员变量 name
    int age;                              // 声明成员变量 age
    char sex = '男';                      // 声明成员变量 sex 并赋初值
    String getInfo() {                    // 定义成员方法 getInfo(),获取人员信息
        String info;
        info = "姓名为:" + name + " 年龄为:" + age + " 性别为:" + sex;
        return info;
    }
}
public class App3_1 {
    public static void main(String[] args) {
        Person person1 = new Person();
        Person person2 = new Person();
        System.out.println(person1.getInfo());
        System.out.println(person2.getInfo());
        person1.name = "Tom";
        person1.age = 20;
        person2.name = "Sally";
        person2.age = 18;
        person2.sex = '女';
        System.out.println("数据修改后:");
        System.out.println(person1.getInfo());
        System.out.println(person2.getInfo());
    }
}
```

程序运行结果为

```
姓名为:null 年龄为:0 性别为:男
姓名为:null 年龄为:0 性别为:男
数据修改后:
姓名为:Tom 年龄为:20 性别为:男
姓名为:Sally 年龄为:18 性别为:女
```

说明：该程序的所有代码在一个文件中，由于 App3_1 类是公共类，所以文件名必须与其一致，应为 App3_1.java。当 Java 编译器对该文件进行编译时，会产生 App3_1.class 和 Person.class 两个文件。

程序从 main()方法开始执行，首先创建 Person 类的两个对象 person1 和 person2，然后调用 getInfo()方法获取对象的成员变量的值并输出至屏幕，对象 person1 和 person2 中的成员变量都保留着初始值，所以两者的 name 都为 null，age 都为 0，而 sex 都为'男'。

由于 Person 类的所有成员变量都是缺省访问修饰符，同一个包中的其他类可以访问，因此在 App3_1 类中可以直接对 person1 和 person2 对象的成员变量进行修改。从程序的运行结果来看，修改 person2 的 sex 并不影响 person1 的值，主要原因是两个对象 person1 和 person2

被分配了不同的空间，彼此间互不影响，数据修改后的两个对象内存存储情况如图 3-3 所示。

还需要说明的是，Person 类的成员变量在本类中被访问时，直接使用变量名而不需要对象名，在 App3_1 类中被访问时，需要指明对象名，否则将无法区分要访问的是哪个对象的成员变量。

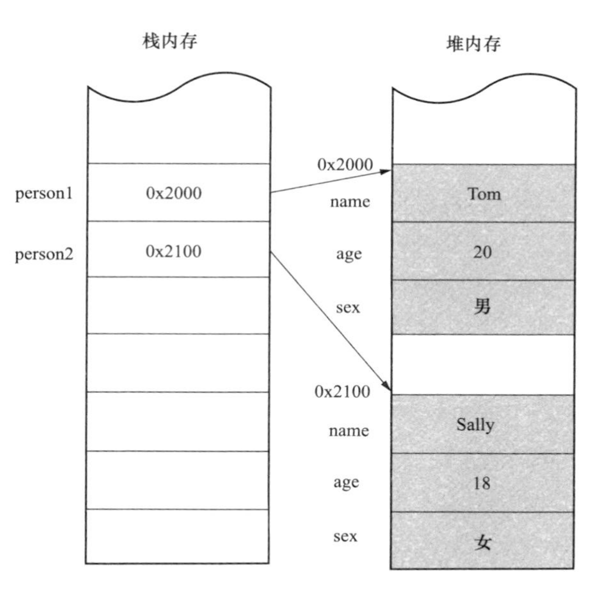

图 3-3 多个对象内存分配

3.2.6 this 引用

Person 类的每个对象都拥有独立的存储空间，如［例 3-1］中的对象 person1 和 person2。但类中的成员方法并不会随着对象数量的变化而增加，每个成员方法只有一份，保存在一块称为方法区的内存中。那么当通过不同对象调用同一个成员方法时，成员方法中访问的成员变量并没有指明是哪个对象的，保证程序如何正确运行？

［例 3-1］中，当执行 person1.getInfo()和 person2.getInfo()语句时，都会调用 Person 类的成员方法 getInfo()，系统如何判断应该返回哪个对象的成员变量呢？Java 语言通过 this 引用来解决这一问题。

关键字 this 用来指向当前对象本身。this 是系统资源，只允许用户读而不允许写，它存储着当前对象的地址。也就是说，Person 类的成员方法 getInfo()的代码实际上是这样的：

```
String getInfo() {
    String info;
    info = "姓名为:" + this.name + " 年龄为:" + this.age + " 性别为:" + this.sex;
    return info;
}
```

当不同对象调用该成员方法时，this 引用就指向不同对象的地址，因此能够正确地访问相应的成员变量。

this 引用主要有以下几个用途：

（1）在构造方法中调用其他的构造方法时，只能使用 this 引用且必须位于构造方法的第一行（具体示例详见 3.2.10 节）。

（2）构造方法的形式参数与类的成员变量名字相同时，需要使用 this 引用来区分两者。

```
class Location {
    private int x;
    private int y;
    public void setValue (int x,int y) {
        this.x = x;            // 其中 x 表示形参变量,this.x 表示成员变量
        this.y = y;            // 其中 y 表示形参变量,this.y 表示成员变量
    }
    ……
}
```

（3）在链式调用中返回对象本身。链式调用是指在一个语句中连续调用多个方法，如obj.fa().fb()，这时要求 fa()方法的返回值必须是一个对象，fb()方法是该返回值对象的成员方法。特殊情况下，如果 fa()方法和 fb()方法都是 obj 的成员方法，那么 fa()方法就要返回 obj 对象本身，此时需要使用 this 引用。例如：

```
class Count {
       private int i = 0;
       Count increment() {
           i++;
           return this;                          // 返回对象的地址
       }
       void print() {
           System.out.println("i = " + i);
       }
}
public class C1{
       public static void main(String[] args) {
            Count x = new Count();
            x.increment().increment().print();
       }
}
```

程序运行结果为

```
i = 2
```

说明：程序中 main()方法中的 `x.increment().increment().print();`语句首先执行 x.increment()方法，返回值仍然是 x 对象本身，执行后的语句等价于 `x.increment().print();`语句。接着再执行 x.increment()方法，执行后的语句等价于 `x.print();`语句。

3.2.7 匿名对象

在有些情况下，不需要声明对象名，而直接创建一个对象后调用其成员方法，这样的对象叫做匿名对象。例如：

```
Person person1 = new Person();
System.out.println(person1.getInfo());
```

这两条语句可改写为

```
System.out.println(new Person().getInfo());
```

其中 new Person()就是匿名对象。

在以下两种情况中，可以使用匿名对象：

（1）一个对象创建后只使用一次，可以是成员方法调用也可是成员变量访问；

（2）调用方法时，将匿名对象作为实参传递给该方法，例如 fun(new Person())。

3.2.8 访问权限

在［例 3-1］中，Person 类的成员变量都省略了访问修饰符，这种情况下在类外就可以对成员变量进行修改。这虽然使编程更加灵活，但也增加了程序的风险。例如，可以为 person1 对象的成员变量 age 设置负值或者很大的整数，这显然不合理，但却无法避免。因此，合理设置类中成员的访问权限非常重要。

类中成员的访问权限有 4 种，如表 3-5 所示。

表 3-5 类中成员的访问权限

访问权限	本类	同一包中的类	子类	其他类
private	√	×	×	×
缺省	√	√	×	×
protected	√	√	√	×
public	√	√	√	√

"包"是 Java 语言中特有的管理类的一种机制，通常将多个功能相关的类放在同一个组内，这个组就称为包。在某种程度上讲，包类似于文件结构中的目录。需要说明，包是用来保存编译后的 class 文件的，不是.java 文件。Java 语言使用关键字 package 来声明一个包，其格式为

```
package pkg1[ .pkg2[ .pkg3…… ] ];
```

例如：`package source.chapter3;`

该语句只能放在 Java 源代码文件的第一行，例如：

```
package source.chapter3;
public class HelloWorld{
     public static void main(String[] args){
          System.out.println("Hello World");
     }
}
```

HelloWorld.java 文件被编译后，生成的 HelloWorld.class 文件被放置在 source/chapter3 包内。如果没有显式地声明 package，类文件则位于默认包下。

在明确了"包"的概念后，下面将详细说明不同访问权限的特点与具体应用。

1. 私有成员 private

类的成员声明前加上私有访问控制符 private，那么该成员就只能被本类访问，不能被其他类（包括该类的子类）访问，这样可以最大限度的保护类的成员。

【例 3-2】 私有成员的使用。

分析：本例中将 Person 类的成员变量改为私有变量，这些变量不能在本类之外被访问和修改。为此，在 Person 类中添加了成员方法 setName()、setAge()和 setSex()来为私有变量赋值。

```
class Person {
     private String name;                      // 声明私有成员变量 name
     private int age;                          // 声明私有成员变量 age
     private char sex = '男';                  // 声明私有成员变量 sex 并赋初值
     void setName(String name) {               // 为成员变量 name 赋值
          if (name == null || name.isEmpty()) {
               System.out.println("姓名不合法,请重新设置");
               return;
          }
          this.name = name;
     }
```

```
    void setAge(int age) {              // 为成员变量 age 赋值
        if (age < 0 || age > 100) {
            System.out.println("年龄不合法,请重新设置");
            return;
        }
        this.age = age;
    }
    void setSex(char sex) {             // 为成员变量 sex 赋值
        if (sex == '男' || sex == '女')
            this.sex = sex;
        else
            System.out.println("性别不合法,请重新设置");
    }
    String getInfo() {                  // 定义成员方法 getInfo(),获取人员信息
        String info;
        info = "姓名为:" + name + " 年龄为:" + age + " 性别为:" + sex;
        return info;
    }
}
public class App3_2 {
    public static void main(String[] args) {
        Person person1 = new Person();
        Person person2 = new Person();
        System.out.println(person1.getInfo());
        System.out.println(person2.getInfo());
        person1.setName("Tom");
        person1.setAge(20);
        person2.setName("Sally");
        person2.setAge(18);
        person2.setSex('女');
        System.out.println("数据修改后:");
        System.out.println(person1.getInfo());
        System.out.println(person2.getInfo());
    }
}
```

程序运行结果为

```
姓名为:null 年龄为:0 性别为:男
姓名为:null 年龄为:0 性别为:男
数据修改后:
姓名为:null 年龄为:20 性别为:男
姓名为:Sally 年龄为:18 性别为:女
```

说明：在 main()方法中，对成员变量进行修改只能通过成员方法来完成，［例 3-1］中直接修改对象属性的代码都已经变为错误，编译不通过。采用［例 3-2］中 Person 类的定义方式，如果执行代码 `person2.setSex('f');`语句，由于'f'不符合要求，则 person2 对象的成员变量 sex 仍然保持原有值，不会被设置为'f'，对成员变量起到了保护作用。

另外，并不是只有成员变量可以被设置为 private，如果成员方法只允许被本类中其他成员方法调用，不允许在类外调用，也可以将其声明为 private。

2. 公有成员

类的成员声明前加上公共访问控制符 public，则表示该成员可以被任何类访问。虽然使用方便，但会造成安全性和数据封装性的下降，应当慎重使用。将［例 3-2］中的 setName()、setAge()、setSex 和 getInfo()方法都修改为 public，它们就可以被任何类访问了。不过在［例 3-2］中，App3_2 类与 Person 类在同一包中，所以 public 与缺省访问修饰符的效果相同。

3. 保护成员

类的成员声明前加上访问控制符 protected，表示该成员可以被本类、子类及同一个包中的类访问，因此 protected 通常用于父类中的成员访问控制。

3.2.9 方法重载

方法重载是指定义多个同名的方法，但要求这些方法的参数列表不能相同，即参数个数不同、参数类型不同或者参数的顺序不同。Java 语言中不允许参数个数或参数类型完全相同，而只有返回值数据类型不同的方法重载。

方法重载通常用于创建一组任务相似但参数类型或参数个数不同的方法。调用重载方法时，Java 编译器根据调用时所给的参数个数和参数类型选择一个对应的方法。

【例 3-3】 为［例 3-2］中的 Person 类添加两个重载方法。

```
class Person {
      private String name;                             // 声明成员变量 name
      private int age;                                 // 声明成员变量 age
      private char sex = '男';                         // 声明成员变量 sex 并赋初值
      ……                                               // 与[例 3-2]代码相同
      void setInfo(String name,int age,char sex) { // 方法重载
          setName(name);
          setAge(age);
          setSex(sex);
      }
      void setInfo(String name, int age) {             // 方法重载
          setName(name);
          setAge(age);
      }
}
public class App3_3 {
      public static void main(String[] args) {
          Person person1 = new Person();
          Person person2 = new Person();
          person1.setInfo("Tom", 20);
          person2.setInfo("Sally", 18,'女');
          System.out.println(person1.getInfo());
          System.out.println(person2.getInfo());
      }
}
```

程序运行结果为

```
姓名为:Tom 年龄为:20 性别为:男
姓名为:Sally 年龄为:18 性别为:女
```

说明：程序中 `person1.setInfo("Tom", 20);`和 `person2.setInfo("Sally", 18,'女');`

语句都调用 setInfo()方法，但两者的参数个数不同，Java 编译器会根据参数的个数调用相应的成员方法。方法重载使得相同的方法名具有不同的实现过程，这是 Java 语言“多态”的一种体现。

3.2.10 构造方法

在［例 3-2］和［例 3-3］中，都是使用 new 运算符创建对象，此时对象的成员变量为缺省值，然后再调用该类的成员方法为成员变量赋值。那么，是否可以在创建对象的时候就为其赋值呢？Java 语言提供了构造方法来解决这一问题。

1. 构造方法的定义

构造方法（constructor）是在对象被创建时用于初始化对象成员变量的方法。构造方法的方法名必须与类名相同，且没有返回值，也不能使用 void 修饰符。构造方法允许有参数，参数一般与成员变量相对应，构造方法的定义格式为

```
类名(参数列表) {
    语句块                                    // 通常为成员变量赋值
}
```

例如：

```
public class Obj {
    int count;
    double price;
    Obj(int n, double p){
        count = n;
        price = p;
    }
    public static void main(String[] args) {
        Obj o = new Obj(5,2.5);
    }
}
```

main()方法中创建对象的语句会自动调用 Obj 类的构造方法，完成对象成员变量的初始化工作。为了更清晰地说明构造方法的作用，修改［例 3-2］中的 Person 类，为其添加构造方法。

【例 3-4】 为 Person 类添加构造方法。

```
class Person {
    private String name;                        // 声明成员变量 name
    private int age;                            // 声明成员变量 age
    private char sex = '男';                    // 声明成员变量 sex 并赋初值
    ……                                          // 与[例 3-2]代码相同
    Person(String name, int age, char sex) {    // 构造方法
        setName(name);
        setAge(age);
        setSex(sex);
    }
}
public class App3_4 {
    public static void main(String[] args) {
        Person person1 = new Person("Tom", 20, '男');
        Person person2 = new Person("Sally", 18, '女');
```

```
            System.out.println(person1.getInfo());
            System.out.println(person2.getInfo());
        }
    }
```

说明：本例中构造方法 Person（String name，int age，char sex）具有三个参数，表面看起来与 void setInfo（String name，int age，char sex）成员方法相似，只是方法名不同。但实际上，这两个方法有着本质区别。构造方法不能由编程人员显式地调用，而是在创建类的对象时，由系统自动调用构造方法对成员变量进行初始化。而 setInfo()方法只能在对象创建之后调用，用于修改对象的成员变量。

2. 默认构造方法

任何一个对象被创建时都会执行构造方法，在我们定义构造方法之前，程序是如何创建对象的（如［例 3-1］至［例 3-3］中对象）？

在 Java 语言中，定义类时如果编程人员没有编写构造方法，Java 编译器自动为该类生成一个默认构造方法。其后在创建对象时会自动调用这个默认的构造方法。默认构造方法没有参数，在其方法体中也没有任何代码，即什么也不做，其格式为

类名() {}

如果类的访问权限修饰符是 public，那么默认构造方法的访问权限修饰符也是 public。

需要说明的是，一旦编程人员为一个类定义了构造方法，系统就不再提供默认构造方法。因此，在［例 3-4］中的 main()方法中，如果出现 `Person person1 = new Person();`语句，编译器会报错，因为系统不再提供默认构造方法，也就无法用 new Person()来构建对象。因此，通常情况下需要自定义不带参数的构造方法，以防止该类错误发生。

3. 构造方法的重载

构建一个对象可以有多种形式，因此就会有多个构造方法，但由于构造方法要与类名相同，所以这些构造方法就是方法重载。例如，［例 3-4］中成员 sex 有初值'男'，那么在创建对象时有些情况可以不用为其传递参数，这样就需要一个只有 2 个参数的构造方法：

```
Person(String name,int age){
    setName(name);
    setAge(age);
}
```

采用这个构造方法创建对象的语句为 `Person person3 = new Person("George", 30);`。类的构造方法一般有多个，方便用户在不同情况下创建对象。

4. 构造方法的调用

正常情况下，构造方法是不需要编程人员调用的，Java 编译器会自动调用。但是在构造方法中要调用其他构造方法时，就要采用显式调用方式。此时必须通过 this 引用来完成，并且必须是构造方法中的第一条语句。

【例 3-5】 构造方法的调用，为 Person 类添加另外 3 个构造方法。

```
class Person {
    private String name;                        // 声明成员变量 name
    private int age;                            // 声明成员变量 age
    private char sex = '男';                    // 声明成员变量 sex 并赋初值
```

```
    ……                                        // 与[例 3-2]代码相同
    Person(String name, int age, char sex) {  // 构造方法
        setName(name);
        setAge(age);
        setSex(sex);
    }
    Person(String name, int age) {            // 构造方法
        this(name, age, '男');                // 调用其他构造方法
    }
    Person(String name) {                     // 构造方法
        this(name, 18, '男');                 // 调用其他构造方法
    }
    Person() {                                // 构造方法
        this("Unkown", 18, '男');             // 调用其他构造方法
    }
}
public class App3_5 {
    public static void main(String[] args) {
        Person person1 = new Person("Sally", 20, '女');
        Person person2 = new Person("Tom", 25);
        Person person3 = new Person("Kate");
        Person person4 = new Person();
        System.out.println(person1.getInfo());
        System.out.println(person2.getInfo());
        System.out.println(person3.getInfo());
        System.out.println(person4.getInfo());
    }
}
```

程序运行结果为

```
姓名为:Sally 年龄为:20 性别为:女
姓名为:Tom 年龄为:25 性别为:男
姓名为:Kate 年龄为:18 性别为:男
姓名为:Unkown 年龄为:18 性别为:男
```

说明：该程序共有 4 个构造方法，其中一个带有 3 个参数的构造方法被其他三个构造方法都调用。这样使得对象的创建只有一个统一的处理过程，便于程序维护。

3.2.11 静态成员

Java 语言中的对象都拥有独立的存储空间，每创建一个对象都会在堆内存中为其分配空间，对象彼此间互不影响。但在某些情况下，一个类的多个对象需要共享一个成员变量，例如要统计 Person 类的对象个数。如果在 Person 类中添加成员变量 count，那么每创建一个对象就会分配一个 count 变量空间，无法共享数据。Java 语言用静态成员来解决这个问题，静态成员包括静态成员变量和静态成员方法。

1. 静态成员变量

使用 static 来修饰成员变量，称之为静态成员变量（简称静态变量）或类变量。静态变量在内存空间中只有一份，是一个公共的存储空间，类的所有对象都可以访问它。静态变量可以通过类名访问，也可以通过对象名访问，形式为

（1）类名.静态变量

（2）对象名.静态变量

【例 3-6】 修改［例 3-5］中的 Person 类，为其添加静态变量，用来统计 Person 类的对象个数。

```
class Person {
      private String name;                  // 声明成员变量 name
      private int age;                      // 声明成员变量 age
      private char sex = '男';              // 声明成员变量 sex 并赋初值
      static int count;                     // 声明静态变量,用于统计创建对象的个数
      ……                                    // 与[例 3-2]代码相同
      Person(String name, int age, char sex) {
          setName(name);
          setAge(age);
          setSex(sex);
          count++;                          // 创建一个对象,数值加 1
      }
      Person(String name, int age) {
          this(name, age, '男');
      }
      Person(String name) {
          this(name, 18, '男');
      }
      Person() {
          this("Unkown", 18, '男');
      }
      int getCount() {                      // 获取对象个数
          return count;
      }
}
public class App3_6 {
      public static void main(String[] args) {
          Person person1 = new Person("Sally", 20, '女');
          Person person2 = new Person("Tom", 25);
          System.out.println(person1.count);       // 通过对象访问静态变量
          Person person3 = new Person("Kate");
          System.out.println(person3.getCount()); // 通过成员方法访问静态变量
          Person person4 = new Person();
          System.out.println(Person.count);        // 通过类名方法静态变量
      }
}
```

程序运行结果为

```
2
3
4
```

说明：本例在［例 3-5］基础上，为 Person 类添加了一个静态变量 count 和一个成员方法 getCount()用于获取 count 数值。每当创建一个对象时，最终都会调用第 1 个构造方法，执行 count++；语句，实现计数功能。在 main()方法中，依次创建了 4 个 Person 对象，在三条输出语句中以三种形式访问了静态变量，除了通过类名和对象名，还通过成员方法获取了静态变

量的值。

由程序运行结果可以看出，4 个对象共享一个 count 变量，节省了内存空间。访问静态变量时推荐使用“类.静态变量”方式，以便与非静态变量相区分。

2. 静态成员方法

用 static 修饰的成员方法是类的静态成员方法（静态方法），也称为类方法。在静态方法中可以访问方法内部定义的局部变量、类的静态变量和静态方法，不能访问类的非静态变量。静态方法的调用方式也有两种：

（1）类.静态方法()；

（2）对象.静态方法()；

建议采用第 1 种方式，以便与非静态方法相区分。类方法使得其他类不用实例化对象就可以调用这些方法，使用起来更加方便。

将［例 3-6］中的 getCount()方法修改为静态方法：

```
static int getCount() {
    return count;
}
```

这样在 main()方法中，可以使用 Person.getCount()；语句来访问静态变量。

为什么静态方法中不能访问非静态变量呢？主要原因是非静态变量一定是属于某个对象，对象必须实例化之后，它的成员变量才会在内存中分配空间。而静态方法不依赖于对象存在，即使类的对象不存在，它仍然可以被调用。假设静态方法能够访问非静态变量，那么当没有创建任何对象时，通过类调用静态方法，程序无法获得非静态变量，必然出错。所以静态方法中不能访问非静态变量，而且在静态方法中不能使用 this。

3.2.12 类与对象的应用

定义类之后，就可以创建类的对象并进行各种操作，包括对象间赋值、数组对象及对象作为方法的参数等。

1. 对象间的赋值

在程序开发过程中，经常会用到对象之间的赋值。Java 语言中对象间的赋值不会重新创建一个对象，只是让两个对象名指向同一块内存区域。

【例 3-7】 对象间赋值的应用。

分析：使用［例 3-6］中的 Person 类，不做任何修改。

```
class Person {
    private String name;              // 声明成员变量 name
    private int age;                  // 声明成员变量 age
    private char sex = '男';          // 声明成员变量 sex 并赋初值
    static int count;                 // 声明静态变量,用于记录创建对象的个数
    ……                                // 与[例 3-6]代码相同
}
public class App3_7 {
    public static void main(String[] args) {
        Person person1=null,person2=null;
        person1 = new Person("Sally", 20,'女');
        System.out.println(person1.getInfo());
```

```
        person2 = person1;
        System.out.println(person2.getInfo());
    }
}
```

程序运行结果为

```
姓名为:Sally 年龄为:20 性别为:女
姓名为:Sally 年龄为:20 性别为:女
```

说明：同一个类的对象间可以相互赋值，如 `person2 = person1;`，这种赋值只是在栈内存中使两个引用变量的值相同，共同指向堆内存中同一块空间，如图 3-4 所示，因此输出结果完全相同。这种赋值并没有实现真正的拷贝过程，如果要完成对象间整体的拷贝，需要用到 clone()方法，本书不讨论这一技术，感兴趣的读者可查阅相关资料。

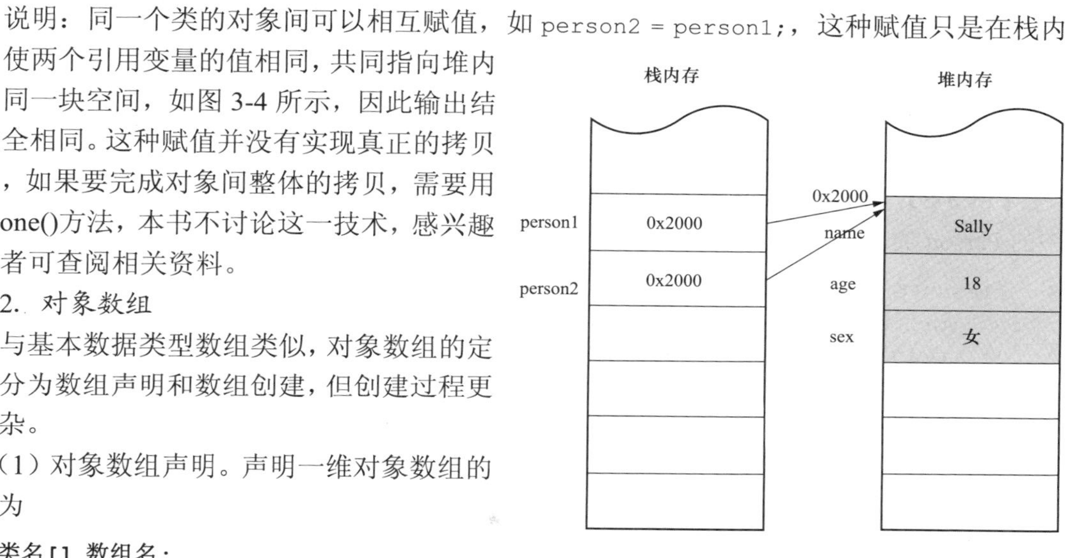

图 3-4 对象间赋值

2. 对象数组

与基本数据类型数组类似，对象数组的定义也分为数组声明和数组创建，但创建过程更为复杂。

（1）对象数组声明。声明一维对象数组的格式为

```
类名[] 数组名;
类名 数组名[];
```

数组声明并不为数组元素分配空间，只是在栈内存中为数组名分配了空间，但其值未定。例如：

```
Person[] aPerson;
```

此时内存分配情况如图 3-5（a）所示。

（2）对象数组创建。数组创建的格式为

```
数组名 = new 类名[元素个数];
```

例如：

```
aPerson = new Person[3];
```

数组创建后，会在堆内存中根据元素个数分配内存空间。但由于数组元素是对象，仍然是引用数据类型，所以此时数组元素都是初始值 null。内存分配情况如图 3-5（b）所示，可见数组元素对象还没有被创建。

（3）数组元素对象创建。通过调用构造方法创建每个数组元素对象，其格式为

```
数组名[下标] = new 类名(参数);
```

例如：`aPerson[0] = new Person("Tom", 20,'男');`语句会为第 0 个元素创建对象，内存分配情况如图 3-5（c）所示。可见创建一个长度为 n 的一维对象数组，需要执行 n+1 次 new 操作，其中 1 次是创建数组，n 次是创建元素对象。

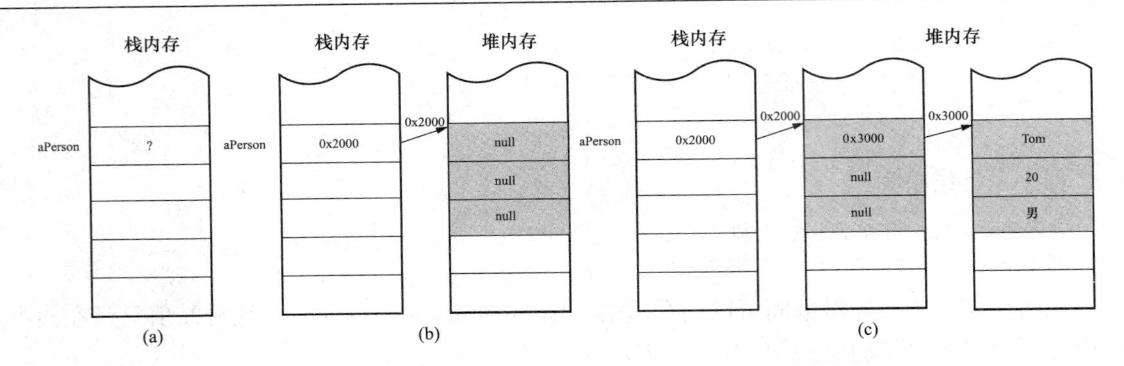

图 3-5　对象数组创建

（a）未分配数组内存；（b）分配数组内存；（c）分配数组元素内存

【例 3-8】 创建 Person 类的对象数组，并依次输出每个对象的信息，仍然采用［例 3-6］中的 Person 类。

```
class Person {
    private String name;                    // 声明成员变量 name
    private int age;                        // 声明成员变量 age
    private char sex = '男';                // 声明成员变量 sex 并赋初值
    static int count;                       // 声明静态变量,用于记录创建对象的个数
    ……                                      // 与[例 3-6]代码相同
}
public class App3_8 {
    public static void main(String[] args) {
        Person[] aPerson = new Person[3];
        aPerson[0] = new Person("Tom", 20,'男');
        aPerson[1] = new Person("Sally", 18,'女');
        aPerson[2] = new Person("Kate");
        for(int i=0;i<aPerson.length;i++)
            System.out.println(aPerson[i].getInfo());
    }
}
```

程序运行结果为

```
姓名为:Tom 年龄为:20 性别为:男
姓名为:Sally 年龄为:18 性别为:女
姓名为:Kate 年龄为:18 性别为:男
```

说明：在创建对象数组时，要特别注意，由于每个元素都是对象，还需要再次调用 new 运算符创建元素对象，这一点和基本数据类型数组不同。

对象数组也可以进行初始化，上述代码可修改为

```
Person[] aPerson = {new Person("Tom", 20,'男'),new Person("Sally", 18,'女'),
new Person("Kate")};
```

与［例 3-8］中的代码相比，两者最终效果相同，都在堆内存中分配了 3 个 Person 类的对象。但两者的处理过程并不相同，［例 3-8］代码先定义数组，然后为每个数组元素创建一个对象，而后者是一个数组初始化过程。类似于 `int a; a=10;`和 `int a=10;`的区别。

3. 对象作为方法的参数

类对象也可以像基本数据类型一样，作为某个成员方法的参数。在方法调用时，将实参的引用传递给形参，不需要再创建对象。

【例 3-9】 比较 Person 类对象间年龄大小。

分析：在［例 3-6］中 Person 类的基础上，添加成员方法 compareAge()，用于比较参数对象与本身对象的年龄大小。

```
class Person {
      private String name;                    // 声明成员变量 name
      private int age;                        // 声明成员变量 age
      private char sex = '男';                // 声明成员变量 sex 并赋初值
      static int count;                       // 声明静态变量,用于记录创建对象的个数
      ……                                      // 与例[3-6]代码相同
      void compareAge(Person one){
           if(this.age > one.age)
                System.out.println(this.name + "比" + one.name + "年龄大");
           else if(this.age  == one.age)
                System.out.println(this.name + "和" + one.name + "一样大");
           else
                System.out.println(this.name + "比" + one.name + "年龄小");
      }
}
public class App3_9 {
      public static void main(String[] args) {
           Person person1 = new Person("Tom", 20,'男');
           Person person2 = new Person("Sally", 18,'女');
           person1.compareAge(person2);
           person2.compareAge(person1);
      }
}
```

程序运行结果为

```
Tom 比 Sally 年龄大
Sally 比 Tom 年龄小
```

说明：程序中成员方法 compareAge()的参数是一个 Person 类的对象。对象作参数时实际上传递的是引用，在语句 `person1.compareAge(person2);`中，形参 one 与实参 person2 指向同一块内存空间。如果分别输出 one 和 person2 的数值，两者相同。

3.3 类 的 继 承

继承是面向对象另一个显著的特性。继承是从已有的类中派生出新类，被继承的类称为父类或超类（superclass），由继承而得到的类称为子类（subclass）。子类能继承父类的数据属性和行为，并能扩展新的能力。继承提供了软件复用功能，例如类 B 继承类 A，那么建立类 B 时只需要描述与父类（类 A）不同的少量特征（成员变量和成员方法）即可。这种做法能减少数据和代码的冗余度，提高类的可复用性。

与 C++语言不同，Java 语言不支持多重继承机制，一个类只允许有一个直接父类。父类

是所有子类的公共成员的抽象，而每个子类则是父类的特殊化，是对公共成员变量和方法在功能、内涵方面的扩展和延伸。子类不能选择性地继承父类，但是子类继承父类的成员变量和成员方法之后，可以对其进行修改或重写，也可以添加父类所没有的成员变量和成员方法。

3.3.1 子类的创建

Java 语言使用 extends 关键字表示类的继承，子类可以从父类继承所有成员。子类创建的格式为

```
class 子类名 extends 父类名{
    [修饰符] 数据类型 成员变量;
    [修饰符] 返回值类型 方法名(参数列表) {
        语句块
    }
}
```

其中成员变量与成员方法是子类新增或重写的成员。如果没有给一个类指定父类，则默认其父类为 Object 类。因此，Java 语言中的所有类都直接或间接地继承 Object 类。

由于子类继承了父类的成员，因此子类的每个对象也是父类的对象，所有能使用父类对象的地方，也可以使用子类对象。

【例 3-10】 以 Person 类为父类，定义 Student 子类。为了突出继承过程，Person 类简化了部分代码。

```
class Person {
    private String name;                  // 声明成员变量 name
    private int age;                      // 声明成员变量 age
    private char sex = '男';              // 声明成员变量 sex 并赋初值
    Person(String name, int age, char sex) {
        setName(name);
        setAge(age);
        setSex(sex);
        System.out.println("父类有参数构造方法");
    }
    Person() {
        this("Unkown", 18, '男');
        System.out.println("父类无参数构造方法");
    }
    String getInfo() {                    // 定义成员方法 getInfo(),获取人员信息
        String info;
        info = "姓名为:" + name + " 年龄为:" + age + " 性别为:" + sex;
        return info;
    }
    void setName(String name) {
        if (name == null || name.isEmpty()) {
            System.out.println("姓名不合法,请重新设置");
            return;
        }
        this.name = name;
    }
    void setAge(int age) {
        if (age < 0 || age > 100) {
```

```
                System.out.println("年龄不合法,请重新设置");
                return;
            }
            this.age = age;
        }
        void setSex(char sex) {
            if (sex == '男' || sex == '女')
                this.sex = sex;
            else
                System.out.println("性别不合法,请重新设置");
        }
}
class Student extends Person {
        String id;
        Student() {                                          // 子类的构造方法
            System.out.println("子类无参数构造方法");
        }
        void setID(String id) {
            this.id = id;
        }
        String getID() {
            return id;
        }
}
public class App3_10 {
        public static void main(String[] args) {
            Student s = new Student();
            s.setName("Tom");
            s.setAge(18);
            s.setSex('男');
            s.setID("10160001");
            System.out.println(s.getInfo());
            System.out.println("学号为:" + s.getID());
        }
}
```

程序运行结果为

```
父类有参数构造方法
父类无参数构造方法
子类无参数构造方法
姓名为:Tom 年龄为:18 性别为:男
学号为:10160001
```

说明：程序中定义了父类 Person 和子类 Student，在子类中新增了成员变量 id，表示学生的学号。在 main()方法中，定义了 Student 的对象 s，s 既可以调用父类 Person 的成员方法也可以调用本类的成员方法，这就是继承的体现。

3.3.2 子类的构造方法

从［例 3-10］的程序运行结果来看，构建子类对象时，先调用了父类的构造方法，再调用子类的构造方法。但代码中子类并没有显式调用父类的构造方法，那么父类的构造方法是如何执行的呢？

Java 语言规定：在执行子类的构造方法时，如果没有显式调用父类的构造方法，那么系统会先调用父类中没有参数的构造方法，对继承自父类的成员变量进行初始化。因此，在父类中编写一个没有参数的构造方法是非常必要的。当父类中有多个构造方法时，我们也可以使用 super 引用来显式地调用父类中某个特定的构造方法，其格式为

```
子类名(参数列表){                              // 子类构造方法
    super(参数列表);                           // 调用父类构造方法
    语句块
}
```

Java 语言要求 super()方法调用语句必须写在子类构造方法的第一行。

【例 3-11】 使用 super()方法调用父类构造方法。

```
class Person {
    private String name;                       // 声明成员变量 name
    private int age;                           // 声明成员变量 age
    private char sex = '男';                   // 声明成员变量 sex 并赋初值
    Person(String name, int age, char sex) {
        setName(name);
        setAge(age);
        setSex(sex);
        System.out.println("父类有参数构造方法");
    }
    Person() {
        this("Unkown", 18, '男');
        System.out.println("父类无参数构造方法");
    }
    ……                                         // 与例[3-10]代码相同
}
class Student extends Person {
    String id;
    Student() {                                // 子类无参数的构造方法
        System.out.println("子类无参数构造方法");
    }
    // 子类带参数的构造方法
    Student(String name, int age, char sex, String id) {
        super(name, age, sex);                 // 调用父类构造方法
        this.id = id;
        System.out.println("子类有参数构造方法");
    }
    void setID(String id) {
        this.id = id;
    }
    String getID() {
        return id;
    }
}
public class App3_11 {
    public static void main(String[] args) {
        Student s = new Student("Tom", 18, '男', "10160001");
        System.out.println(s.getInfo());
```

```
            System.out.println("学号为:" + s.getID());
        }
    }
```

程序运行结果为

```
父类有参数构造方法
子类有参数构造方法
姓名为:Tom 年龄为:18 性别为:男
学号为:10160001
```

说明：该程序在子类 Student 中添加了一个带有 4 个参数的构造方法，Student 类从父类继承了 3 个成员变量，又新增加一个成员变量，所以总共有 4 个成员变量。在该构造方法中，用 super()调用了父类的构造方法为成员变量赋值。

根据前面的介绍可知，在创建子类对象时除了执行子类的构造方法外，还需要调用父类的构造方法，遵循原则如下：

（1）对于父类的含参数构造方法，子类可以在自己的构造方法中使用 super 调用它，但 super 调用语句必须是子类构造方法中的第一个可执行语句；

（2）子类在自己的构造方法中如果没有用 super 明确调用父类的构造方法，则在创建子类对象时，将自动先执行父类的无参构造方法，然后再执行子类的构造方法；

（3）当子类未定义构造方法时，创建对象时将无条件地调用父类的无参构造方法。

3.3.3 子类访问父类成员

在子类中，使用 super 不但可以访问父类的构造方法，还可以访问父类的成员变量和成员方法。子类访问父类成员的格式为

```
super.成员变量;
super.成员方法();
```

可以将［例 3-11］中 Student 类的带参数构造方法修改为

```
Student(String name,int age,char sex,String id){
    super.setName(name);
    super.setAge(age);
    super.setSex(sex);
    this.id = id;
    System.out.println("子类有参数构造方法");
}
```

说明：该构造方法没有调用父类的带参数构造方法，而是调用了父类的成员方法。当然系统也会先调用父类不带参数的构造方法。

实际上，如果子类中没有覆盖父类中的变量或方法，子类在访问父类成员时，可以不使用 super 关键字。但是，如果子类中覆盖了与父类中的变量或方法（参见 3.4.1 节），那么在子类中访问父类的被覆盖成员时，必须使用 super 关键字。

此外，使用 super 不能访问父类的 private 成员，但是允许访问 protected 成员。所以如果某个类需要作为父类，那么它的成员变量一般也最好声明为 protected。

```
class Person {
     protected String name;          // 声明成员变量 name
     protected int age;              // 声明成员变量 age
```

```
        protected char sex = '男';          // 声明成员变量 sex 并赋初值
        ......
}
```

3.4 类 的 多 态

多态（Polymorphism）就是“多种状态”，现实中关于多态的例子有很多，例如彩色打印机和黑白打印机在执行相同的打印任务时，得到的分别是彩色纸张和黑白纸张；又如洗衣机和微波炉在同样按下启动后，一个洗衣服，一个加热。通俗地讲，多态就是同一个事件发生在不同对象上会产生不同的结果。

在面向对象程序设计中，多态是指允许不同类的对象对同一消息做出不同的响应，即同一消息可以根据发送对象的不同而采用不同的行为方式。Java 语言中的多态性是指：同一个方法名，具有多种不同实现过程。

Java 语言的多态性分为静态多态性和动态多态性。静态多态性是指在程序编译时系统就能根据方法的调用语句确定执行哪个方法体，Java 语言采用方法重载实现静态多态。动态多态是指系统无法在程序编译时确定，必须等到程序运行时才能确定执行哪个方法体。

Java 语言中，动态多态性的实现需要 3 个条件：①类之间有继承关系；②类之间存在方法覆盖；③父类引用指向子类对象。

3.4.1 方法覆盖

方法覆盖是指在子类中，定义的成员方法原型与父类中成员方法原型完全相同，用以重写父类里同名方法的功能。子类在继承父类中所有可被访问的成员方法时，如果子类方法与父类方法完全同名，则父类的成员方法被隐藏，但可通过 super 关键字访问父类的成员方法。

【例 3-12】 方法覆盖的使用，为子类添加与父类同名的方法。

```
class Person {
    private String name;                    // 声明成员变量 name
    private int age;                        // 声明成员变量 age
    private char sex = '男';                // 声明成员变量 sex 并赋初值
    Person(String name, int age, char sex) {
        setName(name);
        setAge(age);
        setSex(sex);
    }
    Person() {
        this("Unkown", 18, '男');
    }
    String getInfo() {                      // 定义成员方法 getInfo(),获取人员信息
        String info;
        info = "姓名为:" + name + " 年龄为:" + age + " 性别为:" + sex;
        return info;
    }
    void setName(String name) {
        if (name == null || name.isEmpty()) {
            System.out.println("姓名不合法,请重新设置");
            return;
        }
```

```
            this.name = name;
        }
        void setAge(int age) {
            if (age < 0 || age > 100) {
                System.out.println("年龄不合法,请重新设置");
                return;
            }
            this.age = age;
        }
        void setSex(char sex) {
            if (sex == '男' || sex == '女')
                this.sex = sex;
            else
                System.out.println("性别不合法,请重新设置");
        }
}
class Student extends Person {
        String id;
        Student() {
        }
        Student(String name, int age, char sex, String id) {
            super.setName(name);
            super.setAge(age);
            super.setSex(sex);
            this.id = id;
        }
        void setID(String id) {
            this.id = id;
        }
        String getID() {
            return id;
        }
        String getInfo() {                              // 方法覆盖
            String info;
            info = super.getInfo() + " 学号为:" + id;
            return info;
        }
}
public class App3_12 {
        public static void main(String[] args) {
            Person p = new Person("Sally", 20, '女');
            Student s = new Student("Tom", 18, '男', "10160001");
            System.out.println(p.getInfo());
            System.out.println(s.getInfo());
        }
}
```

程序运行结果为

```
姓名为:Sally 年龄为:20 性别为:女
姓名为:Tom 年龄为:18 性别为:男 学号为:10160001
```

说明：子类 Student 中新增了与父类完全相同的成员方法 getInfo()，该方法返回了父类与子类的所有成员变量的信息。由于子类的 getInfo()方法需要调用父类的 getInfo()方法，如果代码写为

```
String getInfo() {
     String info;
     info = getInfo() + " 学号为:" + id;     // 调用子类的方法,导致陷入递归死循环
     return info;
}
```

则子类的 getInfo()方法无法调用父类的 getInfo()方法，并使得程序陷入方法递归调用的死循环中。所以在子类中调用父类被覆盖的成员方法时，只能使用 super 关键字。

在 main()方法中，创建了父类 Person 的对象 p 和子类 Student 的对象 s，分别调用两者的 getInfo()方法，输出对象的信息。从程序运行结果可以看出，当子类覆盖了父类的成员方法，通过子类对象调用该方法时执行的是子类中的成员方法。

使用方法覆盖时，需要注意以下问题：

（1）子类方法必须与父类方法完全一致，包括方法名，参数和返回值。

（2）在子类覆盖父类方法时，可扩大父类方法的访问权限，但不能缩小其权限。如父类的成员方法是 public 访问权限，子类的方法的访问权限不能是 private 和 protected。

（3）子类方法抛出异常必须与父类方法抛出的异常一致，或者是其子类（异常的概念将在第 4 章中介绍）。

3.4.2　final 关键字

在 Java 语言中，并不是父类中所有成员方法都可以被覆盖，使用 final 关键字修饰的成员方法不允许被覆盖。如果将［例 3-12］中 Person 类的成员方法 getInfo()前面添加 final 关键字，则编译器会产生错误“Cannot override the final method from Person”，含义为子类不能覆盖 getInfo()方法。

final 关键字除了可以修饰成员方法外，还可以修饰成员变量和类。当用 final 修饰成员变量时，该变量必须且只能赋值一次，而且不能使用系统提供的默认值。赋值的方式可以有两种：一是在定义成员变量时赋值，二是在构造方法中赋值。例如：

```
public class finalVar {
     final int var1 = 10;
     final double var2;
     finalVar() {
         var2 = 20.0;
     }
}
```

说明：该类中定义了两个 final 类型的成员变量 var1 和 var2，其中成员变量 var1 采用定义时赋值方式，成员变量 var2 采用构造方法赋值。针对一个成员变量只能选择一种赋值方式，不能同时采用两种赋值方法。

成员变量如果同时被 static 和 final 修饰，则表示该成员变量属于类，只能在定义变量时赋值。例如上述代码中如果成员变量 var2 的定义语句变为 `final static double var2=20.0;`，则构造方法中的语句必须删除。

当用 final 修饰一个类时，该类称之为最终类，表示不能再被继承，这为编程者提供一种代码控制手段。

3.4.3 上溯造型

类之间的继承关系使子类具有父类所有成员变量和成员方法，这就意味着父类的成员可以在子类中使用，所以子类对象也是父类对象，即子类对象既可以作为本类的对象也可以看作为父类的对象。这样，所有从一个父类派生的各子类都可以作为父类的类型。将一种子类对象的引用转换为父类对象的引用，转换方向是从下至上，因此称为上溯造型。

上溯造型是从一个特殊、具体的类型转换到一个通用、抽象类型，转换过程是安全的，所以 Java 编译器允许上溯造型。Java 语言也可以执行下溯造型，即从父类对象的引用转换为子类对象的引用。由于子类通常包含比父类更多的成员，所以这种转换存在风险，需要强制类型转换。

以［例 3-12］中的 Person 类和 Student 类为例，在 main()方法中编写如下代码：

```
Person p = new Person("Sally", 20, '女');
Student s = new Student("Tom", 18, '男',"10160001");
System.out.println(p.getInfo());
p = s;
System.out.println(p.getInfo());
```

此时语句 p=s;是合法的语句，可以完成上溯造型。但是 s=p；是非法语句，无法直接完成造型，如果需要强制转换，则语句修改为 s = (Student)p;。此时的程序运行结果与［例 3-12］相同，这说明当子类覆盖父类成员方法时，通过父类引用访问该成员方法，执行的是子类的成员方法。

但是当子类覆盖父类中的成员变量时，程序的执行情况与方法覆盖不同。例如：

```
class Father{
     String color = "红色";
}
public class Child extends Father{
     String color = "绿色";
     public static void main(String[] args) {
          Child c= new Child();
          Father f = c;
          System.out.println("颜色为:"+f.color);
          System.out.println("颜色为:"+c.color);
     }
}
```

程序运行结果为

```
颜色为:红色
颜色为:绿色
```

说明：运行结果显示，通过父类引用不能访问子类对象的同名成员变量，只能访问父类的成员变量。

3.4.4 动态多态的实现机制（微课 4）

将一个方法调用与一个方法体连接在一起，称为联编。如果在程序执行之前就能执行联编操作，称为“早联编”；如果在程序运行时才能执行联编，称为“晚联编”或“动态联编”。

实现动态多态的技术就是动态联编，因此这种多态有时也被称为运行时多态。

在动态联编中，联编操作是在程序运行时根据对象的类型选择要执行的方法体。即在编译代码时不将方法调用与对应的方法体联编，而是在执行期间判断所引用对象的实际类型，根据其实际的类型调用相应的方法体。一般情况下，实现动态联编的编程语言必须提供相应的机制在运行期间判断对象的类型。例如：

```
Person p = new Person("Sally", 20, '女');
Student s = new Student("Tom", 18, '男',"10160001");
System.out.println(p.getInfo());
p = s;
System.out.println(p.getInfo());
```

Java 编译器对第 3 行和第 5 行代码进行编译时，两段代码完全相同，无法在编译阶段确定各自调用的方法体。只有等到程序运行时，确定第 3 行语句中的引用 p 指向 Person 类对象，则调用 Person 类的成员方法 getInfo()；而第 5 行语句中的引用 p 指向 Student 类对象，则调用 Student 类的成员方法 getInfo()。这就是动态多态的实现机制。

3.4.5 多态的应用

【例 3-13】 编写教师管理系统，教务处负责对 Java 和 C++任课教师进行评估，评估内容包括 1 自我介绍，2 授课过程。

分析：该例中有 Java 和 C++两类教师，则需要抽取其共同属性定义一个教师类，然后从中派生出 Java 教师类和 C++教师类，每个教师类都包括自我介绍和授课两个过程。最后定义教务处类，用于评估各类教师。

```
class Teacher {
    String name;
    String university;
    Teacher(String name, String univ) {          // 构造方法
        this.name = name;
        this.university = univ;
    }
    public void introduction() {                 // 自我介绍
        System.out.println("大家好,我是" + name + ",毕业于" + university);
    }
    public void giveLesson() {                   // 授课过程
    }
}
class JavaTeacher extends Teacher {
    JavaTeacher(String name, String univ) {
        super(name, univ);
    }
    public void giveLesson() {                   // 方法覆盖,Java 教师的授课过程
        System.out.println("启动 Eclipse");
        System.out.println("讲解 Java 知识点");
        System.out.println("总结,做练习");
    }
}
class CPPTeacher extends Teacher {
    CPPTeacher(String name, String univ) {
```

```
            super(name, univ);
        }
        public void giveLesson() {                    // 方法覆盖,C++教师的授课过程
            System.out.println("启动 Visnal C6.0");
            System.out.println("讲解 C++知识点");
            System.out.println("总结,学生提问");
        }
    }
    class JWC {
        public void evaluate(Teacher t) {             // 评估过程
            t.introduction();
            t.giveLesson();
        }
    }
    public class App3_13 {
        public static void main(String[] args) {
            JWC j = new JWC();
            JavaTeacher jt = new JavaTeacher("李明", "北京大学");
            CPPTeacher ct = new CPPTeacher("张刚", "清华大学");
            j.evaluate(jt);
            j.evaluate(ct);
        }
    }
```

程序运行结果为

```
大家好,我是李明,毕业于北京大学
启动 Eclipse
讲解 Java 知识点
总结,做练习
大家好,我是张刚,毕业于清华大学
启动 Visnal C6.0
讲解 C++知识点
总结,学生提问
```

说明：该例中 Teacher 类中定义了 giveLesson()方法，但作为抽象意义上的教师，无法确定该方法中的具体内容，所以方法体为空。JavaTeacher 类和 CPPTeacher 类均覆盖此方法，完成各自的授课过程。在 JWC 类中的 evaluate()方法负责评估教师，其参数为父类 Teacher 的引用，该方法被调用时通过上溯造型将实参 JavaTeacher 类或 CPPTeacher 类对象赋值给形参 Teacher 类的引用，从而完成动态多态。

当评估对象再增加数据库教师时，不需要修改 JWC 类的 evaluate()方法，从而体现了多态的作用。例如：

```
    class DBTeacher extends Teacher {
        DBTeacher(String name, String univ) {
            super(name, univ);
        }
        public void giveLesson() {                    // 方法覆盖,数据库教师的授课过程
            System.out.println("启动 SQL Server");
            System.out.println("讲解数据库知识点");
            System.out.println("总结,布置课后习题");
```

```
    }
}
```

此时，main()方法修改为

```
JWC j = new JWC();
JavaTeacher jt = new JavaTeacher ("李明","北京大学");
CPPTeacher ct = new CPPTeacher ("张刚","清华大学");
DBTeacher dt = new DBTeacher ("王岚","复旦大学");
j.evaluate(jt);
j.evaluate(ct);
j.evaluate(dt);
```

从代码中可以看出，无论增加多少课程的教师，教务处对其评估过程都是一致的，提高了程序的可扩展性。

3.5 抽　象　类

在类的继承中，有时父类并不具有实际含义，只是一种抽象的概念，比如实际存在的图形有矩形、圆形和三角形等，但并不存在一种抽象的图形对象，那么将这样的类可以定义为抽象类。

【例 3-14】 定义图形类及其子类。

```
class Figure {                                          // 图形父类
      protected String name;
      public Figure(String xm) {                        // 构造方法
           name = xm;
      }
      public String getName() {
           return name;
      }
      public double getArea() {
           return 0.0;
      }
}
class Rectangle extends Figure {                        // 矩形子类
      private double width;
      private double height;
      public Rectangle(String shapeName, double width, double height) {
           super(shapeName);                            // 调用父类构造方法
           this.width = width;
           this.height = height;
      }
      public double getArea() {                         // 方法覆盖
           return width * height;
      }
}
class Circle extends Figure {                           // 圆形子类
      private final double PI = 3.14;
      private double radius;
```

```
        public Circle(String shapeName, double r) {
            super(shapeName);                       // 调用父类构造方法
            radius = r;
        }
        public double getArea() {                   // 方法覆盖
            return PI * radius * radius;
        }
    }
    public class App3_14 {
        public static void main(String[] args) {
            Figure[] fs = new Figure[2];
            fs[0] = new Rectangle("长方形", 10.0, 5.0);
            fs[1] = new Circle("圆形", 4);
            for (Figure f : fs)
                System.out.println(f.getName() + "的面积为:" + f.getArea());
        }
    }
```

程序运行结果为

```
长方形的面积为:50.0
圆形的面积为:50.24
```

说明：在该例中，父类 Figure 中定义了 getArea()方法，用于计算图形的面积。但由于每种具体图形计算面积的方法不同，在父类中无法给出明确的计算过程，因此 getArea()方法更多的是起到统一名称的作用。

那么是否可以去掉 Figure 类中的 getArea()方法，只在 Rectangle 类和 Circle 类中定义 getArea()方法呢？如果这样的话，就不能通过父类引用 f 调用 getArea()方法，因为编译器只允许调用在类中声明的方法。

针对这种情况，Java 允许将不具有明确实现过程的方法声明为抽象方法，不需要给出其方法体。抽象方法由 abstract 修饰，其声明格式为

```
abstract 返回类型 方法名(参数表)
```

抽象方法充当着占位的角色，它的具体实现在子类中。如果父类中包含抽象方法，那么它就是一个不完整的类，存在没有实现的部分，Java 语言规定这样的类不能创建对象。为了与普通类区分，将这样的类称之为抽象类。抽象类的定义格式为

```
abstract class 类名{
    声明成员变量;
    返回类型 方法名(参数表){                       // 普通成员方法
      ……
    }
    abstract 返回类型 方法名(参数表);              // 抽象方法
}
```

需要说明的是，包含抽象方法的类一定是抽象类，但是抽象类不一定包含抽象方法，而且抽象类中也可以定义带有实现过程的普通成员方法。根据这一思路，可将［例 3-14］中的 Figure 类修改为：

```
abstract class Figure {
```

```
    protected String name;
    public Figure(String xm) {
        name = xm;
    }
    public String getName()  {
        return name;
    }
    abstract public double getArea() ;          // 抽象方法
}
```

Figure 类这样定义之后，在 main()方法中就不能创建该类的对象，但可以声明该类的引用变量。例如：

```
Figure fig = null;                              // 正确,定义抽象类的引用变量
fig = new Figure("图形");                        // 错误,创建抽象类的对象
```

其中第一行语句是合法的，而第二行语句是错误的。

抽象类的子类必须实现父类中的所有抽象方法才能成为普通类去创建对象，即抽象方法必须被子类的方法所覆盖，否则子类必须继续将自己声明为抽象类。

另外，由于抽象类是需要被继承的，所以 abstract 类不能用 final 来修饰。也就是说，一个类不能既是最终类，又是抽象类，关键字 abstract 与 final 不能同时使用。

3.6 接　　口

在［例 3-14］中，抽象类 Figure 的作用是规范所有图形子类，但是某个图形子类如果再想从其他父类中继承某些成员时，则会因为 Java 语言只允许单继承而无法实现。那么如何解决这一问题呢，Java 语言提供了接口（interface）技术。

3.6.1 接口的定义

Java 语言中，接口与类都是引用类型，接口的定义格式为

```
[public] interface 接口名称 [extends 父接口名列表]{
    [public][static][final] 数据类型 成员变量名 = 常量;
    ……
    [public][abstract] 返回类型 方法名(参数列表)
    ……
}
```

其中方括号是默认选项，可以省略。也就是说，接口中的成员变量都是公有静态常量，成员方法都是公有抽象方法。

例如，定义一个图形接口 IFigure，包含所有图形类的通用方法 getArea()（求图形面积）和 getCircumference()（求图形周长）：

```
interface IFigure{
    double getArea();
    double getCircumference();
}
```

3.6.2 接口的实现

由于接口中包含抽象方法，不能创建对象。但接口又不同于类，无法采用 extends 关键字

去派生子类。那么接口有何用途呢？Java 语言用接口替代抽象类，并通过接口实现（implements）的方式扩展类层次。实现接口的格式为

```
class 类名称 implements 接口名表{
    ......
}
```

一个类实现接口时应该注意以下问题：

（1）一个类在实现接口的抽象方法时，必须使用完全相同的方法原型。

（2）一个类在实现接口的抽象方法时，必须显式使用 public 修饰符。

（3）一个类必须实现指定接口的所有抽象方法，否则只能将自己声明为抽象类。

（4）一个类可以实现多个接口，依次用逗号隔开即可。

【例 3-15】 采用接口的方式修改［例 3-14］中的各图形类。

```
interface IFigure {                                      // 接口定义
     double getArea();
     double getCircumference();
}
class Rectangle implements IFigure {                     // 实现接口
     private double width;
     private double height;
     public Rectangle(double width, double height) {
          this.width = width;
          this.height = height;
     }
     public double getArea() {                           // 抽象方法实现
          return width * height;
     }
     public double getCircumference() {                  // 抽象方法实现
          return 2 * (width + height);
     }
}
class Circle implements IFigure {                        // 实现接口
     private final double PI = 3.14;
     private double radius;
     public Circle(double r) {
          radius = r;
     }
     public double getArea() {                           // 抽象方法实现
          return PI * radius * radius;
     }
     public double getCircumference() {                  // 抽象方法实现
          return 2 * PI * radius;
     }
}
public class App3_15 {
     public static void main(String[] args) {
          IFigure[] fs = new IFigure[2];
          fs[0] = new Rectangle(10.0, 5.0);
          fs[1] = new Circle(4);
```

```
            System.out.println("长方形的面积为:" + fs[0].getArea() + "周长为:"
                    + fs[0].getCircumference());
            System.out.println("圆形的面积为:" + fs[1].getArea() + "周长为:"
                    + fs[1].getCircumference());
        }
}
```

程序运行结果为

```
长方形的面积为:50.0 周长为:30.0
圆形的面积为:50.24 周长为:25.12
```

说明：在该例中，由于 IFigure 接口中的成员变量是常量，所以 Figure 类中成员变量 name 不能放到 IFigure 接口中。Rectangle 类和 Circle 类分别实现了 IFigure 接口中的抽象方法。接口可以作为一种引用类型来使用，可以声明接口类型的变量或数组，并用它来访问实现该接口的类的对象。

3.6.3 接口的继承

接口与类相似，也可以有继承关系以完成更复杂的功能。接口也通过关键字 extends 完成继承，但与类继承不同的是，子接口允许继承多个父接口。子接口继承父接口之后，自动拥有父接口中的常量和方法。如果子接口中定义了与父接口相同的常量或者方法，则父接口中的常量被隐藏，方法被覆盖。

【例 3-16】 接口的继承实现，定义 2D 图形接口 I2DFigure，3D 图形接口 I3DFigure 继承于 I2Dfigure 接口，再定义圆柱体类 Cylinder 实现 I3DFigure 接口。

```
interface I2DFigure {                                  // 父接口
     double getArea();
}
interface I3DFigure extends I2DFigure {                // 子接口
     double getVolumn();
}
class Cylinder implements I3DFigure {                  // 实现子接口
     private final double PI = 3.14;
     private double radius;
     private double height;
     Cylinder(double r, double h) {
         radius = r;
         height = h;
     }
     public double getArea() {                         // 实现父接口中的抽象方法
         return PI * radius * radius;
     }
     public double getVolumn() {                       // 实现子接口中的抽象方法
         return PI * radius * radius * height;
     }
}
public class App3_16 {
     public static void main(String[] args) {
         Cylinder cy = new Cylinder(5.0, 4.0);
         System.out.print("圆柱形的面积为:" + cy.getArea());
         System.out.println( "体积为:" + cy.getVolumn());
```

```
    }
}
```

说明：该程序中接口 I3DFigure 用于表示 3D 图形的接口，它从 2D 图形接口 I2DFigure 继承而来，并且增加了用于获取 3D 图形体积的方法 getVolumn()。圆柱体类 Cylinde 实现了 I3DFigure 接口中的全部抽象方法（包括父接口中的抽象方法 getArea()）后，可以创建对象并显示信息。

3.6.4 接口的应用

在面向对象的程序设计中，一个子类可以有多个父类，该子类可以继承所有父类的成员，称为多重继承。Java 语言不支持类的多重继承，但可以利用接口间接地解决多重继承的问题。

一个类只能继承一个父类，但是它可以同时实现多个接口。一个类实现多个接口时，在 implements 子句中用逗号分隔各个接口名，定义格式为

```
[public] class 类名 extends 父类名 implements 接口名1,接口名2,……,接口n {
    ……
}
```

【例 3-17】 通过实现接口的方式来间接实现类的多重继承。

```
class Figure {                              // 父类
      protected String name;
      public Figure(String xm) {
          name = xm;
      }
      public String getName() {
          return name;
      }
}
interface I2DFigure {                       // 2D 接口
      double getArea();
}
interface I3DFigure {                       // 3D 接口
      double getVolumn();
}
class Cylinder extends Figure implements I3DFigure, I2DFigure {
                                            // 实现多个接口
      private final double PI = 3.14;
      private double radius;
      private double height;
      Cylinder(String n, double r, double h) {
          super(n);                         // 调用 Figure 类的构造方法
          radius = r;
          height = h;
      }
      public double getArea() {             // 实现 I2Dfigure 接口中的抽象方法
          return PI * radius * radius;
      }
      public double getVolumn() {           // 实现 I3DFigure 接口中的抽象方法
          return PI * radius * radius * height;
      }
```

```
}
public class App3_17 {
      public static void main(String[] args) {
            Cylinder cy = new Cylinder("圆柱体", 5.0, 4.0);
            System.out.println(cy.getName() + "的面积为:" + cy.getArea() + "体积为:"
                  + cy.getVolumn());
      }
}
```

程序运行结果为

```
圆柱体的面积为:78.5 体积为:314.0
```

说明：该程序将图形在二维空间和三维空间中的特性抽象为 I2DFigure 接口和 I3DFigure 接口，以便后续扩展。Cylinder 类表示圆柱体，既继承了图形 Figure 类的成员，又实现了 I2DFigure 接口和 I3DFigure 接口中的全部抽象方法，间接完成了一个子类从多种渠道继承资源的机制。

通过以上示例，可以看出在一定程度上，接口与抽象类的作用相同，但是两者有着本质区别：

（1）抽象类可以拥有普通成员方法的实现，而接口中只能包含抽象方法。

（2）抽象类中的抽象方法访问类型可以是 public，protected 或默认类型，但接口中的抽象方法只能是 public 类型的，并且默认即为 public abstract 类型。

（3）抽象类中可以有普通成员变量，而接口中不能有普通成员变量，接口中定义的成员变量默认为 public static final，且只能是 public static final，同时接口中的成员变量必须显式初始化。

（4）一个类可以实现多个接口，但只能继承一个抽象类。

3.7 内 部 类

在一个类的内部再定义一个类，这个类称为内部类，包含内部类的类称为外部类。定义内部类的目的往往是供外部类使用，并不对外公开。Java 语言中内部类分为成员内部类、静态嵌套类、方法内部类和匿名内部类。本书只介绍其中的成员内部类和匿名内部类。

3.7.1 成员内部类

一个内部类如果不是定义在外部类的某个成员方法内部，那么这个内部类就称为成员内部类，本书简称为内部类。内部类可以拥有自己的成员变量与成员方法，并通过创建内部类的对象进行成员的访问。内部类仍然是一个独立的类，在编译之后内部类会被编译成独立的.class 文件，但是前面冠以外部类的类名和$符号，因此内部类不能与外部类同名。对于一个名为 outer 的外部类和其内部定义的名为 inner 的内部类，编译完成后会产生 outer.class 和 outer$inner.class 两个类文件。内部类的成员变量或成员方法可以与外部类相同。

内部类的成员方法可以直接访问外部类的成员变量和成员方法，包括访问权限为 private 的成员，使用起来非常方便，这是内部类的主要优点。但外部类要访问内部类的成员变量和成员方法时，则需要创建内部类的对象，然后通过该对象来访问内部类的成员。

【例 3-18】 内部类的定义与访问。

```
class Outer {                                       // 外部类
     private int age = 12;
     class Inner {                                  // 内部类
          public void show() {                      // 内部类的成员方法
               System.out.println("内部类输出");
               System.out.println(age);
          }
     }
     void show() {                                  // 外部类的成员方法
          System.out.println("外部类输出");
          Inner i = new Inner();                    // 定义内部类对象
          i.show();                                 // 调用内部类成员方法
     }
}
public class App3_18 {
     public static void main(String[] args) {
          Outer o = new Outer();
          o.show();
     }
}
```

程序运行结果为

```
外部类输出
内部类输出
12
```

说明：在该程序中，内部类 Inner 可以访问外部类 Outer 的私有成员变量 age，但是外部类 Outer 的成员方法 show()不能直接访问 Inner 类的成员方法 show()，只能通过创建内部类对象进行访问。

如果要在其他类中（不是外部类）访问内部类时，必须在内部类名前冠以其所属外部类的名字才能使用。在用 new 创建内部类对象时，也需要创建外部类对象，其格式为

外部类名.内部类名 对象名 = new 外部类名().new 内部类名();

例如，在［例 3-18］中的 main()方法中定义内部类 Inner 的对象语句为

```
public static void main(String[] args) {
      Outer.Inner in = new Outer().new Inner();
      in.show();
}
```

程序运行结果为

```
内部类输出
12
```

main()方法中的 Outer.Inner 中的 Outer 是为了标明需要生成的内部类对象在哪个外部类当中，new Outer().new Inner()则表示必须先有外部类的对象才能生成内部类的对象，因为内部类的作用就是为了访问外部类的成员变量。

在内部类成员方法中访问不同变量的规则为：

（1）在没有同名成员变量和局部变量的情况下，内部类成员方法访问是外部类的成员变量。

（2）当内部类的成员变量与外部类同名时，内部类成员方法访问的变量是内部类自身的成员变量，外部类成员变量会被隐藏，但可以通过“外部类.this.成员变量”来访问。

（3）当内部类成员变量、外部类成员变量和局部变量同名时，内部类成员方法访问的变量是局部变量，访问内部类的成员变量可用“this.成员变量”，访问外部类的成员变量需要使用“外部类.this.成员变量”。

【例 3-19】 内部类成员方法中访问不同的变量。

```
class Outer {                                          // 外部类
     private int age = 12;                             // 外部类变量
     class Inner {                                     // 内部类
          private int age = 13;                        // 内部类变量
          public void show() {                         // 内部类方法
               int age = 14;                           // 局部变量
               System.out.println("局部变量:" + age);
               System.out.println("内部类变量:" + this.age);
               System.out.println("外部类变量:" + Outer.this.age);
          }
     }
     void show() {
          Inner i = new Inner();                       // 创建内部类对象
          i.show();                                    // 调用内部类的方法
     }
}
public class App3_19 {
     public static void main(String[] args) {
          Outer o = new Outer();
          o.show();
     }
}
```

程序运行结果为

```
局部变量:14
内部类变量:13
外部类变量:12
```

说明：通过程序运行结果可以发现，在内部类的 show()成员方法中直接访问变量 age 时，读取的是局部变量，通过 this.age 才能访问内部类的成员变量，通过 Outer.this.age 才能访问外部类的成员变量。

需要注意的是，内部类不能含有 static 修饰的成员变量和方法。因为内部类需要先创建了外部类对象才能创建自己的对象。

3.7.2　匿名内部类

匿名内部类是一种没有名字的内部类（本书简称匿名类），只能使用一次。使用匿名类必须继承一个父类或实现一个接口，其格式为

```
new 父类构造方法{
     匿名类类体
}
```

或

```
new 接口名 (){
    匿名类类体,实现接口中的全部方法
}
```

上面语句的含义为定义一个类，该类继承于父类或实现接口，然后再创建一个该类的对象实例。当这两步合二为一，并且省略该类名字时，就成为匿名类。

【例 3-20】 继承父类的匿名类。

```
abstract class Animal {
    public abstract void eat();
}
public class App3_20 {
    public static void main(String[] args) {
        Animal a = new Animal() {                    // 匿名类的定义
            public void eat() {
                System.out.println("eat something");
            }
        };
        a.eat();
    }
}
```

说明：main()方法的第一条语句中，new 后面定义了一个匿名类，从抽象类 Animal 继承而来，并实现了抽象方法 eat()。创建后的对象赋给抽象类的引用 a，然后调用 eat()方法显示信息。需要说明的是，匿名类名前不能有修饰符，也不能定义构造方法。

此外，要区分匿名类的定义与对象创建语句的不同，本例中 new Animal () 语句后带有花括号部分（类体），说明这是匿名类的定义。

【例 3-21】 实现接口的匿名类。

```
interface IAnimal {
    void eat();
}
public class App3_21 {
    public static void main(String[] args) {
        IAnimal ia = new IAnimal() {
            public void eat() {
                System.out.println("eat something");
            }
        };
        ia.eat();
    }
}
```

说明：该程序与［例 3-20］功能相同，不同的是匿名类实现了 IAnimal 接口。

3.8 Java 语言中的常用类

为了方便开发人员使用，Java 语言提供了一些常用类，例如 Object、Vector、ArrayList 和包装类等。

3.8.1 Object 类

Object 类是 java.lang 包中的一个类，Java 语言中所有类都直接或间接地继承该类。一个类在没有明确给出父类的情况下，Java 语言会自动把 Object 类作为该类的父类。

1. *构造方法*

Object 类有一个默认构造方法 pubilc Object()，在构造子类实例时，都会先调用这个默认构造方法。由于 Java 语言中每个类都是由 Object 类扩展而来，所以使用类型为 Object 的引用可以指向任意类型的对象，例如：

```
Object obj = new Student("Tom", 18, '男',"10160001");
```

但要想访问子类的成员变量和成员方法，还需要进行强制类型转换，例如：

```
Student s = (Student)obj;
```

2. *成员方法*

除此之外，Object 类还包括很多成员方法，见表 3-6。

表 3-6　　Object 类的常用成员方法

方 法 原 型	说　　明
public boolean equals(Object obj)	用于测试一个对象与另一个对象是否相等
public String toString()	返回该对象的字符串表示
public final Class<?> getClass()	返回对象的运行时类

（1）equals()方法。equals()方法用于判断一个对象与另一个对象是否相等。对于对象来说，就是判断两个对象是否指向同一内存区域。但在 Java 语言中，String、Integer、Double 等类覆盖了 Object 中的 equals()方法，让它不再比较其对象在内存中的地址，而是比较对象中实际包含的内容。

【例 3-22】 不同对象 equals()方法的使用。

```
class OneClass {
      int data = 0;
      OneClass(int d) {                                    // 构造方法
         data = d;
      }
}
public class App3_22 {
      public static void main(String[] args) {
           OneClass obj1 = new OneClass(1);
           OneClass obj2 = new OneClass(2);
           OneClass obj3 = new OneClass(1);
           System.out.println(obj1.equals(obj2));
           System.out.println(obj1.equals(obj3));
           String s1 = new String("abc");
           String s2 = new String("abc");
           String s3 = s1;
           System.out.println(s1.equals(s2));
           System.out.println(s1 == s2);
           System.out.println(s1 == s3);
```

```
        }
}
```

程序运行结果为

```
false
false
true
false
true
```

说明：从程序运行结果可以看出，对于 OneClass 类的对象 obj1、obj2 和 obj3，无论其成员变量的值是否一致，equals()方法的返回值都是 false，这说明 equals()方法比较的是内存地址。但是，对于 String 类对象 s1、s2 和 s3，equals()方法比较的是内容，而关系运算符“==”比较的是内存地址。

在 Java 语言中，每个类都有自己的 equals()方法，或者从父类继承或者覆盖该方法。但 Java 语言规范要求 equals()方法具有下面的特点：

1）自反性：对于任何非空引用值 x，x.equals(x)都应返回 true。

2）对称性：对于任何非空引用值 x 和 y，当且仅当 y.equals(x)返回 true 时，x.equals(y)才应返回 true。

3）传递性：对于任何非空引用值 x、y 和 z，如果 x.equals(y)返回 true，并且 y.equals(z)返回 true，那么 x.equals(z)应返回 true。

4）一致性：对于任何非空引用值 x 和 y，多次调用 x.equals(y)始终返回 true 或始终返回 false，前提是 equals()比较中所用的信息没有被修改。

5）对于任何非空引用值 x，x.equals(null)都应返回 false。

（2）toString()方法。toString()方法是 Object 类提供的一个特殊的自述方法，调用该方法将返回对象所属类的类名+@+hashCode 的组合字符串，其中 hashCode 是对象的散列码（关于散列码的详细说明请读者查阅相关资料）。

【例 3-23】 toString()方法的使用。

```
class OneClass{
    int data = 0;
    OneClass(int d){                                    // 构造方法
        data = d;
    }
}
public class App3_23 {
    public static void main(String[] args) {
        OneClass obj1 = new OneClass(1);
        OneClass obj2 = new OneClass(2);
        System.out.println(obj1.toString());
        System.out.println(obj1);
        System.out.println(obj2.toString());
    }
}
```

程序运行结果为

```
OneClass@c17164
OneClass@c17164
OneClass@1fb8ee3
```

说明：从程序运行结构中可以看出，在输出对象信息时 toString()方法和对象本身得到的字符串一样，这是因为在显示对象信息时会自动调用 toString()方法。通过查看结果会发现，输出信息的格式是固定的，很多时候满足不了开发的需要。Java 语言允许我们覆盖 toString()方法来更改对象的信息及格式。

修改［例 3-23］中 OneClass 类，覆盖 toString()方法：

```
public String toString() {
      String msg;
      msg = "该类为 OneClass,其中的数据为:" + data;
      return msg;
}
```

然后再次运行程序，输出结果为

```
该类为 OneClass,其中的数据为:1
该类为 OneClass,其中的数据为:1
该类为 OneClass,其中的数据为:2
```

程序的输出结果更加直观、清晰，因此，我们在定义类时可以重写 toString()方法，方便编程者实现其设计意图，便于程序调试、测试。

（3）getClass()方法。在 Java 语言中一切都是对象，所有对象都直接或间接继承自 Object 类。Object 类中包含一个方法 getClass()，利用这个方法可以获得一个对象所属的 class 信息。在 main()方法中执行如下代码：

```
public static void main(String[] args) {
      OneClass obj1 = new OneClass(1);
      System.out.println(obj1.getClass() == OneClass.class);
}
```

程序运行结果为

```
true
```

说明：在 Java 语言中，可以用“类名.class”的方式获得一个类的 class 对象信息（关于 class 对象的更多信息，请读者查阅相关资料）。由于对象 obj1 是 OneClass 类的对象，所以调用 getClass()方法得到的就是 OneClass 类的 class 对象，因此运行结果为 true。

3.8.2 Vector 类

Java 语言中的数组只能保存固定数目的元素，且必须把所有需要的内存单元一次性申请出来，而不能在创建数组后再改变数组元素的数量。为了解决这个问题，Java 语言中引入了向量类 Vector。

Vector 类是 java.util 包中提供的一个工具类，它类似数组的顺序存储，但是具有比数组更强大的功能。它是允许不同类型元素共存的可变长度数组，每个 Vector 类的对象可以表达一个完整的数据序列。需要说明，Vector 类中的元素不能是基本数据类型（但可以是 3.8.5 节中的包装类对象），必须是对象，也就是 Object 类及其子类的对象。

下面将介绍 Vector 类常用的构造方法和成员方法。

1. 创建 Vector 类的对象

Vector 类有三种构造方法，如表 3-7 所示。

表 3-7 Vector 类的常用构造方法

方 法 原 型	说 明
public Vector()	构造一个向量对象
public Vector(int capacity)	以指定的存储容量构造一个向量对象
public Vector(int capacity, int capacityIncrement)	以指定的存储容量和增量容量构造一个向量对象

2. 添加元素

Vector 类中添加对象元素的方法如表 3-8 所示。

表 3-8 Vector 类添加元素的成员方法

方 法 原 型	说 明
public void addElement(Object obj)	将新元素添加到向量尾部
public boolean add(Object obj)	将新元素添加到向量尾部
public void insertElementAt(Object obj, int index)	将新元素 obj 插入到指定的 index 位置，index 从 0 开始

其中，addElement()方法是 Vector 类中的固有方法，而 add()方法是实现 List 接口重写的方法，两者的区别是返回类型不同。

【例 3-24】 Vector 类对象的创建与使用。

```
import java.util.*;                                         // 导入包
public class App3_24 {
    public static void main(String[] args) {
       Vector myVector = new Vector();                      // 创建向量对象
       for (int i = 1; i <= 4; i++)
          myVector.addElement("" + i);                      // 添加元素
       myVector.insertElementAt("middle", 2);               // 插入新元素
       for (int i = 0; i < myVector.size(); i++)
          System.out.print(myVector.elementAt(i)+"");
    }
}
```

程序运行结果为

```
12middle34
```

3. 修改或删除元素

Vector 类中修改/删除元素的方法如表 3-9 所示。

表 3-9 Vector 类修改/删除元素的方法

方 法 原 型	说 明
public void setElementAt(Object obj, int index)	将向量中 index 位置处的对象元素设置成为 obj，原来的元素被覆盖
public boolean removeElement(Object obj)	删除向量中第一个与 obj 对象相同的元素，同时将后面的元素前移
public void removeElementAt(int index)	删除 index 位置处的元素，同时将后面的元素前移
public void removeAllElements()	删除向量序列中的所有元素

【例 3-25】 删除向量中的元素。

```
import java.util.*;
public class App3_25 {
    public static void main(String[] args) {
        Vector myVector = new Vector();          // 创建向量对象
        for (int i = 0; i < 2; i++) {            // 添加元素
            myVector.addElement("welcome");
            myVector.addElement("to");
            myVector.addElement("beijing");
        }
        System.out.println("未删除前向量:");
        for (int i = 0; i < myVector.size(); i++)
            System.out.print(myVector.elementAt(i)+""); // 输出向量中所有元素
        System.out.println("\n 删除所有 to 之后的向量:");
        while (myVector.removeElement("to"));      // 删除向量中所有的"to"元素
        for (int i = 0; i < myVector.size(); i++)
            System.out.print(myVector.elementAt(i)+"");// 输出向量中所有元素
        System.out.println("\n 删除下标为 2 的元素之后的向量:");
        myVector.removeElementAt(2);               // 删除向量中下标为 2 的元素
        for (int i = 0; i < myVector.size(); i++)
            System.out.print(myVector.elementAt(i)+""); // 输出向量中所有元素
    }
}
```

程序运行结果为

```
未删除前向量:
welcome to beijing welcome to beijing
删除所有 to 之后的向量:
welcome beijing welcome beijing
删除下标为 2 的元素之后的向量:
welcome beijing beijing
```

4. 查找元素

Vector 类中查找对象元素的方法如表 3-10 所示。

表 3-10 **Vector 类查找元素的方法**

方 法 原 型	说 明
public Object elementAt(int index)	返回 index 位置处的元素
public boolean contains(Object obj)	检查向量序列中是否包含对象元素 obj，如果包含则返回 true，否则返回 false
public int indexOf(Object obj, int start_index)	从 start_index 位置开始向后搜索，返回找到的第一个与 obj 相同的元素的位置。若指定的对象不存在，则返回–1
public int lastIndexOf(Object obj, int start_index)	从 start_index 位置开始向前搜索，返回找到的第一个与 obj 相同的元素的位置。若指定的对象不存在，则返回–1

需要注意的是：由于 elementAt()方法返回的是 Object 类的对象，在使用之前通常需要进行强制类型转换，将返回的对象引用转换成 Object 类的某个具体子类的对象。

【例 3-26】 Vector 类中查找元素。

```
import java.util.*;
public class App3_26 {
     public static void main(String[] args) {
          Vector myVector = new Vector();                  // 创建向量对象
          for (int i = 0; i < 2; i++) {                    // 添加元素
                 myVector.addElement("welcome");
                 myVector.addElement("to");
                 myVector.addElement("beijing");
          }
          String s = (String) myVector.elementAt(1);   // 访问下标为 1 的元素
          System.out.println(s);
          System.out.println(myVector.contains("to")); // 判断向量是否包含to对象
          // 反向查找 welcome 对象的位置
          int index = myVector.lastIndexOf("welcome", myVector.size() - 1);
          System.out.println(index);
     }
}
```

程序运行结果为

```
to
true
3
```

5. 其他成员方法

除此之外，Vector 类还有其他成员方法，如表 3-11 所示。

表 3-11 Vector 类其他成员方法

方 法 原 型	说 明
public int capacity()	返回 Vector 的容量
public Object clone()	建立 Vector 的副本
public void copyInto(Object[])	把 Vector 中的元素拷贝到一个数组中
public E firstElement()	返回第一个元素
public E lastElement()	返回最后一个元素
public booleanisEmpty()	判断 Vector 是否为空
public void setSize(int size)	设置 Vector 的大小
public int size()	返回 Vector 中元素的数量
public void trimToSize()	将 Vector 的容量下调至最小值

根据前面的介绍，可以看出 Vector 类比较适合在以下情况使用：

（1）需要处理的对象数目不定，序列中的元素都是对象或可以表示为对象；

（2）需要将不同类的对象组合成一个数据序列；

（3）需要频繁地操作对象序列中元素，包括添加、查找、删除。

3.8.3 ArrayList 类

ArrayList 类（列表）是 Java 语言中一个常用的集合类，在 ArrayList 内部封装了一个长度可变的数组对象，当存入的元素超过数组长度时，ArrayList 会在内存中分配更大的数组来存储这些元素。

下面将介绍 ArrayList 类的构造方法及常用成员方法。

1. 创建 ArrayList 类的对象

ArrayList 类主要有两个构造方法，如表 3-12 所示。

表 3-12 ArrayList 类的常用构造方法

方法原型	说明
public ArrayList()	以默认容量构造一个 ArrayList 对象
public ArrayList (int capacity)	以指定的存储容量构造一个 ArrayList 对象

2. 添加元素

ArrayList 类中添加元素的方法如表 3-13 所示。

表 3-13 ArrayList 类添加元素的方法

方法原型	说明
public boolean add(E element)	将指定的元素添加到此列表的尾部，添加成功返回 true，失败返回 false，其中 E 表示类型参数
public void add(int index, E element)	将指定的元素插入列表中的指定位置
public boolean addAll(int index, Collection c)	从 index 位置开始，将 collection 中的所有元素插入到列表序列中

【例 3-27】 ArrayList 对象的创建与使用。

```
import java.util.*;                                  // 导入包
public class App3_27 {
    public static void main(String[] args) {
        ArrayList myList = new ArrayList();          // 创建列表对象
        for (int i = 1; i <= 4; i++)
            myList.add("" + i);                      // 添加元素
        myList.add(2, "middle");                     // 插入新元素
        for (int i = 0; i < myList.size(); i++)
            System.out.print(myList.get(i)+"");
    }
}
```

程序运行结果为

```
12middle34
```

3. 修改或删除元素

ArrayList 类中修改/删除的方法如表 3-14 所示。

表 3-14 ArrayList 类修改/删除元素的方法

方法原型	说明
public E set(int index, E element)	用指定元素替代列表中指定位置上的元素，返回值为原来位于指定位置上的元素

续表

方 法 原 型	说 明
public boolean remove(Object o)	移除列表中首次出现的指定元素，如果列表不包含此元素，则列表不做改动
public E remove(int index)	移除列表中指定位置的元素，返回从列表中移除的元素
public void clear()	移除列表中的所有元素，此调用返回后，列表将为空

【例 3-28】 删除列表中的元素。

```
import java.util.*;
public class App3_28 {
    public static void main(String[] args) {
        ArrayList myList = new ArrayList();              // 创建列表对象
        for (int i = 0; i < 2; i++) {                    // 添加元素
            myList.add("welcome");
            myList.add("to");
            myList.add("beijing");
        }
        System.out.println("未删除前列表:");
        for (int i = 0; i < myList.size(); i++)
            System.out.println(myList.get(i)+"");   // 输出列表中所有元素
        System.out.println("\n 删除所有 to 之后的列表:");
        while (myList.remove("to"));            // 删除列表中所有的"to"元素
        for (int i = 0; i < myList.size(); i++)
            System.out.println(myList.get(i)+"");   // 输出列表中所有元素
        System.out.println("\n 删除下标为 2 的元素之后的列表:");
        myList.remove(2);                       // 删除列表中下标位置为 2 的元素
        for (int i = 0; i < myList.size(); i++)
            System.out.println(myList.get(i)+"");   // 输出列表中所有元素
    }
}
```

程序运行结果为

```
未删除前列表:
welcome to beijing welcome to beijing
删除所有 to 之后的列表:
welcome beijing welcome beijing
删除下标为 2 的元素之后的列表:
welcome beijing beijing
```

4. 查找元素

ArrayList 类中查找对象元素的方法如表 3-15 所示。

表 3-15 ArrayList 类查找元素的方法

方 法 原 型	说 明
public E get(int index)	返回列表中指定位置上的元素
public boolean contains(Object o)	如果列表中包含指定的元素，则返回 true，否则返回 false
public int indexOf(Object o)	返回列表中首次出现的指定元素的位置，如果列表不包含元素，则返回–1

续表

方法原型	说明
public int lastIndexOf(Object o)	返回列表中最后一次出现的指定元素的位置，如果此列表不包含索引，则返回 –1

【例 3-29】 ArrayList 类中查找元素。

```
import java.util.*;
public class App3_29 {
    public static void main(String[] args) {
        ArrayList myList = new ArrayList();         // 创建列表对象
        for (int i = 0; i < 2; i++) {               // 添加元素
            myList.add("welcome");
            myList.add("to");
            myList.add("beijing");
        }
        String s = (String) myList.get(1);          // 访问下标位置为 1 的元素
        System.out.println(s);
        // 判断列表是否包含 to 对象
        System.out.println(myList.contains("to"));
        // 反向查找 welcome 对象的位置
        int index = myList.lastIndexOf("welcome");
        System.out.println(index);
    }
}
```

程序运行结果为

```
to
true
3
```

5. 其他成员方法

除此之外，ArrayList 类还有其他成员方法，如表 3-16 所示。

表 3-16　ArrayList 类其他成员方法

方法原型	说明
public Object clone()	建立列表的副本
public boolean isEmpty()	判断列表是否为空
public int size()	返回此列表中的元素数
public void trimToSize()	将列表的容量下调至最小值

6. ArrayList 类与 Vector 类的区别

从上面的示例可以看出，ArrayList 类与 Vector 类在很多方法都非常相似，能够完成的功能也几乎相同，但两者还存在一些区别：

（1）Vector 类是可同步化的，即任何操作 Vector 类的内容的方法都是线程安全的。但 ArrayList 类是不可同步化的，不是线程安全的。

（2）当数组容量不能满足要求时，两者扩展容量不同。Vector 类在默认情况下是扩展一倍的大小，而 ArrayList 类扩展一半的大小。

3.8.4 泛型

Java 语言在 JDK 5.0 中新增了一个特性——泛型，它的本质是参数化类型，也就是说将数据类型作为参数，在使用的时候再指定具体数据类型。

Vector 类或者 ArrayList 类中可以添加任何类型的对象，但是当把一个对象存入其中后，就不再保存对象的类型。当再次获取元素时，都会变为 Object 类型，需要进行强制类型转换后再使用，不过这个类型转换过程很容易出错。

【例 3-30】 向列表中添加不同类型的元素。

```
import java.util.*;
public class App3_30 {
     public static void main(String[] args) {
         ArrayList myList = new ArrayList();                // 创建列表对象
         myList.add("hello");                               // 添加 String 对象
         myList.add(new Integer(1));                        // 添加 Integer 对象
         myList.add("world");                               // 添加 String 对象
         for (int i = 0; i < myList.size(); i++) {
               String s = (String) myList.get(i);           // 获取元素
               System.out.println(s);
         }
     }
}
```

程序运行结果为

```
hello
Exception in thread "main" java.lang.ClassCastException: java.lang.Integer
cannot be cast to java.lang.String
```

说明：程序中向列表 myList 中添加了 String 对象和 Integer 对象（参见 3.8.5 节），然后再依次读取显示。但是，当获取 Integer 对象时，无法将其强制转换为 String 类型，出现错误。

为了解决这一问题，Java 语言引入泛型特性，它可以限定数据类型，在定义列表对象时，使用参数化类型方式指定该类中成员方法操作的数据类型，以 ArrayList 为例，其格式为

```
ArrayList<参数化类型> 列表名 = new ArrayList<参数化类型>();
```

例如：`ArrayList<String> stringList = new ArrayList<String>();`

采用这种方式定义的列表对象只能存储指定的数据类型，如果出现其他数据类型，程序在编译时会出现错误。Java 语言已经为包括 Vector、LinkedList 和 ArrayList 等集合类添加泛型特性。

【例 3-31】 使用泛型限定 ArrayList 中元素的数据类型。

```
import java.util.*;
public class App3_31 {
     public static void main(String[] args) {
         ArrayList<String> myList = new ArrayList<String>();  // 使用泛型
         myList.add("hello");                             // 添加 String 对象
         // myList.add(new Integer(1));                   // 如果不注释会存在编译错误
         myList.add("world");                             // 添加 String 对象
         for (int i = 0; i < myList.size(); i++) {
```

```
                String s = myList.get(i);           // 不需要进行强制类型转换
                System.out.println(s);
            }
        }
    }
```

程序运行结果为

```
hello
world
```

说明：在该例中，通过泛型 ArrayList<String>限定列表中只能存储 String 类型对象，程序在编译时检测出 `myList.add(new Integer(1));`语句存在错误。另外，在限定列表中元素类型为 String 的基础上，获取元素时就不需要进行强制类型转换，使用方便。

3.8.5 包装类

Java 语言是一个面向对象的语言，但是 Java 中的基本数据类型却不是对象，这在实际使用时存在很多的不便。为了解决这个问题，Java 语言为每个基本数据类型设计了一个对应的类，称为包装类（Wrapper Class），也可翻译为外覆类或数据类型类。

包装类均位于 java.lang 包，包装类和基本数据类型的对应关系如表 3-17 所示。

表 3-17 基本数据类型与包装类对应表

基本数据类型	包装类	基本数据类型	包装类
byte	Byte	boolean	Boolean
short	Short	char	Character
int	Integer	float	Float
long	Long	double	Double

除了 Integer 类和 Character 类之外，其他 6 个包装类的类名和基本数据类型一致，但第一个字母需要大写。

包装类的用途主要体现在以下两方面：

（1）作为和基本数据类型对应的类类型存在，方便操作。

（2）包装类中包含每种基本数据类型的相关属性，如最大值、最小值等，以及相应的操作方法。

基本数据类型与包装类的不同点体现在以下几个方面：

（1）在 Java 语言中，八个基本数据类型变量不是对象，除此之外其他所有变量都是对象。

（2）创建方式不同，基本数据类型变量不需要通过 new 关键字来创建，而包装类对象则必须使用 new 关键字创建。

（3）存储方式及位置不同，基本数据类型变量直接存储变量的值保存在栈空间，而包装类对象需要通过引用指向实例，具体的实例保存在堆空间中。

（4）初始值不同，包装类对象的初始值为 null，基本数据类型变量的初始值视具体的类型而定。

（5）使用方式不同，比如与集合类联合使用时只能使用包装类。

八个包装类的使用方法比较类似，下面以最常用的 Integer 类为例介绍包装类。

1. int 和 Integer 类之间的转换

在转换时，使用 Integer 类的构造方法和 Integer 类内部的 intValue()方法来实现类型之间的相互转换，代码为

```
int n = 1;
Integer iN = new Integer(n);               // 将 int 类型转换为 Integer 类型
int m = iN.intValue();                     // 将 Integer 类型的对象转换为 int 类型
```

2. Integer 类的成员方法

在 Integer 类中包含了很多与 int 类型有关的成员方法，比较常用的成员方法如表 3-18 所示。

表 3-18 Integer 类的常用成员方法

方 法 原 型	说 明
public static int parseInt(String s) throws NumberFormatException	将数字字符串转换为 int 类型
public static int parseInt(String s, int radix) throws NumberFormatException	将数字字符串按照参数 radix 指定的进制转换为 int 类型
public static String toString (int i)	将 int 类型变量转换为字符串
public static String toString(int i, int radix)	将 int 类型的值转换为 radix 进制的字符串

（1）parseInt()方法按照参数 radix 指定的进制转换为 int。该方法是重载方法，主要功能是将字符串转换为 int 类型。其中第二个方法将字符串按照参数 radix 指定的进制转换为 int 类型。使用示例为

```
String s = "10";
int n1 = Integer.parseInt(s);              // n1 的值为 10
int n2 = Integer.parseInt(s,10);           // n2 的结果为 10
int n3 = Integer.parseInt(s,16);           // n3 的结果为 16
```

如果字符串包含了不符合规则的数字字符，则程序执行将出现异常。

（2）toString()方法。该方法是重载方法，主要功能是将 int 类型转换为字符串。其中第二个方法将 int 类型的值转换为 radix 进制的字符串。使用示例为

```
int m = 10;
String s1 = Integer.toString(m);           // s1 的结果为"10"
String s2 = Integer.toString(m,16);        // s2 的结果为"a"
```

自 JDK5.0 版本以后，引入了自动拆装箱的语法，也就是在进行基本数据类型和包装类转换时，系统将自动进行，这将极大方便程序员的代码书写。使用示例为

```
int n = 10;
Integer in = n;                            // int 类型会自动转换为 Integer 类型
int m = in;                                // Integer 类型会自动转换为 int 类型
```

本章小结

本章围绕着面向对象编程的三大特性，介绍了 Java 语言中类的定义、对象的创建、类的继承、方法覆盖、抽象类、接口等内容。通过本章的学习，读者能够全面掌握面向对象编程的各个环节，深刻理解类与对象之间的关系，充分领会面向对象编程的设计理念。除此之外，

本章还给出了 Java 语言中的常用类，包括 Object、Vector、ArrayList、泛型和包装类等，将对后续的编程有所帮助。

一、简答题

1．面向对象编程的三大特性是什么？如何理解每个特性？

2．简述构造方法和成员方法的区别。

3．简述什么是方法重载。

4．简述静态成员方法和普通成员方法的区别。

5．简述对象数组与基本数据数组的区别。

6．简述 protected 访问权限的作用。

7．简述动态多态的实现机制。

8．final 关键字修饰类、成员变量和成员方法分别有什么含义？

9．什么是抽象类？什么是接口？两者有什么异同点？

10．什么是内部类？主要分为哪几种？

11．什么是泛型？其主要作用是什么？

12．包装类的主要功能是什么？

二、编程题

1．设计 Point 类用来定义平面上的一个点坐标，包含构造函数和显示信息的方法。编写测试类 Test，在该类中定义 Point 类的对象。

2．编写复数类，为该类定义构造函数和信息输出方法，在测试类中完成两个复数对象的构建（从键盘录入）和输出。

3．建立复数的动态数组，对输入的复数按照模的大小进行排序，并按照从大到小的顺序输出各个复数的值。

4．编写程序实现以下功能：

（1）员工类（Emploee）：成员变量包含员工号和员工姓名，成员方法包含构造方法和输出方法（输出员工信息）。

（2）部门主管类（Manager）：从员工类继承而来，同时添加新的成员变量：主管部门名；添加构造方法，要调用父类 Emploee 的构造方法；覆盖父类中的输出方法，输出部门主管对象的信息。

（3）测试类（Test）：包含一个主方法。在主方法中创建一个员工对象和一个部门主管类的对象，并调用输出方法显示员工信息和部门主管信息。

5．定义一个接口 Area，其中包含一个计算面积的方法 CalsulateArea()，然后设计 MyCircle 和 MyRectangle 两个类都实现这个接口中的方法 CalsulateArea()，分别计算圆和矩形的面积，最后写出测试以上类和方法的程序。

6．编写程序完成以下功能：

（1）写出一个类 People，其中 People 类具有 name、age 两个保护成员变量，分别为 String 类型、整型，且具有公有的 getAge 成员函数，用于返回 age 变量的值。

（2）以 People 类做基类派生出子类 Employee 和 Teacher，Employee 类具有保护成员变量 empno，类型为 String，Teacher 具有私有成员变量 teano，类型为 String。

（3）定义接口 Promotion，其中包含成员函数 hardwork。

（4）定义 Manager 类，该类从 Employee 派生并实现 Promotion 接口，包含私有成员 Allowence，类型为 float。

（5）所有类都具有构造函数。

7. 使用泛型技术，以第 1 题中 Point 类对象作为数组元素，创建 ArrayList 类对象，并向其中添加 3 个元素，然后依次遍历集合显示信息。

第4章 异 常 处 理

在程序运行过程中，经常会有各种意外情况发生，如输入无效的数据、操作错误或者设备发生故障，这些意外的情况会使程序出错、运行中断，甚至是系统崩溃，轻则影响用户体验，重则导致严重后果。因此，在软件开发中必须考虑如何处理运行时的各种错误情况，保证程序不会意外终止，即使不能继续运行，也要保存重要的数据、释放占用的资源等。Java语言提供异常处理机制来解决这一问题，恰当使用异常处理可以使程序运行更加稳定可靠，使程序正常的逻辑代码和错误处理代码分离开来，便于程序的阅读和维护。本章主要介绍异常的概念、异常类、捕获异常、声明异常、异常处理机制及自定义异常类等。

4.1 异 常 的 概 念

4.1.1 错误与异常

程序在运行过程中出现的各种问题，根据其严重程度的不同，分为两类：

（1）错误（Error）：程序在运行过程中发生的由硬件、操作系统、Java 虚拟机等导致的严重问题，如内存溢出等。错误无法由程序本身解决，只能依靠外界干预，Java 程序对错误一般不做处理。

（2）异常（Exception）：有些问题通常不那么严重，应用程序可以自行恢复，如运算时除数为 0，数据超出应有的范围，或者欲装入的类文件不存在等，这些问题称为异常。Java 程序能够对异常进行处理，使程序继续运行或者平稳结束。

4.1.2 运行时异常与检查型异常

有些异常是在程序编译时被检查，如果不处理这些异常就无法通过编译，有些异常是在程序运行时才被检查，即使不处理也可以运行程序。根据异常检查的时间点的不同，将异常分为两类：

（1）运行时异常（Runtime Exception）：指的是在运行时被检查的异常，如运算时除数为0、数组下标越界等。这类异常一般由程序自身问题引起，产生比较频繁，系统为其配备了缺省的异常处理程序，Java 程序对这类异常可不做处理，当然，必要时也可以处理。在图 4-1（a）中，语句 `a=5/0;`无法执行，但在编译时并没有提示这个异常，程序仍然可以运行，这种异常就是运行时异常。

（2）检查型异常（Checked Exception）：也称非运行时异常或编译时异常，指的是程序中可预知的、常常由外部问题引起的异常，如打开文件时文件不存在、输入数据时类型不匹配等。检查型异常如果不处理就无法通过编译，也就不能运行。在图 4-1（b）中，语句 `a=(int)System.in.read();`的功能是输入一个字符并将其转换为整数赋给变量 a，这条语句在执行时可能出现输入输出异常，这个异常是检查型异常，不做异常处理就无法通过编译。在该行的左侧出现一个红色的“×”表示有语法错误，鼠标移到该行，会显示提示信息“Unhandled exception type IOException”。

```
2 public class ExceptionByZero {
3⊖    public static void main(String[] args) {
4         int a;
5         a=5/0;
6         System.out.println(a);
7     }
8 }
```

(a)

```
2 import java.io.*;
3 public class ExceptionRead {
4⊖    public static void main(String[] args){
5         int a;
6         a=(int)System.in.read();     Unhandled exception type IOException
7         System.out.println(a);
8     }
9 }
```

(b)

图 4-1 运行时异常与检查型异常

(a) 运行时异常；(b) 检查型异常

4.2 异常类及异常处理方式

4.2.1 异常类

Java 作为面向对象的语言，异常由对象来表示。Java 类库中提供了很多异常类，这些类都派生自 Throwable 类，如图 4-2 所示。Throwable 类有两个直接子类：

（1）Error 类。该类代表错误，指的是程序本身无法恢复的意外情况，不要求程序进行处理。

（2）Exception 类。该类代表异常，指的是程序本身可以处理的意外情况。本章所讲的异常就是指 Exception 类及其子类所表示的异常。Exception 类常用的构造方法和成员方法如表 4-1 所示，其中前两个方法是构造方法，后面三个方法是常用的成员方法，Exception 类的子类都拥有这三个成员方法，通过调用这三个方法可以获取异常的具体信息。

表 4-1　Exception 类常用的构造方法和成员方法

方 法 原 型	说 明
public Exception()	构造方法，创建一个异常对象
public Exception(String message)	构造方法，创建一个带有指定信息的异常对象
public String toString()	返回当前异常对象的信息
public String getMessage()	返回当前异常对象的信息
public void printStackTrace()	打印当前异常对象使用栈的轨迹

Exception 类的子类分别代表各种异常情况，这些类的类名都以 Exception 结尾。Exception 类的子类分为两种：

（1）运行时异常类。RuntimeException 类及其子类都属于运行时异常类，是由于程序自身的问题导致的异常，例如 ArrayIndexOutOfBoundsException 类表示数组下标越界异常。这些异常在语法上不强制程序员必须处理。

（2）检查型异常类。除了运行时异常类之外，Exception 类的其他子类都属于检查型异常类，是由程序外部的问题引起的异常，如 FileNotFoundException 类代表文件未找到异常。这些异常在语法上强制程序员必须进行处理，否则无法通过编译。

熟悉异常类的体系，将有助于后续异常处理的学习和使用，如图 4-2 所示。由于异常类的数量较多，图中仅列举一些常用的异常类。

（1）ArithmeticException：算术异常，如除数为 0，或用 0 取模（如 5%0）时，会发生该异常。

（2）NullPointerException：空指针异常，当对象没有实例化就试图访问其成员时会发生该异常。

（3）ClassCastException：类型强制转换异常，进行强制类型转换时类型间不相容引发的异常。

（4）IndexOutOfBoundsException：索引超出范围异常，当元素的索引超出范围时引发的异常。

（5）ArrayIndexOutOfBandsException：数组下标越界异常，当数组元素的下标超出了数组长度允许的范围时发生该异常。

（6）IOException：输入/输出异常，指输入/输出数据时产生的异常。

（7）FileNotFoundException：文件未找到异常，当程序试图打开指定文件失败时，发生该异常。

（8）SocketException：Socket 网络通信异常。

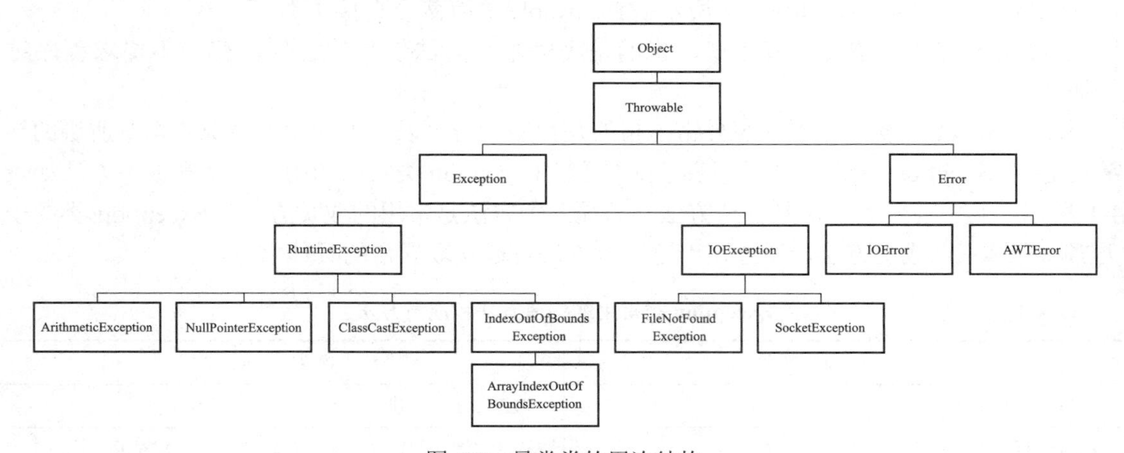

图 4-2 异常类的层次结构

4.2.2 异常处理方式

异常处理可以看作是一种控制结构。当异常发生时，将停止程序的正常执行顺序，转向异常处理代码。当异常发生时，称为抛出异常。当执行与异常匹配的异常处理代码时，称为捕获异常。

在一个方法的执行过程中如果抛出了异常，就会生成一个代表该异常的对象，并把它提交给 Java 虚拟机。异常对象中包含异常类型以及发生异常时应用程序的状态和调用过程等信息。

在抛出异常的方法中可以采用两种方式来处理异常——“积极”的方式和“消极”的方式。积极的方式是在该方法内部直接使用 try-catch-finally 语句来捕获异常，执行异常处理代码；消极的方式是该方法不去捕获异常，只是对外声明本方法可能抛出异常，然后由它的调用方法来捕获异常，这种方式称为声明异常。这两种异常处理方式将在下面两节中分别介绍。

4.3　捕　获　异　常

4.3.1　try-catch-finally 语句（微课 5）

捕获异常通过 try-catch-finally 语句实现，其格式为

```
try {
      语句序列                          // 可能产生异常的语句序列          } try 块
}
catch ( ExceptionType1 e ) {         // 捕获 ExceptionType1 类型的异常
      语句序列                          // 异常发生时的处理语句序列        } catch 块
}
  ⋮                                  // catch 块可以有多个
finally {
      语句序列                          // 一定要执行的语句序列            } finally 块
}
```

将可能产生异常的语句序列放入 try 后面的花括号中。try 块后一般紧跟一个或多个 catch 块，用于捕获 try 块所产生的异常并做相应的处理。

catch 块有一个形式参数，用于指明其所能捕获的异常类型。系统根据抛出的异常对象的类型将其传递给相应的 catch 块，执行该 catch 块中的语句序列。

无论 try 块中是否抛出异常，catch 块是否得到执行，finally 块都要被执行，它提供了统一的出口。通常在 finally 块中进行资源的清除工作，如关闭文件、关闭数据库连接等。finally 块也可以省略。

具体在执行时，如果 try 块中的某一条语句抛出了异常，那么就停止执行 try 块中的语句，转向第一个 catch 块。检查所抛出的异常对象与第一个 catch 块中的异常类型参数是否匹配（所谓匹配是指异常对象是 catch 参数所指定的异常类或其子类的对象）。如果匹配，则执行相应的语句序列，否则，再与第二个 catch 块、第三个 catch 块……中的异常类型参数进行匹配，直到找到合适的 catch 块或查看完全部的 catch 块为止。只要有一个 catch 块的异常类型参数匹配成功，执行相应的异常处理语句序列后，其后的 catch 块将不再进行匹配或执行，而转去执行 finally 块。如果 try 块没有抛出异常，那么在 try 块执行结束后也要执行 finally 块。执行过程如图 4-3 所示。

try语句块 → 是否有异常 —有→ catch语句块 → finally语句块；是否有异常 —无→ finally语句块

图 4-3　try-catch-finally 执行过程示意图

【例 4-1】　为图 4-1（a）中的程序添加异常处理代码。

```
// 原来的程序
public class App4_1 {
   public static void main(
       String[] args){
           int a;
           a = 5/0;
           System.out.println(a);
       }
}
```

```
// 添加异常处理代码以后的程序
public class App4_1 {
    public static void main(String[] args) {
        int a;
        try {
            a = 5/0;
            System.out.println(a);
        } catch (ArithmeticException e) {
            System.out.println("算术运算错误");
        } finally {
            System.out.println("程序运行结束");
        }
    }
}
```

说明：将可能产生异常的两条语句`a = 5 / 0;`和`System.out.println(a);`放在 try 块中，由于除数为零属于算术运算异常，因此 catch 块的异常类型参数定义为 ArithmeticException。

执行 try 块中的第 1 条语句`a = 5/0;`时，抛出一个算术运算异常，不再执行第 2 条语句`System.out.println(a);`，转去执行 catch 块，与 catch 块中的异常类型参数匹配成功，因此执行 catch 块中的语句序列，最后再执行 finally 块。程序运行结果为

```
算术运算错误
程序运行结束
```

如果程序不进行异常处理，那么执行到`a = 5 / 0;`语句时，会由系统对抛出的异常进行捕获处理，输出异常信息并结束程序的运行。程序运行结果为

```
Exception in thread "main" java.lang.ArithmeticException: / by zero
at App4_1.main(App4_1.java:4)
```

输出的异常信息包括异常类型（ArithmeticException）和异常出现的位置（App4_1.main，其中 4 表示程序行的顺序号）等。

从以上两种结果可以看出，在应用程序中进行异常处理能够在程序抛出异常时进行合理的处置，保存重要的数据，给出更人性化的错误提示信息，并让程序继续执行或者平稳地结束。

图 4-1（b）中所示程序产生的异常是检查型异常，无法通过编译，请读者对其添加异常处理代码，并查看是否还有编译错误。

4.3.2　多重 catch 块

在 try-catch-finally 语句中，try 块只能有一个，而 catch 块可以有多个，下面举例说明。

【例 4-2】 创建数组，然后输入数组元素的起止下标，输出这些数组元素与下标相除的结果。

```
import java.util.Scanner;
public class App4_2 {
    public static void main(String args[]) {
        int i = 0, beginIndex, endIndex, a[] = { 1, 2, 3, 4, 5, 6, 7, 8 };
        Scanner sc = new Scanner(System.in);
        System.out.print("请输入数组元素的起止下标:");
```

```
        beginIndex = sc.nextInt();                    // 输入数组元素起始下标
        endIndex = sc.nextInt();                      // 输入数组元素终止下标
        for (i = beginIndex; i <= endIndex; i++) {
              System.out.println("a[" + i + "]/" + i + "=" + (a[i]/i));
        }
        System.out.println("结束!");
    }
}
```

程序运行时，首先要输入数组元素的起止下标，输入的数据不同，运行结果也不同，下面分别介绍：

（1）输入 2 和 4 时，程序运行结果为

```
请输入数组元素的起止下标:2 4
a[2]/2=1
a[3]/3=1
a[4]/4=1
结束!
```

说明：程序正常结束，运行结果正确。

（2）输入'a'和'b'时，程序运行结果为

请输入数组元素的起止下标：*a b*

```
Exception in thread "main" java.util.InputMismatchException
at java.util.Scanner.throwFor(Scanner.java:864)
at java.util.Scanner.next(Scanner.java:1485)
at java.util.Scanner.nextInt(Scanner.java:2117)
at java.util.Scanner.nextInt(Scanner.java:2076)
at App4_2.main(App4_2.java:7)
```

说明：程序要求输入整数，却输入了字符，抛出输入不匹配异常（InputMismatchException），输出异常信息后程序终止运行。

（3）输入 6 和 8 时，程序运行结果为

```
请输入数组元素的起止下标:6 8
a[6]/6=1
a[7]/7=1
Exception in thread "main" java.lang.ArrayIndexOutOfBoundsException: 8
at App4_2.main(App4_2.java:10)
```

说明：输入的整数应该在元素下标范围内，8 已经超出了范围，故抛出数组下标越界异常（ArrayIndexOutOfBoundsException），程序终止运行。

（4）输入 0 和 4 时，程序运行结果为

```
请输入数组元素的起止下标:0 4
Exception in thread "main" java.lang.ArithmeticException: / by zero
at App4_2.main(App4_2.java:10)
```

说明：元素下标为 0 时，计算表达式 a[i]/i 时抛出被 0 除的算术异常（ArithmeticException），程序终止运行。

根据对程序逻辑和运行结果的分析可知，程序运行时可能抛出的异常有：

（1）数组元素的起止下标 beginIndex 和 endIndex 应该是整型数据，但在输入时有可能输入其他类型的数据，如字符型，这时抛出输入不匹配异常。

（2）即使输入的是整型数据，其值也可能超出正常范围（本例中正常范围是 0～4），抛出数组下标越界异常。

（3）当 i 的值为 0 时，a[i]/i 抛出算术运算异常。

由于程序本身没有对异常进行处理，因此抛出异常时由系统进行捕获处理，输出异常信息并终止程序的运行。

【例 4-3】 为［例 4-2］中的程序添加异常处理代码。

分析：由于存在多种异常需要捕获处理，因此要使用多个 catch 块。

```
import java.util.*;
public class App4_3 {
    public static void main(String args[]) {
        int i = 0, beginIndex, endIndex, a[] = { 1, 2, 3, 4, 5, 6, 7, 8 };
        Scanner sc = new Scanner(System.in);
        System.out.print("请输入数组元素的起止下标:");
        try {
            beginIndex = sc.nextInt();
            endIndex = sc.nextInt();
            for (i = beginIndex; i <= endIndex; i++) {
                System.out.println("a[" + i + "]/" + i + "=" + (a[i]/i));
            }
        } catch (InputMismatchException e) {
            System.out.println("输入数据类型不匹配,应该输入整型数据。");
        } catch (ArrayIndexOutOfBoundsException e) {
            System.out.println("输入数据超出正常范围,导致数组下标越界。");
        } catch (ArithmeticException e) {
            System.out.println("算术运算错误");
        } catch (Exception e) {
            System.out.println("程序出现错误");
        } finally {
            System.out.println("结束!");
        }
    }
}
```

说明：程序中用到了 java.util 包中的两个类 Scanner 和 InputMismatchException，为节约篇幅，采用 `import java.util.*;`方式导入。

程序运行结果及执行过程分析如表 4-2 所示。

表 4-2　　［例 4-3］程序运行结果及执行过程分析

输入数据及运行结果	执行过程分析
请输入数组元素的起止下标：*2 4* a[2]/2=1 a[3]/3=1 a[4]/4=1 结束!	（1）输入的数据类型正确且在正常的取值范围内，因此在执行 try 块时没有抛出异常，打印 a[2]、a[3]、a[4]三个数组元素与其下标相除的结果。 （2）执行 finally 块，输出“结束!”

续表

输入数据及运行结果	执行过程分析
请输入数组元素的起止下标：*a b* 输入数据类型不匹配，应该输入整型数据。 结束!	（1）执行 beginIndex = sc.nextInt()；时输入的数据是字符，类型不匹配，抛出输入不匹配异常，try 块中该条语句后面的其他语句不再执行。 （2）从前向后逐一与 catch 块的异常类型参数比较，与第一个 catch 块的异常类型参数相匹配，执行其中的语句序列，输出“输入数据类型不匹配，应该输入整型数据。”忽略其后的 catch 块。 （3）执行 finally 块，输出“结束!”
请输入数组元素的起止下标：*6 8* a[6]/6=1 a[7]/7=1 输入数据超出正常范围,导致数组下标越界。 结束!	（1）输入的数据类型正确，执行 try 块中的 for 循环，输出数组元素 a[6]、a[7]的运算结果，当 i 的值为 8 时，超出了数组元素下标的范围，抛出数组下标越界异常，try 块中的后续语句不再执行。 （2）从前向后逐一与 catch 块的异常类型参数比较，与第二个 catch 块相匹配，执行其中的语句序列，输出“输入数据超出正常范围，导致数组下标越界。”忽略其后的 catch 块。 （3）执行 finally 块，输出“结束!”
请输入数组元素的起止下标：*0 4* 算术运算错误 结束!	（1）输入的数据类型正确，执行 try 块中的 for 循环，i 的值为 0，计算 a[0]/0，抛出算术运算异常，try 块中的后续语句不再执行。 （2）从前向后逐一与 catch 块的异常类型参数比较，与第三个 catch 块相匹配，执行其中的语句序列，输出“算术运算错误”忽略其后的 catch 块。 （3）执行 finally 块，输出“结束!”

程序中出现了四个 catch 块，除了已经非常明确的“输入不匹配异常”“数组下标越界异常”“算术运算异常”外，还增加了一个 Exception 类型的异常，这主要是考虑到编写程序时可能会有遗漏的异常情况，原则上，不管抛出什么异常，程序都要能够处理，因此增加了对 Exception 类型异常的捕获。这样一来，try 块中不管抛出什么异常，即使前三个 catch 块没有捕获到，那么最后一个 catch 块也能捕获到这个异常。

catch 块中分别出现了四个异常类：InputMismatchException、ArrayIndexOutOfBounds Exception、ArithmeticException 和 Exception，前三个异常类都是 Exception 类的子类。如果将捕获 Exception 类异常的 catch 块放在其他三个 catch 块的前面，会怎么样？具体代码为

```
try {
    ……
} catch (Exception e) {
    System.out.println("程序出现错误");
} catch (InputMismatchException e) {
    System.out.println("输入数据类型不匹配,应该输入整型数据。");
} catch (ArrayIndexOutOfBoundsException e) {
    System.out.println("输入数据超出正常范围,导致数组下标越界。");
} catch (ArithmeticException e) {
    System.out.println("算术运算错误");
} finally {
    System.out.println("结束!");
}
```

假设 try 块抛出了 InputMismatchException 异常对象，然后逐一与 catch 块中的异常类型参数进行比较，由于 InputMismatchException 异常对象是 Exception 类的子类的对象，因此，

与第一个 catch 块匹配成功，执行相应的异常处理代码后，忽略其后的 catch 块，执行 finally 块。也就是说，无论 try 块抛出什么异常，都会执行第一个 catch 块，后面三个 catch 块永远不会得到执行。因此，如果同时拥有捕获父类异常的 catch 块与捕捉子类异常的 catch 块，一定要将捕获子类异常的 catch 块放在前面。

综上所述，使用 try-catch-finally 语句时，应该注意以下几点：

（1）try 块只能有一个，catch 块可以有 0 到多个，finally 块可以有、也可以没有。以下这几种组合都是合法的：

```
try-catch-finally ,try-catch ,try-finally
```

（2）catch 块尽量使用最低级别的异常子类来捕获异常，这样能够更详细地了解问题所在。

（3）将捕获子类异常的 catch 块放在前面，将捕获父类异常（如 Exception）的 catch 块放在后面。

（4）可以使用一个 catch 块来捕获多种类型的异常，此时它的异常类型参数应该是更一般的异常类型，但这种方式使程序不能判断异常的具体类型，无法做有针对性的处理。

（5）如果 try 块中抛出的异常对象没有被某个 catch 块捕获，就会传给 Java 虚拟机，由系统来进行异常处理，终止程序的运行。

4.3.3 异常的多重捕获

一个try块后面可以跟多个catch块，多数情况下，每个catch块都拥有不同的语句序列。但是在实际应用中，多个 catch 块拥有相同语句序列的情况并不少见，重复的代码使得程序变得冗长。

针对这种情况，从 Java 7 开始增加了异常的多重捕获功能。多重捕获是指同一个 catch 块可以捕获多种异常。具体应用时，在 catch 块的参数列表中指定它能够捕获的各种异常，异常之间用或运算符“|”分隔。多重捕获的形参隐含为 final 类型（可以显式指定 final，但没有必要），不能为其赋值。多重捕获的形式为

```
catch ( Exception1 | Exception2 |…… e ) {
    // 语句序列
}
```

【例 4-4】 异常的多重捕获示例。

```
import java.util.*;
public class App4_4 {
    public static void main(String args[]) {
        int i = 0, beginIndex, endIndex, a[] = { 1, 2, 3, 4, 5, 6, 7, 8 };
        Scanner sc = new Scanner(System.in);
        System.out.print("请输入数组元素的起止下标:");
        try {
            beginIndex = sc.nextInt();
            endIndex = sc.nextInt();
            for (i = beginIndex; i <= endIndex; i++) {
                System.out.println("a[" + i + "]/" + i + "=" + (a[i]/i));
            }
        } catch (InputMismatchException | ArrayIndexOutOfBoundsException |
                ArithmeticException e) {                    // 多重捕获
```

```
                System.out.println(e.toString());
            } catch (Exception e) {
                System.out.println("程序出现错误");
            } finally {
                System.out.println("结束!");
            }
        }
    }
```

一般情况下都希望针对每一种异常情况给出不同的处理，一个 catch 块捕获一种异常更合理。但是，如果多种异常的处理代码相同或相似，那么使用异常的多重捕获将会减少代码重复。

4.3.4 嵌套的 try-catch-finally 语句

try-catch-finally 语句可以嵌套，一般将内层的 try-catch-finally 语句嵌套在外层 try-catch-finally 语句的 try 块中，其格式为

```
try
{   ……
    try{
        ……
    } catch(……){
        ……                       内层 try-catch-finally 语句
    } finally{
        ……
    }
    ……
}catch(……){                                                  外层 try-catch-finally 语句
    ……
}finally{
    ……
}
```

如果内层的 try 块抛出异常，首先由内层的 catch 块来捕获，如果被内层 catch 块捕获到并处理，会继续执行 finally 块以及后面的其他语句；如果未能被内层 catch 块捕获到，则跳转至外层 catch 块，如果发现了匹配的 catch 块，就在该 catch 块中处理这一异常。

4.4 声 明 异 常

在前面的例子中，异常的抛出和异常的捕获是在同一个方法中进行的。但是，有些情况下抛出异常的方法并不确切知道该如何处理这些异常，例如找不到要打开的文件时，是终止程序的执行还是新生成一个文件，这需要由调用它的方法来决定。

4.4.1 使用 throws 声明异常

如果一个方法抛出了异常，但是该方法并不对这个异常进行捕获，而是希望由调用它的方法来捕获，那么就要在该方法的首部中进行异常的声明。

声明异常时，使用关键字 throws 在方法首部加上要抛出的异常列表即可，其格式为

```
类型 方法名([参数表])  throws  异常列表
```

异常列表由异常类的类名组成，有多个异常类时，以逗号分隔。

【例 4-5】 对图 4-1（b）中所示程序进行声明异常处理。

```
import java.io.*;
public class App4_5 {
     public static void main(String[] args) throws IOException {   // 声明异常
          int a;
          a=(int)System.in.read();
          System.out.println(a);
     }
}
```

说明：程序中可能出现输入输出异常（IOException），这个异常是检查型异常，必须进行处理，这里采用了声明异常的方式。

【例 4-6】 对［例 4-2］中的程序采用声明异常的方式。

分析：声明异常时需要考虑程序可能产生的多个异常。

```
import java.util.*;
public class App4_6  {
     public static void main(String args[]) throws InputMismatchException,
                         ArrayIndexOutOfBoundsException, ArithmeticException{
          int i = 0, beginIndex, endIndex, a[] = { 1, 2, 3, 4, 5, 6, 7, 8 };
          Scanner sc = new Scanner(System.in);
          System.out.print("请输入数组元素的起止下标:");
          beginIndex = sc.nextInt();
          endIndex = sc.nextInt();
          for (i = beginIndex; i <= endIndex; i++) {
               System.out.println("a[" + i + "]/" + i + "=" + (a[i]/i));
          }
     }
}
```

输入的数据不同，运行结果也不同，下面分别介绍：

（1）输入 2 和 4 时，程序运行结果为

```
请输入数组元素的起止下标:2 4
a[2]/2=1
a[3]/3=1
a[4]/4=1
```

说明：程序正常结束，运行结果正确。

（2）输入'a'和'b'时，程序运行结果为

```
请输入数组元素的起止下标:a b
Exception in thread "main" java.util.InputMismatchException
     at java.util.Scanner.throwFor(Scanner.java:864)
     at java.util.Scanner.next(Scanner.java:1485)
     at java.util.Scanner.nextInt(Scanner.java:2117)
     at java.util.Scanner.nextInt(Scanner.java:2076)
     at App4_6.main(App4_6.java:8)
```

说明：抛出输入不匹配异常（InputMismatchException），输出异常信息后程序终止运行。

（3）输入6和8时，程序运行结果为

```
请输入数组元素的起止下标:6 8
a[6]/6=1
a[7]/7=1
Exception in thread "main" java.lang.ArrayIndexOutOfBoundsException: 8
at App4_6.main(App4_6.java:11)
```

说明：抛出数组下标越界异常（ArrayIndexOutOfBoundsException），输出异常信息后程序终止运行。

（4）输入0和4时，程序运行结果为

```
请输入数组元素的起止下标:0 4
Exception in thread "main" java.lang.ArithmeticException: / by zero
at App4_6.main(App4_6.java:11)
```

说明：元素下标为0时，抛出被0除的算术异常（ArithmeticException），输出异常信息后程序终止运行。

从以上几种情况的运行结果看，与没有进行异常处理的[例4-2]的结果相同，这是因为本例中的异常都是运行时异常，不进行异常处理也可以运行，运行时如果抛出异常，就执行系统缺省的异常处理程序。本例中进行了异常的声明，主方法不处理这些异常，最后由系统处理，执行的也是缺省的异常处理程序，因此结果相同。

通过在方法首部中添加throws子句，使得调用该方法的其他方法明确了该方法可能产生的异常，进而考虑对这些异常的处理，增强程序的健壮性。声明异常需要注意的是：

（1）异常列表中的异常必须是该方法内部可能抛出的异常；

（2）异常类名之间没有顺序；

（3）运行时异常可以不处理，但检查型异常必须处理，要么捕获、要么声明。

4.4.2 异常处理示例

根据前面的介绍可知，当一个方法可能抛出异常时，可以采用多种方式来处理：

（1）该方法自行捕获异常；

（2）该方法只是声明异常，由其调用方法来捕获异常；

（3）该方法及其调用方法都声明异常，最后由Java虚拟机捕获异常。

下面对同一个程序分别使用这三种方式进行异常处理。

【例4-7】 对如下程序进行异常处理。

```
class ExceptionHandle {
      public int calculate(int a, int b) {
           int result = 0;
           result = a / b;                    // 0做除数,抛出异常
           return result;
      }
}
public class App4_7 {
     public static void main(String[] args) {
          ExceptionHandle expHandle = new ExceptionHandle();
          int result = expHandle.calculate(5, 0);
```

```
            System.out.println(result);
        }
    }
```

语句 `result = a / b;`在执行时，由于 b 的值为 0，会抛出算术运算异常，该异常属于运行时异常，原程序中并没有处理，下面采用三种方式来处理这个异常。

（1）在 calculate()方法中捕获异常。异常是在 calculate()方法中抛出的，可以直接在该方法中使用 try-catch-finally 语句捕获异常。

```
class ExceptionHandle {
    public int calculate(int a, int b) {
        int result = 0;
        try {
            result = a / b;                         // 可能抛出异常的代码
        } catch (ArithmeticException e) {
            // 调用异常对象的 toString()方法获取异常信息并输出
            System.out.println("发生算术异常:" + e.toString());
        }
        return result;
    }
}
public class App4_7_1 {
    public static void main(String[] args) {
        ExceptionHandle expHandle = new ExceptionHandle();
        int result = expHandle.calculate(5, 0);
        System.out.println(result);
    }
}
```

（2）calculate()方法声明异常，主方法调用了 calculate()方法，在主方法中对这个异常进行捕获。将主方法中调用 calculate()方法的语句以及受异常影响的语句放入 try 块中。

```
class ExceptionHandle {
    // 声明异常
    public int calculate(int a, int b) throws ArithmeticException {
        int result = 0;
        result = a / b;
        return result;
    }
}
public class App4_7_2 {
    public static void main(String[] args) {          // 主方法进行异常捕获
        ExceptionHandle expHandle = new ExceptionHandle();
        try {
            int result = expHandle.calculate(5, 0);  // 调用 calculate()方法
            System.out.println(result);              // 受异常影响的语句
        } catch (ArithmeticException e) {
            System.err.println("发生算术异常:" + e.toString());
        }
    }
```

```
}
```

（3）calculate()方法声明异常，主方法继续声明异常。两个方法都声明异常，最后异常对象传给 Java 虚拟机，由系统进行异常处理，终止程序的运行。

```
class ExceptionHandle {
      // 声明异常
      public int calculate(int a, int b) throws ArithmeticException {
           int result = 0;
           result = a / b;
           return result;
      }
}
public class App4_7_3 {
      // 声明异常
      public static void main(String[] args) throws ArithmeticException {
           ExceptionHandle expHandle = new ExceptionHandle();
           int result = expHandle.calculate(5, 0);
           System.out.println(result);
      }
}
```

4.5 Java 异常处理机制

异常处理过程包括异常的抛出和异常的捕获。程序抛出异常时，会生成一个代表该异常的对象，并把它提交给 Java 虚拟机。抛出异常后，Java 虚拟机从生成异常对象的代码开始，沿方法的调用栈逐层回溯来查找与该异常对象相匹配的异常处理代码。如果找到了就把异常对象传给该方法，执行相应的异常处理代码，这就是异常的捕获。如果没有找到相应的异常处理代码，最后 Java 虚拟机将捕获它，输出相应的错误信息，终止程序的运行。

例如，在一个程序中有四个方法，方法 A 调用了方法 B，方法 B 调用了方法 C，方法 C 调用了方法 D，如图 4-4 所示。方法 A 和方法 B 使用 try-catch 语句捕获异常，方法 C 和方法 D 声明了异常。系统在执行 Java 程序时，每执行一个方法，就将该方法的名称置于方法调用堆栈的顶部。所以执行方法 D 时，在堆栈中就有了方法 A、B、C 和 D。在方法执行过程中抛出异常时，系统将沿着堆栈的顶部向下查找第一个与之匹配的方法。假设方法 D 产生了异常，抛出一个异常对象，那么首先在方法 D 中查找与之匹配的 catch 块，如果找到了就执行相应的异常处理代码，如果没找到就到方法 C 中去查找……依次类推。调用的顺序是方法 A→方法 B→方法 C→方法 D，查找异常处理代码（catch 块）的顺序是方法 D→方法 C→方法 B→方法 A，与调用顺序相反。

本例中，方法 D 没有进行异常的捕获，只是声明了异常，因此，系统将异常对象抛给了方法 D 的调用方法——方法 C，方法 C 同样只是声明异常，系统继续将异常对象抛给方法 C 的调用方法——方法 B，方法 B 中包含与异常相匹配的 catch 块，捕获了这个异常，异常处理至此结束。方法 A 中也有匹配的 catch 块，但不会被执行，因为抛出的异常已经被方法 B 捕获了。

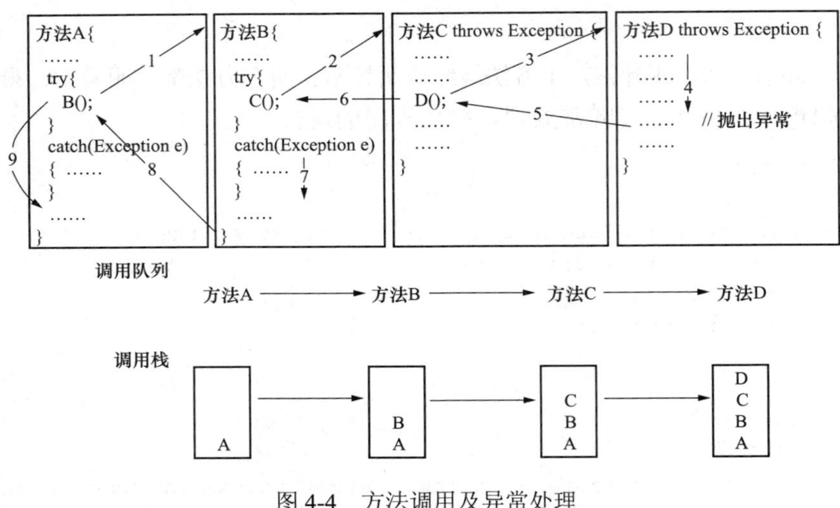

图 4-4　方法调用及异常处理

需要注意的是，一个方法被覆盖时，覆盖它的方法只能抛出相同的异常或该异常的子类，即不能抛出新的异常。

4.6　人为抛出异常

前面讲的例子，都是在程序运行过程中，出现意外情况无法正常执行，由系统抛出异常对象，然后进行异常捕获。但在有些情况下，虽然程序还可以执行，但已经不满足应用问题的要求了，这时也应该看作有异常发生。例如，下面的代码：

```
int age;
Scanner sc = new Scanner(System.in);
try {
      age = sc.nextInt();
      System.out.println("年龄是" + age + "岁");
} catch (InputMismatchException e) {
      System.out.println("输入的数据类型不匹配");
}
```

代码中要求输入一个整数赋给变量 age，只要输入的是整数，程序就能正常运行。当输入负整数时，虽然系统不会抛出异常，但已经不满足应用问题的要求了，此时可以人为抛出异常。人为抛出异常的格式为

```
throw 异常对象;
```

例如：创建一个算术异常对象并抛出。

```
throw new ArithmeticException();
```

或者，

```
ArithmeticException e = new ArithmeticException();
throw e;
```

第一种形式更简洁，更常用。

【**例 4-8**】修改输入年龄的代码，当输入的整数不在正常范围(0～150)内时人为抛出异常。

```
import java.util.*;
public class App4_8 {
     public static void main(String[] args) {
          int age;
          Scanner sc = new Scanner(System.in);
          try {
               age = sc.nextInt();
               if (age < 0||age > 150)
                    throw new Exception();          // 人为抛出异常对象
               System.out.println("年龄是" + age + "岁");
          } catch (InputMismatchException e) {
               System.out.println("输入的数据类型不匹配");
          } catch (Exception e) {                   // 可捕获人为抛出的异常对象
               System.out.println("输入的数据应该在 0～150 之间");
          }
          System.out.println("程序结束");
     }
}
```

程序运行时，首先要输入年龄，输入的数据不同，运行结果也不同，下面分别介绍：

（1）输入 20 时，程序运行结果为

```
20
年龄是 20 岁
程序结束
```

说明：输入数据符合要求，程序正常结束。

（2）输入–20 时，程序运行结果为

```
-20
输入的数据应该在 0～150 之间
程序结束
```

说明：输入数据类型正确，但不符合范围要求，人为抛出异常。

（3）输入'a'时，程序运行结果为

```
a
输入的数据类型不匹配
程序结束
```

说明：输入数据类型不匹配，抛出 InputMismatchException 异常。

由上面的例子可知，在程序中即可以由系统抛出异常对象，也可以人为创建并抛出异常对象。抛出的异常必须是 Throwable 或其子类的实例，最好是 Exception 类或其子类的实例。

4.7 自 定 义 异 常 类

系统定义的异常类主要用来表示系统可以预见的比较常见的运行问题。应用程序所特有的运行问题需要编程人员根据程序的特殊逻辑，自己定义异常类，并适时抛出该异常类的对象。用户自定义异常类可以继承 Throwable 或 Exception 类，也可以根据需要继承 Exception

类的子类。一般将自定义异常类的类名命名为 XXXException（XXX 描述异常类的含义）。自定义异常类的一般形式为

```
class MyException extends Exception{
    ……
}
```

在自定义异常类中，根据需要定义属性和方法，或者重载父类的属性和方法，使其能够体现相应的异常信息。

在［例 4-8］中，人为抛出一个异常，异常的类型是 Exception，不够具体，可以定义一个新的异常类来表示这种情况。异常类的定义为

```
class OutOfRangeException extends Exception {
     OutOfRangeException() {
          super("数值不在正常范围内");          // 调用父类 Exception 类的构造方法
     }
}
```

由于自定义异常类是编程人员自己定义的异常类，因此系统不会检测并抛出自定义异常类的对象，需要在适当的时候使用 throw 语句来人为抛出。处理这种异常时，可以采用 try-catch-finally 语句来捕获异常，也可以使用 throws 来声明异常。

【例 4-9】 自定义异常类示例。对［例 4-8］中的程序进行修改，当输入的整数不在正常范围内时，抛出 OutOfRangeException 异常。

```
import java.util.*;
public class App4_9 {
     public static void main(String[] args) {
          int age;
          Scanner sc = new Scanner(System.in);
          try {
               age = sc.nextInt();
               if ( age < 0 || age > 150 )
                    throw new OutOfRangeException(); // 人为抛出异常
               System.out.println("年龄是" + age + "岁");
          } catch ( InputMismatchException e ) {
               System.out.println("输入的数据类型不匹配");
          } catch (OutOfRangeException e) { // 捕获 OutOfRangeException 异常
               System.out.println(e.getMessage());
          } catch (Exception e) {
               System.out.println(e.getMessage());
          }
          System.out.println("程序结束");
     }
}
```

程序运行时，首先要输入年龄，输入的数据不同，运行结果也不同，下面只给出一种情况：

```
-20
数值不在正常范围内
程序结束
```

其他情况下的运行结果可参考［例 4-8］。

说明：程序中对自定义异常进行了检查并抛出自定义异常对象，catch 块既有对系统定义的异常的捕获，也有对自定义异常的捕获。getMessage()方法是 Exception 类的方法，它的作用是返回当前异常对象的信息。

【例 4-10】 自定义异常类示例。定义银行账户类，包含存钱、取钱等方法，若取款额大于余额则抛出异常（InsufficientFundsException），取款失败时要输出账户余额及取款额。

分析：程序包含三个类：账户类、自定义异常类（余额不足）和主类。账户类只有一个成员变量账户余额，成员方法有存钱、取钱和获取余额。在取钱方法中如果余额不足需要人为抛出异常，本方法或者处理，或者声明，这里选择声明异常。在自定义异常类中要获取账户类的信息，需要接收账户对象以及取款额，因此要定义两个成员变量。主类中调用账户类的存钱、取钱等方法，调用取钱方法时需要检查并捕获异常。

```
class InsufficientFundsException extends Exception {   // 自定义异常类
      private Account account;                          // 账号
      private double dAmount;                           // 取款金额
      InsufficientFundsException() {                    // 参数为空的构造方法
      }
      // 带参数的构造方法
      InsufficientFundsException(Account account, double dAmount) {
         this.account = account;
         this.dAmount = dAmount;
      }
      public String getMessage() {                      // 覆盖父类的方法
         String str="账户余额:"+account.getbalance()+",取款额:"+dAmount+",余额不足";
         return str;
      }
}
class Account {                                         // 账户类
      double balance;                                   // 账户余额
      public void deposite(double dAmount) {            // 存钱
         if (dAmount > 0.0)
               balance += dAmount;
      }
      // 取钱
      public void withdrawal(double dAmount) throws InsufficientFundsException {
         if (balance < dAmount) {
               // 人为抛出异常
               throw new InsufficientFundsException(this, dAmount);
         }
         balance = balance - dAmount;
         System.out.println("取款成功! 账户余额为" + balance);
      }
      public double getbalance() {                      // 获取账户余额
         return balance;
      }
}
public class App4_10{
      public static void main(String args[]) {
         try {
               Account account = new Account();         // 创建账户对象
```

```
                account.deposite(1000);                 // 存钱
                account.withdrawal(2000);               // 取钱
            } catch (InsufficientFundsException e) {
                System.out.println(e.getMessage());     // 输出异常信息
            }
        }
}
```

程序运行结果为：

```
账户余额:1000.0,取款额:2000.0,余额不足
```

本章小结

异常处理机制是保证Java程序稳定运行的重要手段，本章介绍了异常处理的基本原理和方法。异常分为运行时异常和检查型异常两类。运行时异常可以不用处理，系统已经提供了默认的处理程序，检查型异常必须要处理，否则无法通过编译。异常处理的过程包括异常的抛出和异常的捕获。异常的抛出可以是系统抛出，也可以根据需要人为地抛出异常（throw）。如果一个方法抛出异常对象，可以自己捕获（try-catch-finally），也可以声明异常（throws）。调用方法可以捕获被调用方法声明的异常，也可以继续声明该异常。Java 的异常处理机制使得异常事件可以沿调用堆栈自动向上传播，只要找到符合该异常种类的异常处理代码，就交给这部分程序去处理。如果 Java 提供的异常类不能满足要求时，可以按照需要自定义异常类，自定义异常类一般要继承 Exception 类或其子类。

通过本章的学习，读者能够掌握异常处理的基本方法，针对特定应用编写异常处理代码，提高程序的健壮性。

习　题

一、简答题

1．简述异常的“积极”处理方式和“消极”处理方式。

2．简述 try-catch-finally 语句的执行流程。

3．异常的多重捕获适合在什么情况下使用？

二、编程题

1．输入一个整数表示星期几，输出对应的英文单词。当输入的数据类型不匹配时（如输入的是字符串）会抛出异常，要求捕获该异常，显示提示信息“输入的数据类型不匹配”。

2．定义二维数组存储 m 名学生 n 门功课的成绩，m 和 n 的值及成绩都从键盘输入，然后计算每个同学的平均成绩。要求捕获以下几种异常：

（1）类型不匹配异常，如输入的是字符串等。

（2）输入的成绩不在正常范围内，如成绩>100 或成绩<0。

（3）计算平均成绩时，要考虑被 0 除的异常。

3．fact()方法的功能是求 n!，阶乘值是 byte 类型。当 n!的值超出 byte 数据类型的范围时，抛出异常。在主方法中输入 n 的值，调用 fact()方法求 n!的值。要求分别用以下三种方式进行

异常处理：

（1）fact()方法捕获异常。

（2）fact()方法声明异常，主方法捕获异常。

（3）fact()方法和主方法都声明异常。

4．自定义异常类 TriangleException 表示三条边无法构成三角形的异常。在主方法中，输入三个整数，如果能构成三角形则求其周长和面积；如果无法构成三角形则抛出 TriangleException 异常，要求捕获这个异常，输出信息“输入的三条边不能构成三角形”。

第 5 章　基于 Swing 的图形用户界面设计

图形用户界面（Graphics User Interface，GUI）是用户与应用程序之间进行交互的图形化操作界面，具有直观、便捷、易用的优点，是应用程序不可缺少的组成部分。本章主要介绍 Java 图形用户界面设计的基本原理、常用的组件、布局管理器和事件处理机制等。

5.1　Java 图形用户界面基础

5.1.1　图形用户界面的组成

Java 图形用户界面由组件（Component）构成，包括窗体、对话框、菜单、按钮、文本框、单选按钮等，如图 5-1 所示。有些组件中还可以放入其他组件，如窗体和对话框等，这类组件称为容器类组件，简称容器（Container）。容器分为顶层容器和中间层容器两种。顶层容器不能被包含在其他容器中，最常用的顶层容器是框架（JFrame），Java 图形用户界面必须包含至少一个顶层容器。中间层容器可以容纳其他组件，但不能独立存在，需要将其添加到其他容器中，最常用的中间层容器是面板（JPanel）。在 Java 中，创建图形用户界面可以通过 AWT 和 Swing 等技术来实现。

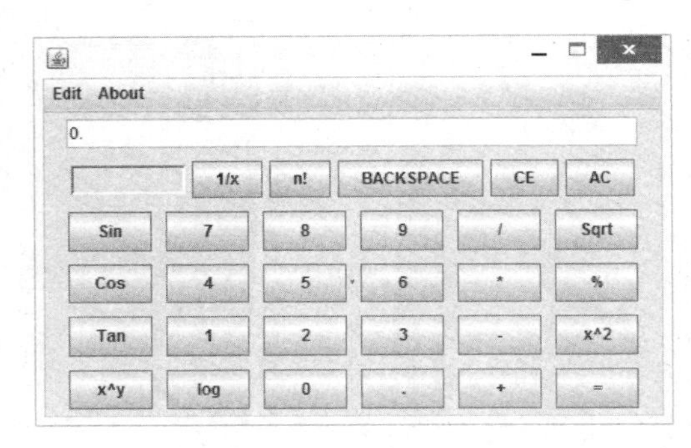

图 5-1　图形用户界面示例

5.1.2　AWT 概述

AWT（Abstract Window ToolKit，抽象窗口工具包）是 Java 早期创建图形用户界面的基本工具。AWT 包含组件、容器、布局管理器、图形（Graphics）、字体（Font）、事件处理等，以 java.awt 包的形式提供，其层次结构如图 5-2 所示。

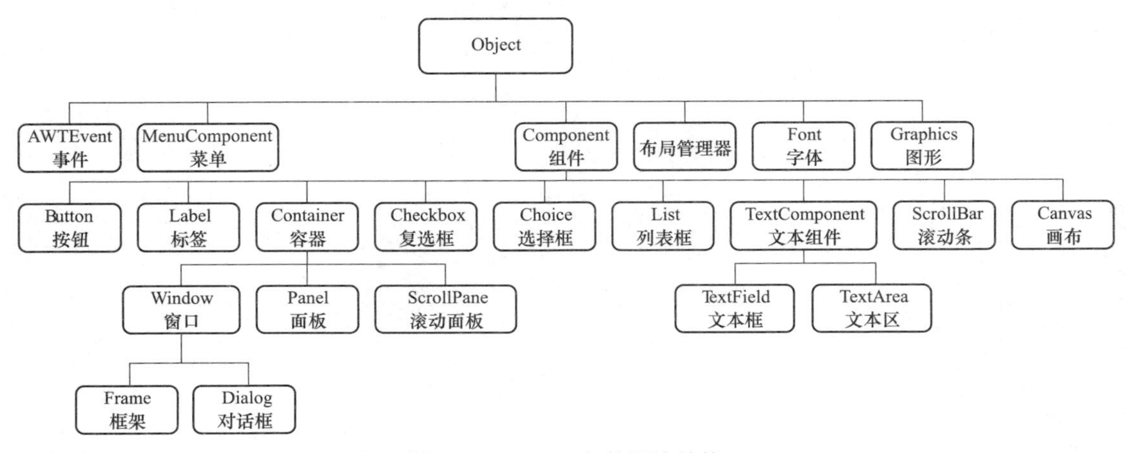

图 5-2　java.awt 包的层次结构

AWT 提供了一系列的图形界面组件，例如窗口、面板、按钮、标签、文本框、选择框等。这些组件都是通过调用本地 GUI 对象来实现的。例如，同样是按钮，在 Windows 操作系统中由 Windows 按钮对象来实现，在 Unix 操作系统中由 Unix 按钮对象来实现，因此使用 AWT 创建的 GUI 在不同平台下的外观或行为可能不一致。布局管理器负责各个组件在容器中如何摆放的问题，AWT 提供了多种布局管理器可供选用。事件处理主要负责对发生在组件上的操作做出响应。

由于 AWT 与具体的运行平台密切相关，与 Java 语言的“平台无关性”相悖，因此，目前 AWT 组件已经较少使用。

5.1.3 Swing 概述

Swing 对 AWT 进行了改进和扩充，提供了比 AWT 更为丰富的组件，而且这些组件都是用纯粹的 Java 代码实现的，没有调用本地的 GUI 对象，因此采用 Swing 创建的图形用户界面在所有平台上外观都一致。Swing 具有以下特点：

（1）Swing 组件都是 AWT 中 Component 类的直接或间接子类。AWT 中的所有组件在 Swing 中都有组件与之对应，在此基础上 Swing 还进行了大幅度的扩充，提供了更丰富、更便于使用的组件。Swing组件的层次结构如图5-3所示，其中不带阴影的组件是Swing组件。Swing 组件除了 AbstractButton 类之外都以字母 J 开头。

（2）Swing 采用了改进的 MVC 模式，将组件与相应的数据模型分离，数据模型一般用来存储组件的状态或数据。这种分离使程序员能够灵活地定义组件数据的存储和使用方式，方便组件之间的数据和状态的共享。尽管 Swing 组件采用了复杂的设计思想，但却非常容易使用。

（3）可设置的组件外观（Look and Feel，L&F）：Swing 组件在一个平台上可以有多种不同的外观风格，例如在 Windows 系统中运行时既可以呈现 Java 本身的风格，也可以是 Windows 风格或 Unix 系统的 Motif 风格等，可根据用户习惯设定。

Swing 由许多包组成，比较常用的包有：

（1）javax.swing：几乎包含了所有的 Swing 组件；

（2）javax.swing.event：包含 Swing 组件新增加的事件类、适配器类和监听器接口；

（3）javax.swing.table：包含表格组件 JTable 的相关类和接口；

（4）javax.swing.tree：包含树组件 JTree 的相关类和接口；

（5）javax.swing.border：包含设置组件边框的类和接口。

Swing 已经成为 Java 最常用的 GUI 技术，不过 Swing 是建立在 AWT 基础上的，仍然使用 AWT 的事件处理机制以及布局管理器等。

5.1.4 创建图形用户界面的步骤

Java 图形用户界面程序的开发主要包括创建若干组件对象，通过布局管理器将其组装在一起，并为其进行事件处理，具体步骤为

（1）选择 GUI 的外观风格：在创建组件之前，首先设置 GUI 的外观风格。

（2）创建顶层容器：一般使用 JFrame 作为顶层容器。

（3）创建组件：根据需要创建各个组件，并进行相应的设置。

（4）设置布局管理器：根据组件的布局需要为容器设置相应的布局管理器，包括顶层容器和中间层容器。

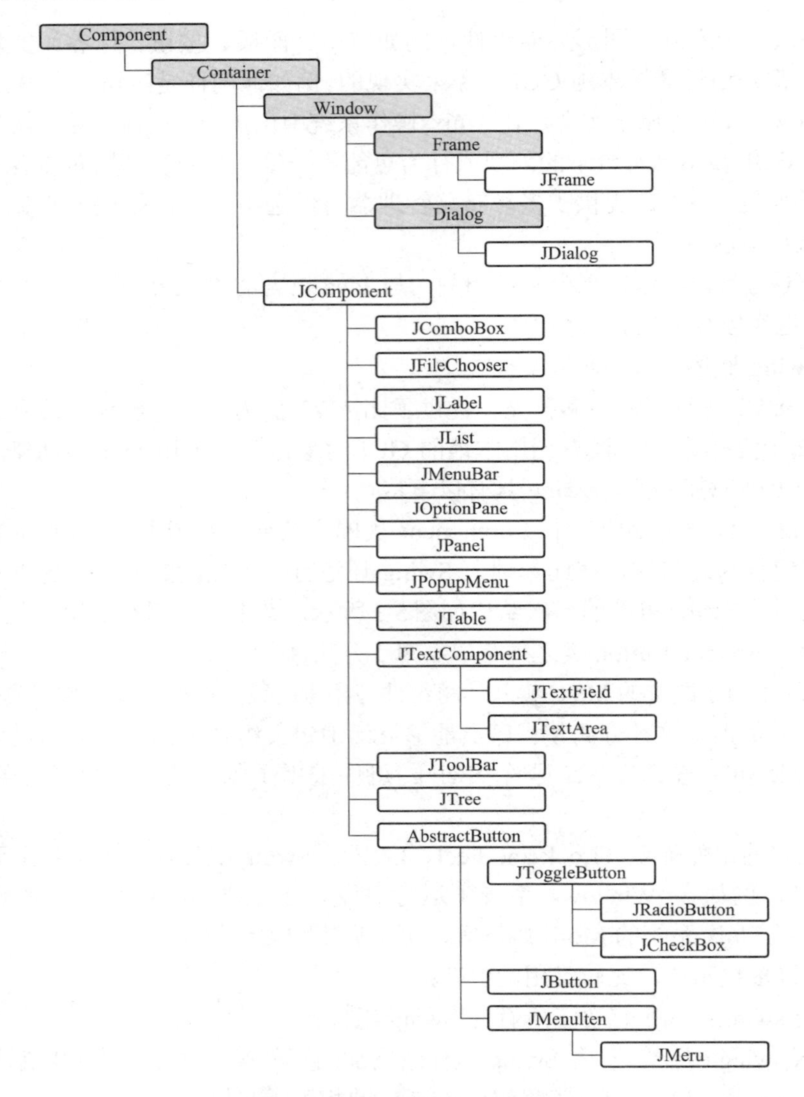

图 5-3 Swing 组件的层次结构

（5）组装组件：将所有的组件拼装起来，构成一个统一的图形用户界面。简单的界面只需将组件添加到顶层容器中，复杂的界面往往需要将组件添加到中间层容器，再将中间层容器添加到顶层容器中。

（6）事件处理：以上的步骤创建了一个静态的用户界面，如果要响应用户的请求，就需要进行事件处理。根据实际需要，确定要处理哪些组件的哪些事件，编写事件处理代码。

5.2 常用的组件与容器

Swing 的组件众多，其中，顶层容器有 JFrame 和 JDialog 等，中间层容器有 JPanel 和 JScrollPane 等。向容器中添加新的组件调用容器的 add()方法，移除已有的组件调用容器的 remove()方法。常用的组件有 JButton、JLabel、JTextField、JRadioButton 和 JCheckBox 等，这些组件一部分在本节介绍，一部分将在后面节中介绍。组件的成员方法有些是继承而来，但为了阅读方便，这些方法仍然会在组件中介绍。

5.2.1　框架 JFrame

框架（JFrame）是最常用的组件之一，它属于顶层容器，用于在 Swing 程序中创建顶层窗口，允许将标签、按钮、文本框等组件添加其中。

框架具有非常复杂的结构，包含若干个层次，如图 5-4 所示。

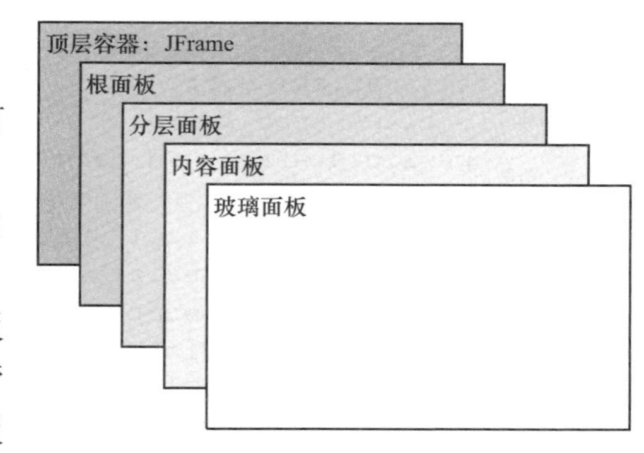

图 5-4　JFrame 层次结构示意图

（1）顶层容器（JFrame）：是一个窗口容器，可加入其他窗口对象。

（2）根面板（RootPane）：位于 JFrame 的最内层，供 JFrame 在后台使用。

（3）分层面板（Layered Pane）：加入分层面板的组件可以设置其图层层次，分层面板主要用于管理菜单栏和内容面板，如果没有菜单栏，内容面板会充满整个顶层容器。

（4）内容面板（Content Pane）：内容面板是 Container 类的对象，默认布局管理器是 BorderLayout，一般情况下组件都添加到内容面板中。

（5）玻璃面板（Glass Pane）：位于 JFrame 的最上层，完全透明，默认是隐藏的。

根面板、分层面板和玻璃面板一般不直接使用。

JFrame 类常用的构造方法和成员方法如表 5-1 所示。

表 5-1　**JFrame 类常用的构造方法和成员方法**

方法原型	说明
public JFrame()	构造方法，创建一个初始不可见的、无标题的框架
public JFrame(String title)	构造方法，创建一个初始不可见的、具有指定标题的框架
public Container getContentPane()	返回框架的内容面板 contentPane 对象
public void setContentPane(Container contentPane)	设置框架的内容面板
public void setSize(int width，int height)	设置组件的大小，宽度为 width，高度为 height，单位是像素
public void setVisible(boolean b)	设置框架是否可见，参数 b 为 true 可见，为 false 则隐藏
public void setResizable(boolean resizable)	设置框架是否可由用户调整大小
public void setLayout(LayoutManager manager)	设置框架的布局管理器
public void add(Component comp, Object constraints)	将指定的组件添加到容器中
public void remove(Component comp)	从容器中移除指定组件
public void setDefaultCloseOperation(int operation)	设置关闭框架时的操作，为 JFrame.EXIT_ON_CLOSE 时退出应用程序
public void setLocationRelativeTo(Component c)	参数 c 为 null 时，框架置于屏幕的中央

使用框架 JFrame 时，应该注意以下几点：

（1）默认情况下，框架的宽和高都是 0，需要调用 setSize()方法设置框架的大小。

（2）默认情况下，框架是不可见的，需要调用 setVisible()方法将其设为可见。

（3）默认情况下，当用户关闭一个框架时，该框架会隐藏起来，但程序不会终止，如果要终止程序，可调用 setDefaultCloseOperation()方法。

【例 5-1】 创建框架，显示时位于屏幕中央，宽 300，高 200，不允许改变大小，关闭框架时程序结束。

```
import javax.swing.*;
public class App5_1 {
    public static void main(String[] args) throws Exception {
        JFrame frame = new JFrame("第一个 Java 窗口");  // 创建框架
        frame.setSize(300, 200);                        // 设置框架大小
        frame.setResizable(false);                      // 设置不能改变框架大小
        frame.setLocationRelativeTo(null);              // 框架居中
        frame.setVisible(true);                         // 设置框架可见性
        // 关闭框架时程序结束
        frame.setDefaultCloseOperation(JFrame.EXIT_ON_CLOSE);
    }
}
```

图 5-5　JFrame 示例

程序运行结果如图 5-5 所示。

向 JFrame 添加组件时，实际上是将组件添加到其内容面板中，所以首先要调用 getContentPane()方法获得 JFrame 的内容面板，再调用 add()方法添加组件，格式为

```
frame.getContentPane().add(childComponent);
```

组件较多时，可将获取的内容面板赋给一个 Container 对象，再添加组件：

```
Container contentPane = frame.getContentPane();
contentPane.add(childComponent1);
……
```

在 JDK5.0 之后的版本中，为了方便使用，可以直接对 JFrame 添加组件，实际上也是添加到其内容面板中，格式为

```
frame.add(childComponent);
```

5.2.2　面板 JPanel

面板（JPanel）是中间层容器，可以容纳其他组件，但不能独立存在，必须将其添加到框架或其他容器中。JPanel 类常用的构造方法和成员方法如表 5-2 所示。

表 5-2　JPanel 类常用的构造方法和成员方法

方法原型	说明
public JPanel()	构造方法，创建具有流式布局管理器的面板
public JPanel(LayoutManager layout)	构造方法，创建具有指定布局管理器的面板
public void setSize(int width, int height)	设置组件的大小，使其宽度为 width，高度为 height，单位是像素
public void setBorder(Border border)	设置组件的边框

续表

方 法 原 型	说　　明
public void setBackground(Color bg)	设置组件的背景色
public void setForeground(Color fg)	设置组件的前景色

【例 5-2】 创建一个 JPanel 面板，背景色设为蓝色，将其添加到 JFrame 框架中。

```
import java.awt.Color;
import javax.swing.*;
public class App5_2 {
      public static void main(String[] args) throws Exception {
           JFrame frame = new JFrame("JPanel 示例");
           frame.setSize(300, 200);
           frame.setLayout(null);           // 将 frame 的布局管理器设为 null
           JPanel panel=new JPanel();       // 创建面板
           panel.setSize(150,100);          // 设置面板的宽和高
           panel.setBackground(Color.blue);// 设置面板的背景色
           frame.add(panel);                // 将面板添加到 frame 中
           frame.setVisible(true);
           frame.setDefaultCloseOperation(JFrame.EXIT_ON_CLOSE);
      }
}
```

程序运行结果如图 5-6 所示。

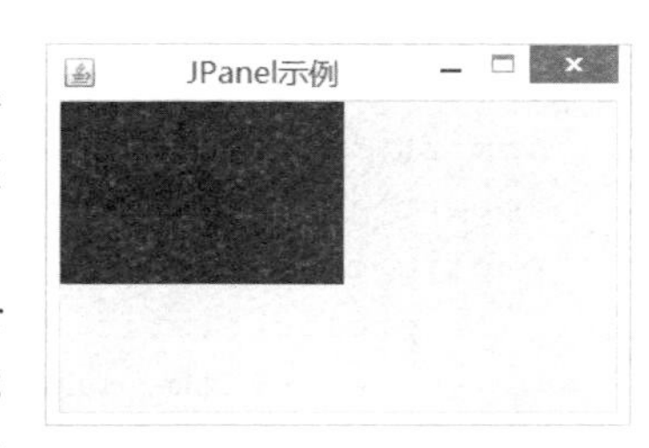

图 5-6　JPanel 示例

说明：语句 frame.setLayout(null); 将 frame 的布局管理器设为 null，这时可自行设置 frame 中组件的位置和大小。创建面板对象 panel，调用 setSize()方法设置 panel 的宽和高，为了更容易看到面板，将 panel 的背景色设为蓝色，蓝色用 Color 类的静态变量 Color.blue 来表示，关于 Color 类的介绍见 5.4.8 节。通过语句 `frame.add(panel);`将面板添加到 frame 中。设置 frame 可见性的语句 `frame.setVisible(true);`最好放在添加组件语句的后面，这样在运行程序时，可以从一开始就看到所有组件，否则只能看到语句 `frame.setVisible(true);`之前添加的组件，当然改变框架的大小或者最小化框架再还原就可以看到所有组件了。

5.2.3　按钮 JButton

按钮（JButton）是最常用的组件之一，按钮上面可以显示文本或图标，JButton 类常用的构造方法如表 5-3 所示。

表 5-3　**JButton 类常用的构造方法**

方 法 原 型	说　　明
public JButton()	创建不带有文本或图标的按钮
public JButton(String text)	创建一个带文本的按钮
public JButton(Icon icon)	创建一个带图标的按钮
public JButton(String text, Icon icon)	创建一个带文本和图标的按钮

（1）创建文本按钮。

```
JButton button = new JButton("确定");
```

（2）创建图标按钮。创建带图标的按钮，需要用到 ImageIcon 类，该类的一个构造方法的原型为

```
public ImageIcon(String filename)
```

构造方法的参数为图像文件名，表示根据指定的文件创建一个 ImageIcon 对象。然后一般还要按照要求设置图标对象的大小。最后以图标对象为参数创建按钮对象。

```
ImageIcon imageIcon = new ImageIcon("pict.jpg");   // 创建 imageIcon 对象
imageIcon.setImage(imageIcon.getImage().getScaledInstance(
                                  40,20,Image.SCALE_DEFAULT));
JButton button = new JButton(imageIcon);             // 创建图标按钮
```

（3）创建带文本和图标的按钮。

```
JButton button = new JButton("确定",imageIcon);      // 创建带文本和图标的按钮
```

【例 5-3】 创建两个按钮，分别显示“确定”和“取消”，并添加到框架中。

分析：程序中需要创建一个框架和两个按钮，并将两个按钮添加到框架中去，为了使按钮在框架中显示的效果更好，需要设置框架的布局管理器为流式布局管理器。这样设置之后，将按照添加的顺序来显示按钮，同时按钮的外观是最合适的。关于布局管理器的使用下一节将详细介绍。

```
import java.awt.FlowLayout;
import javax.swing.*;
public class App5_3 {
     public static void main(String[] args) throws Exception {
          JFrame frame = new JFrame("JButton 示例");
          frame.setSize(300, 200);
          JButton buttonOK, buttonCancel;              // 声明两个按钮对象
          // 将 frame 的布局管理器设为流式布局管理器
          frame.getContentPane().setLayout(new FlowLayout());
          buttonOK = new JButton("确定");              // 创建按钮
          buttonCancel = new JButton("取消");
          frame.add(buttonOK);                         // 将按钮添加到 frame 中
          frame.add(buttonCancel);
          frame.setVisible(true);
          frame.setDefaultCloseOperation(JFrame.EXIT_ON_CLOSE);
     }
}
```

程序运行结果如图 5-7 所示。

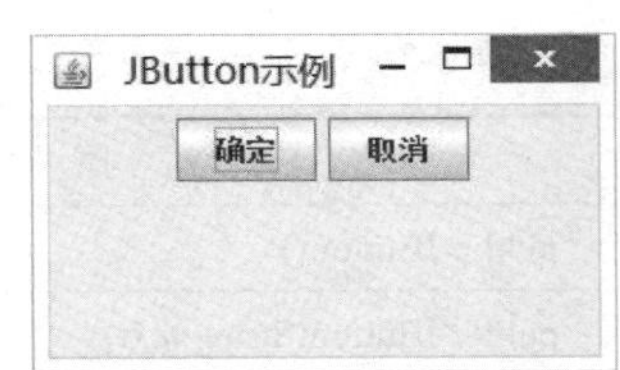

图 5-7　JButton 示例

5.2.4　标签 JLabel

标签（JLabel）一般用来显示文本或图像，JLabel 类常用的构造方法和成员方法如表 5-4 所示。

表 5-4　JLabel 类常用的构造方法和成员方法

方 法 原 型	说 明
public JLabel()	构造方法，创建空的标签
public JLabel(String text)	构造方法，创建标签，显示指定文本
public JLabel(Icon image)	构造方法，创建标签，显示指定图像
public JLabel(String text, Icon icon, int horizontalAlignment)	构造方法，创建具有指定文本、图像和水平对齐方式的标签
public void setText(String text)	设置标签要显示的文本
public void setIcon(Icon icon)	设置标签要显示的图标

例如，创建文本标签：

```
JLabel label = new JLabel("确实要删除吗?");
```

创建显示图片的标签时，首先以图像文件名为参数创建 ImageIcon 对象，然后以该对象为参数创建标签。

```
ImageIcon imageIcon = new ImageIcon("pict.jpg");   // 创建 imageIcon 对象
JLabel label = new JLabel(imageIcon);               // 创建显示图片的标签
```

5.2.5　文本框 JTextField

文本框（JTextField）是一个单行条形文本区，一般用来接收输入数据，也可以显示结果。JTextField 类常用的构造方法和成员方法如表 5-5 所示。

表 5-5　JTextField 类常用的构造方法和成员方法

方 法 原 型	说 明
public JTextField()	构造方法，创建一个空的文本框
public JTextField(int columns)	构造方法，创建一个具有指定列数的文本框
public JTextField(String text)	构造方法，创建一个具有初始文本的文本框
public void setText(String s)	设置文本框中的文本
public String getText()	返回文本框中的文本
public void setEditable(boolean b)	设置文本框的可编辑性，默认是可编辑的
public void setHorizontalAlignment(int alignment)	设置文本的水平对齐方式，参数取值有 JTextField.LEFT、JTextField.CENTER、JTextField.RIGHT、JTextField.LEADING、JTextField.TRAILING

创建文本框示例如下：

```
JTextField textField1 = new JTextField();            // 创建初始为空的文本框
JTextField textField2 = new JTextField(20);          // 创建列数为 20 的文本框
JTextField textField3 = new JTextField("请输入姓名");// 创建文本框,显示初始文本
```

5.2.6　密码框 JPasswordField

密码框（JPasswordField）一般用于输入密码，它不会显示输入数据本身，用回显符代替。JPasswordField 类是 JTextField 类的子类，其常用的构造方法和成员方法如表 5-6 所示。

表 5-6 **JPasswordField 类常用的构造方法和成员方法**

方 法 原 型	说 明
public JPasswordField()	构造方法，创建一个空的密码框
public JPasswordField(int columns)	构造方法，创建一个具有指定列数的密码框
public JPasswordField(String text)	构造方法，创建一个具有初始文本的密码框
public char getEchoChar()	返回密码框的回显字符
public void setEchoChar(char c)	设置密码框的回显字符，默认是“.”
public char[] getPassword()	返回密码框中所包含的文本

注意，获取用户输入的数据（通常是密码）使用 getPassword()方法，其返回值是字符数组，若要将字符数组转换为字符串，使用 String 类的构造方法：

```
new String(password.getPassword());
```

【例 5-4】 创建用户登录窗口。

分析：界面上包含 7 个组件：一个框架、两个标签、一个文本框、一个密码框和两个按钮。前面的例题非常简单，直接在主方法中创建组件。对于比较复杂的界面最好定义界面类，各个组件作为界面类的成员变量，然后在构造方法中创建这些组件并组装成统一的界面。

```
import javax.swing.*;
import java.awt.*;
class LoginGUI {
      // 声明各个组件
      JFrame frame;
      JLabel labelUserName, labelPassword;
      JTextField textFieldUserName;
      JPasswordField passwordField;
      JButton buttonLogin, buttonReset;
      LoginGUI(String title) {                 // 创建各个组件,然后组装成统一的界面
          frame = new JFrame(title);           // 创建框架
          // 设置框架的布局管理器
          frame.getContentPane().setLayout(new FlowLayout());
          frame.setSize(200, 150);
          labelUserName = new JLabel("用户名");       // 创建其他组件
          labelPassword = new JLabel("密  码");
          textFieldUserName = new JTextField(10);
          passwordField = new JPasswordField(10);
          buttonLogin = new JButton("登录");
          buttonReset = new JButton("重置");
          frame.add(labelUserName);                   // 将组件添加到框架中
          frame.add(textFieldUserName);
          frame.add(labelPassword);
          frame.add(passwordField);
          frame.add(buttonLogin);
          frame.add(buttonReset);
          frame.setVisible(true);                     // 设置框架的可见性
          frame.setDefaultCloseOperation(JFrame.EXIT_ON_CLOSE);
      }
```

```
    }
public class App5_4 {
    public static void main(String[] args) {
        new LoginGUI("登录");
    }
}
```

图 5-8　登录窗口

程序运行结果如图 5-8 所示。

说明：在本程序中，框架 frame 同其他组件一样，也是 LoginGUI 类的一个成员变量。还有一种定义界面类的方式，将 LoginGUI 类定义为 JFrame 的子类，代码框架为

```
class LoginGUI extends JFrame {         // 继承 JFrame 类
    JFrame frame;                       // 不必再声明框架对象
    JLabel labelUserName, labelPassword;
    ……
    LoginGUI(String title) {
        super(title);                   // 调用父类 JFrame 的构造方法来创建框架对象
        // 继承了父类 JFrame 的成员方法,下面将直接调用这些方法
        getContentPane().setLayout(new FlowLayout());
        setSize(200, 150);
        ……
        add(labelUserName);
        ……
        setVisible(true);
        setDefaultCloseOperation(JFrame.EXIT_ON_CLOSE);
    }
}
```

在这种方式中，界面类 LoginGUI 是 JFrame 类的子类，因此在 LoginGUI 类内部不必再声明和创建 JFrame 对象。在构造方法中，可以直接调用 JFrame 类的方法进行框架的创建和设置。其他组件的声明和创建不变。由于 Java 的单继承特点，这种方式会有所局限，建议使用前一种方式。

5.2.7　文本区 JTextArea

文本区（JTextArea）也称为多行文本框，可以输入或输出多行文本。JTextArea 类常用的构造方法和成员方法如表 5-7 所示。

表 5-7　JTextArea 类常用的构造方法和成员方法

方　法　原　型	说　　明
public JTextArea()	构造方法，创建一个空的文本区
public JTextArea(int rows, int columns)	构造方法，创建具有指定行数和列数的文本区
public JTextArea(String text)	构造方法，创建文本区，显示指定文本
public void append(String str)	将文本 str 追加到文本区的末尾
public void insert(String str, int pos)	将文本 str 插入到文本区的指定位置
public void setText(String s)	设置文本区中的文本
public String getText()	返回文本区中的文本

续表

方 法 原 型	说 明
public void setLineWrap(boolean wrap)	设置文本区的换行策略，wrap 为 true 时自动换行，为 false 时不会自动换行，默认为 false。
public void setRows(int rows)	设置文本区可显示的行数
public void setColumns(int columns)	设置文本区可显示的列数

（1）设置文本区的换行方式。

```
textArea.setLineWrap(true); // 设置成自动换行,当文本超出文本区的宽度时会自动换行
textArea.setLineWrap(false);// 设置成手动换行,当文本超出文本区的宽度时也不会换行
```

一般设置为自动换行方式。

（2）当输入的文本超出文本区的显示范围时，文本区会自动增加行数或列数，整个界面也会随之变化。如果不希望这样，可将文本区放入滚动面板，并设置要显示的行数。

以上两点一般同时使用，具体代码为

```
JTextArea textArea = new JTextArea(5, 15);                // 创建文本区
textArea.setLineWrap(true);                               // 设置成自动换行方式
JScrollPane scrollPane = new JScrollPane(textArea); // 将文本区放入滚动面板
frame.add(scrollPane);                                    // 将滚动面板添加到框架中
```

这样设置之后，当文本区中的内容超出范围时，会自动出现滚动条，如图 5-9 所示。注意，一定是将滚动面板 scrollPane 添加到容器中，如果将文本区直接添加到容器中（`frame.add(textArea);`），那么即使输入的内容超出范围，也不会出现滚动条。

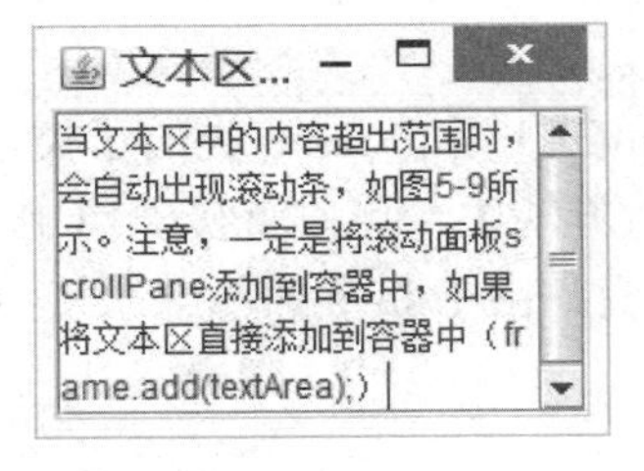

图 5-9 JTextArea 示例

5.3 布局管理器

5.3.1 布局管理器概述

所谓布局，就是各组件在容器中的大小及摆放的位置。为了实现跨平台的特性并获得动态的布局效果，Java 将组件的布局问题交给布局管理器对象来管理。布局管理器负责确定每个组件的大小及位置，当容器发生变化时能够进行动态调整。常用的布局管理器有：

（1）FlowLayout（流式布局管理器）：JPanel 的缺省布局管理器。

（2）BorderLayout（边界布局管理器）：JFrame 和 JDialog 的缺省布局管理器。

（3）GridLayout（网格布局管理器）。

（4）GridBagLayout（网格组布局管理器）。

（5）CardLayout（卡片布局管理器）。

（6）BoxLayout（箱式布局管理器）。

（7）SpringLayout（弹簧布局管理器）。

每个容器都有缺省的布局管理器。如果需要，可以调用容器的 setLayout()方法设置新的布局管理器。

下面分别讲述 FlowLayout、BorderLayout、GridLayout 和 CardLayout 布局管理器的使用，这四个布局管理器类都在 java.awt 包中。

5.3.2 流式布局管理器 FlowLayout

流式布局管理器（FlowLayout）的布局策略是，自动使用组件的最佳尺寸来显示组件，按照组件加入容器的先后顺序从左到右排列，一行排满之后自动转入下一行继续排列。每行组件默认居中对齐，组件之间的水平间距和垂直间距默认是 5 个像素，如图 5-10 所示。

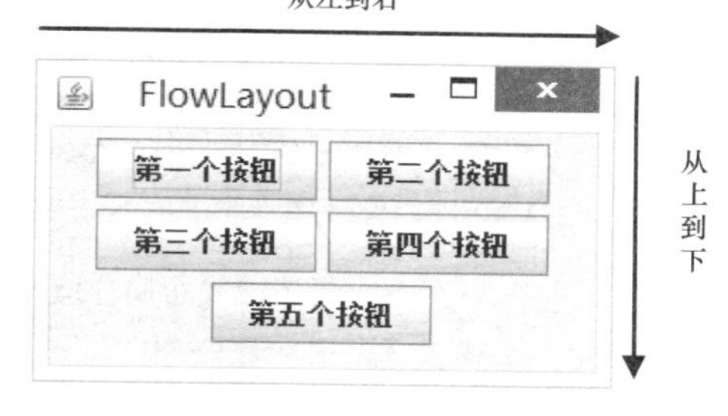

图 5-10　FlowLayout 布局管理器

当容器的大小改变时，各组件的大小不变，但相对位置会发生变化。FlowLayout 类常用的构造方法和成员方法如表 5-8 所示。

表 5-8　**FlowLayout 类常用的构造方法和成员方法**

方　法　原　型	说　　明
public FlowLayout()	构造方法，创建流式布局管理器
public FlowLayout(int align)	构造方法，创建具有指定对齐方式的流式布局管理器，align 的取值包括 FlowLayout.LEFT、FlowLayout.RIGHT、FlowLayout.CENTER（默认）
public FlowLayout(int align, int hgap,int vgap)	构造方法，创建流式布局管理器，具有指定的对齐方式及指定的水平间距和垂直间距
public void setAlignment(int align)	设置对齐方式
public void setHgap(int hgap)	设置组件之间以及组件与容器的边缘之间的水平间距
public void setVgap(int vgap)	设置组件之间及组件与容器的边缘之间的垂直间距

例如，为框架设置 FlowLayout 布局管理器：

```
JFrame frame = new JFrame();
FlowLayout flow = new FlowLayout();
frame.setLayout(flow);
```

上面的语句可以简化成：

```
frame.setLayout(new FlowLayout());
```

再如，为框架设置组件左对齐的 FlowLayout 布局管理器：

```
frame.setLayout(new FlowLayout(FlowLayout.LEFT));
```

为框架设置组件左对齐的 FlowLayout 布局管理器，并且组件的水平间距为 20 像素，垂直间距为 40 像素。

```
frame.setLayout(new FlowLayout(FlowLayout.LEFT, 20, 40));
```

【例 5-5】 流式布局管理器应用示例，创建如图 5-10 所示的窗口。

```
import java.awt.*;
import javax.swing.*;
class FlowLayoutDemo  {
     JFrame frame;
     JButton button1, button2, button3, button4, button5;
     public FlowLayoutDemo(String title) {
          frame = new JFrame(title);
          frame.setSize(260, 150);
          button1 = new JButton("第一个按钮");
          button2 = new JButton("第二个按钮");
          button3 = new JButton("第三个按钮");
          button4 = new JButton("第四个按钮");
          button5 = new JButton("第五个按钮");
          // 设置流式布局管理器
          frame.getContentPane().setLayout(new FlowLayout());
          frame.add(button1);
          frame.add(button2);
          frame.add(button3);
          frame.add(button4);
          frame.add(button5);
          frame.setVisible(true);
          frame.setDefaultCloseOperation(JFrame.EXIT_ON_CLOSE);
     }
}
public class App5_5 {
     public static void main(String[] args) {
          new FlowLayoutDemo("FlowLayout");
     }
}
```

FlowLayout 布局管理器是 JPanel 的默认布局管理器，它自动采用组件的最佳尺寸，使组件看起来比较美观。但改变容器大小时，组件相对位置会发生变化，这往往不是我们希望看到的。

5.3.3 边界布局管理器 BorderLayout

边界布局管理器（BorderLayout）将容器分为 EAST（东区）、WEST（西区）、SOUTH（南区）、NORTH（北区）和 CENTER（中心区）五个区域，如图 5-11 所示。这五个区域都可以放置组件，缺省的区域是 CENTER。

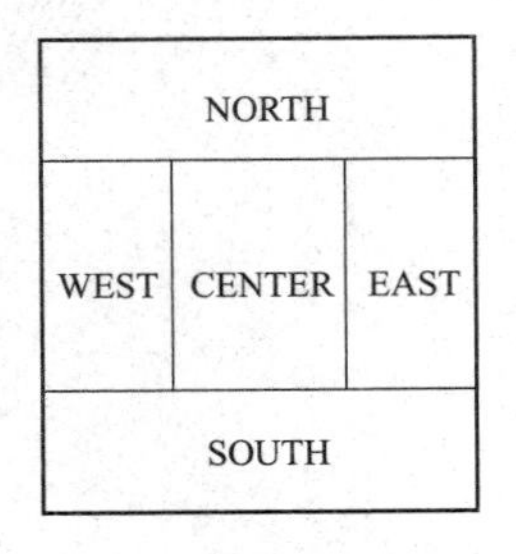

图 5-11　BorderLayout 的区域划分

将组件放入某个区后，该组件自动铺满整个区域。每个区域至多可以放置一个组件，如果放置多个组件，最后一个放入的组件将覆盖前面的组件。如果要在一个区域中放置多个组件时，必须先在该区域放置一个中间层容器（如面板），再将各个组件添加到中间层容器中。

每个区域都可以不放置组件。若东区、西区、南区或北区没有放置组件，则这些区域不会保留；如果中心区没有放置组件，中心区依然保留，如图 5-12 所示。

图 5-12　BorderLayout 布局管理器各区域的显示规则

（a）五个区都放置组件；（b）东区和北区未放置组件；（c）中心区未放置组件

BorderLayout 类常用的构造方法和成员方法如表 5-9 所示。

表 5-9　BorderLayout 类常用的构造方法和成员方法

方法原型	说明
public BorderLayout()	构造方法，创建边界布局管理器，组件之间间距为 0
public BorderLayout(int hgap, int vgap)	构造方法，创建具有指定组件间距的边界布局管理器
public void setHgap(int hgap)	设置组件之间的水平间距
public void setVgap(int vgap)	设置组件之间的垂直间距

向具有 BorderLayout 布局管理器的容器中添加组件时，需要指明组件所在的区域，区域用 BorderLayout 类的常量表示，分别是 EAST、WEST、SOUTH、NORTH 和 CENTER（默认）。添加组件调用容器的 add()方法，如下所示，其中 component 表示组件，region 表示区域：

```
container.add(region, component);
```

例如，将按钮添加到框架的 WEST 区域中：

```
frame.add(BorderLayout.WEST, new JButton("确定"));
```

将组件添加到中心区时，区域可省：

```
frame.add(new JButton("取消"));
```

【例 5-6】 边界布局管理器应用示例，创建如图 5-12（a）所示的窗口。

```
import java.awt.*;
import javax.swing.*;
class BorderLayoutDemo {
    JFrame frame;
    JButton buttonEAST, buttonWEST, buttonSOUTH, buttonNORTH, buttonCENTER;
    public BorderLayoutDemo(String title) {
        frame = new JFrame(title);
        frame.setSize(260, 180);
        Container container = frame.getContentPane();
        // 设置为边界布局,组件水平间距和垂直间距都为 2
        container.setLayout(new BorderLayout(2, 2));
        buttonEAST = new JButton("东区");
        buttonWEST = new JButton("西区");
        buttonSOUTH = new JButton("南区");
```

```
            buttonNORTH = new JButton("北区");
            buttonCENTER = new JButton("中心区");
            // 将按钮添加到各个区
            frame.add(BorderLayout.EAST, buttonEAST);
            frame.add(BorderLayout.WEST, buttonWEST);
            frame.add(BorderLayout.SOUTH, buttonSOUTH);
            frame.add(BorderLayout.NORTH, buttonNORTH);
            frame.add(BorderLayout.CENTER, buttonCENTER);
            frame.setVisible(true);
            frame.setDefaultCloseOperation(JFrame.EXIT_ON_CLOSE);
        }
    }
    public class App5_6 {
        public static void main(String[] args) {
            new BorderLayoutDemo("BorderLayout");
        }
    }
```

说明：框架 frame 默认的布局管理器是 BorderLayout（组件间距为 0），程序中重新设置了 frame 的布局管理器，将组件的水平间距和垂直间距设为 2 个像素。从程序的运行结果看，虽然每个按钮的创建方式完全相同，但放入不同区域之后，每个按钮都铺满了它所在的区域，按钮大小变得不同，这与 FlowLayout 总是以最优尺寸显示组件明显不同。

应用 BorderLayout 布局管理器时，如果容器的大小发生变化，各区域和组件的大小会随之变化，变化的规则是：

（1）NORTH 和 SOUTH 区域的高度保持不变；

（2）EAST 和 WEST 区域的宽度保持不变；

（3）CENTER 区域随容器大小的变化而变化。

图 5-13 中，当容器的水平方向加长后，东区和西区的宽度不变，其他三区宽度增加；当容器的垂直方向加长后，南区和北区高度不变，其他三区高度增加。

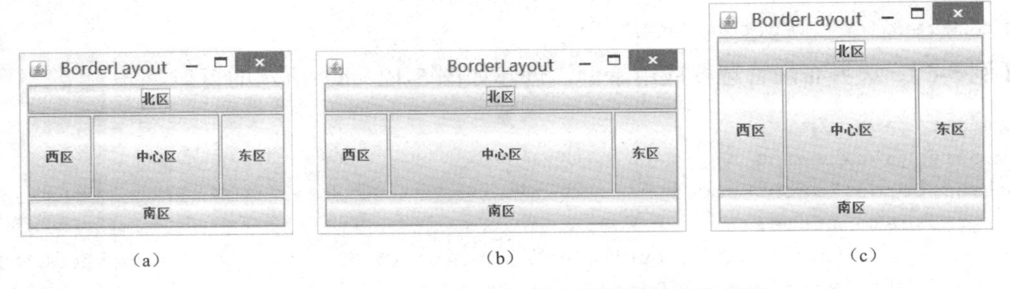

图 5-13 BorderLayout 布局管理器的区域变化规则

（a）原始状态；（b）容器水平方向加长；（c）容器垂直方向加长

BorderLayout 是框架 JFrame 和对话框 JDialog 的缺省布局管理器。BorderLayout 布局管理器的优点是当容器形状发生变化时，组件的相对位置不会改变。但如果直接向各个区域添加组件，则最多只能放置 5 个组件，每个组件的尺寸也未必是最优的。因此，一般将 BorderLayout 布局管理器与其他布局管理器联合使用，既可以使容器布局比较合理，又使每个组件比较美观。

5.3.4 网格布局管理器 GridLayout

网格布局管理器（GridLayout）将整个容器平均分成若干行、若干列，每个网格的宽和高都相同、只能放置一个组件。将组件放入容器时，按照添加的顺序，从左到右、从上到下顺次放入相应的网格中，如图 5-14 所示。

GridLayout 类常用的构造方法和成员方法如表 5-10 所示。

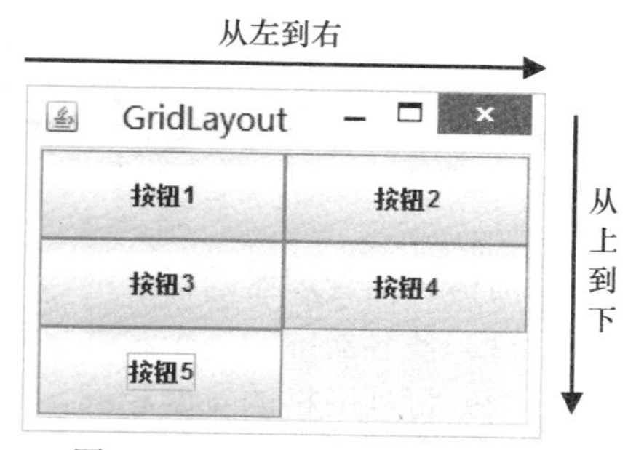

图 5-14　GridLayout 布局管理器

表 5-10　GridLayout 类常用的构造方法和成员方法

方　法　原　型	说　　明
public GridLayout()	构造方法，创建网格布局管理器，只包含一个网格。
public GridLayout(int rows, int cols)	构造方法，创建具有指定行数和列数的网格布局管理器
public GridLayout(int rows, int cols, int hgap, int vgap)	构造方法，创建具有指定行数、列数和水平间距、垂直间距的网格布局管理器
public void setRows(int rows)	设置行数
public void setColumns(int cols)	设置列数
public void setHgap(int hgap)	设置组件之间的水平间距
public void setVgap(int vgap)	设置组件之间的垂直间距

【例 5-7】 网格布局管理器应用示例，创建如图 5-14 所示的窗口。

```
import java.awt.*;
import javax.swing.*;
class GridLayoutDemo {
     JFrame frame;
     JButton button1, button2, button3, button4, button5;
     GridLayoutDemo() {
          frame = new JFrame("GridLayout");
          Container container = frame.getContentPane();
          // 设置三行两列的网格布局管理器
          container.setLayout(new GridLayout(3,2));
          button1 = new JButton("按钮 1");
          button2 = new JButton("按钮 2");
          button3 = new JButton("按钮 3");
          button4 = new JButton("按钮 4");
          button5 = new JButton("按钮 5");
          // 添加组件
          frame.add(button1);
          frame.add(button2);
          frame.add(button3);
          frame.add(button4);
          frame.add(button5);
          frame.setSize(260, 180);
          frame.setVisible(true);
          frame.setDefaultCloseOperation(JFrame.EXIT_ON_CLOSE);
     }
}
```

```
public class App5_7 {
    public static void main(String args[]) {
        new GridLayoutDemo();
    }
}
```

网格布局管理器的特点：

（1）使容器中的各个组件呈网格状分布。

（2）每列网格的宽度相同，等于容器的宽度除以网格的列数。每行网格的高度相同，等于容器的高度除以网格的行数。

（3）各组件的排列方式是从左到右，从上到下，组件放入容器的次序决定了它在容器中的位置。

（4）容器大小改变时，组件的相对位置不变，大小会改变。

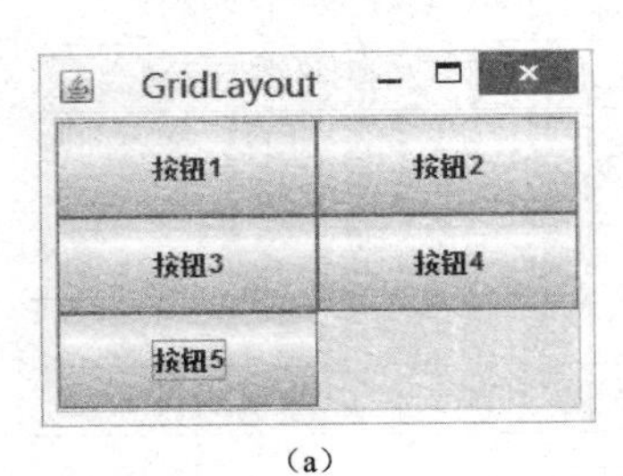

（a）

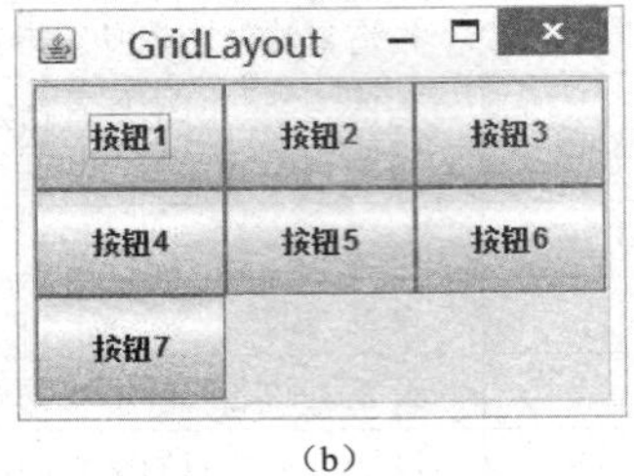

（b）

图 5-15 GridLayout 布局管理器网格与组件的关系

（a）组件数未超出网格数；（b）组件数超出网格数

（5）若添加的组件数超过设定的网格数，布局管理器会自动增加网格个数，原则是保持行数不变，如图 5-15 所示。

网格布局管理器一般用在窗口的局部区域，常用于按钮组的布局，能够保证所有按钮大小一致。当按钮比较多时可以创建按钮数组，具体代码为

```
JFrame frame = new JFrame();
// 设置网格布局管理器
frame.getContentPane().setLayout(new GridLayout(3, 3, 2, 2));
// 将各按钮文本存入数组
String str[] = { "按钮 1", "按钮 2", "按钮 3", "按钮 4", "按钮 5" };
JButton button[] = new JButton[str.length];          // 创建按钮数组
for (int i = 0; i < str.length; i++) {               // 创建按钮并添加到frame中
        button[i] = new JButton(str[i]);
        frame.add(button[i]);
}
```

这段代码稍加完善，运行后的界面如图 5-15（a）所示。这是通用的代码段，当按钮文本变化或者按钮数量增减时，只需要修改 str 数组的初始值即可。

5.3.5 卡片布局管理器 CardLayout

卡片布局管理器（CardLayout）主要用于处理多个组件共享同一显示空间的情况。它把容器中的所有组件处理成一系列的卡片，并摞起来形成一幅“扑克牌”，这些卡片（组件）大小相同、充满整个容器，同一时刻只能显示一个卡片（就像最前面的那张扑克牌），显示的卡片可以切换。CardLayout 类常用的构造方法和成员方法如表 5-11 所示。

表 5-11 CardLayout 类常用的构造方法和成员方法

方 法 原 型	说 明
public CardLayout()	构造方法，创建卡片布局管理器，组件距容器左右边界和上下边界的距离为缺省值 0 个像素

续表

方 法 原 型	说　　明
public CardLayout(int hgap,int vgap)	构造方法，创建具有指定水平间距和垂直间距的卡片布局管理器
public void show(Container parent,String name)	显示指定名字的组件。如果不存在这样的组件，则不发生任何操作
public void next(Container parent)	显示下一张卡片
public void previous(Container parent)	显示前一张卡片
public void first(Container parent)	显示第一张卡片
public void last(Container parent)	显示最后一张卡片

向容器中添加组件使用 add()方法，加入时应赋予其一个名字，以供显示组件时使用，component 表示组件，string 表示组件的名字：

```
container.add ( component , string );
```

例如，`container.add ( panel, "FirstPanel" );`将 panel 添加到容器，指定 panel 的名字为"FirstPanel"。

显示组件时，可以调用 show()方法显示某个特定的卡片，也可以调用 next()、previous()、first()和 last()方法按照所处的位置确定要显示的组件。

【例 5-8】将框架的布局管理器设置为卡片布局管理器，创建一个面板、一个按钮、一个文本框放入其中，然后交替显示这三个组件。

```
import java.awt.*;
import java.awt.event.*;
import javax.swing.*;
class CardLayoutDemo extends MouseAdapter {
      JFrame frame;
      JPanel panel;
      JLabel label;
      JButton button;
      Container contentPane;
      CardLayout cardLayout;                         // 声明卡片布局管理器对象
      CardLayoutDemo() {
          frame = new JFrame("CardLayout");
          contentPane = frame.getContentPane();
          cardLayout = new CardLayout();             // 创建卡片布局管理器对象
          contentPane.setLayout(cardLayout);         // 为 frame 设置卡片布局管理器
          // 创建每个组件
          panel = new JPanel();
          JLabel labelPanel = new JLabel("这是一个面板");
          panel.add(labelPanel);
          label = new JLabel("这是一个标签");
          button = new JButton("这是一个按钮");
          // 将组件添加到 frame 中,每个组件赋予一个名字
          frame.add(panel, "panel");
          frame.add(label, "label");
          frame.add(button, "button");
          cardLayout.show(contentPane, "panel");// 显示面板
```

```
            frame.setSize(240, 180);
            frame.setVisible(true);
            frame.setDefaultCloseOperation(JFrame.EXIT_ON_CLOSE);
            // 组件的事件注册
            panel.addMouseListener(this);
            label.addMouseListener(this);
            button.addMouseListener(this);
        }
        public void mouseClicked(MouseEvent e) {            // 事件处理
            cardLayout.next(contentPane);
        }
    }
    public class App5_8 {
        public static void main(String args[]) {
            new CardLayoutDemo();
        }
    }
```

运行程序，frame 中首先显示面板，单击面板后显示标签，单击标签后显示按钮，程序运行结果如图 5-16 所示。

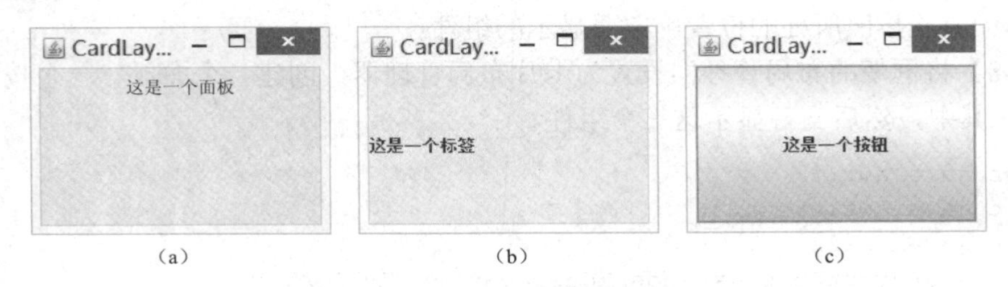

图 5-16　CardLayou 布局管理器

(a) 显示面板；(b) 显示标签；(c) 显示按钮

说明：从程序运行结果看，三个组件尽管类型不同，但大小相同，都铺满了 frame 的内容面板。三个组件叠放在一起，同一时刻只能显示一个组件，组件间可以切换。使用其他布局管理器时，通常不需要声明对象名，但卡片布局管理器不同，一般要声明对象名，因为要通过这个对象名来调用一些方法控制组件的显示。另外，程序中涉及组件的事件处理，将在 5.4 节中详细介绍。

卡片布局管理器中，每张卡片中只能放置一个组件，如果想在一张卡片中放置多个组件，必须先在卡片中放置一个容器（一般是面板），再将多个组件放在该容器中。

5.3.6　布局管理器的应用

前面介绍了四种布局管理器，每种布局管理器都有自己特定的用途，FlowLayout 以最优尺寸显示各个组件，但组件的相对位置容易改变；BorderLayout 将容器分为相对位置固定的几个区域，适合于顶层容器使用；GridLayout 以行和列的方式排列组件，组件大小一致，整齐划一，比较适合按钮类组件的布局；CardLayout 将多个组件叠放在一起，每次只显示一个组件，适合多功能程序使用。

在设计较复杂的图形用户界面时，单一布局管理器往往无法满足要求，需要联合使用多种布局管理器。例如，框架本身是边界布局管理器，中心区只能放置一个组件，若想在中心区放置多个组件，需要先将一个面板放入中心区，面板是流式布局管理器，然后再将多个组件放入面板中，这就间接地达到了将多个组件放入中心区的目的。在这个过程中，联合使用了边界布局管理器和流式布局管理器。同时，将一个包含了多个组件的面板作为一个组件添加到框架中去，这种容器中再添加容器的做法，又称为容器的嵌套。布局管理器的联合使用与容器的嵌套是相辅相成的。

现以图 5-17（a）中的窗口为例来说明布局过程（不考虑菜单）。根据组件位置和大小的不同，将框架的内容面板分为三部分，需要联合使用布局管理器。具体步骤如下：

（1）首先使用边界布局管理器，将内容面板分为上下两个区域（北区和中心区）。北区中只有一个文本框，直接添加即可。中心区中有多个组件，需要将一个面板（面板 1）添加到中心区，如图 5-17（b）所示。

（2）中心区有多行按钮，按照布局特点的不同分为上下两部分，因此面板 1 不能使用流式布局管理器，需要设置为边界布局管理器，只使用北区和中心区，由于两个区都有多个组件，因此需要各放一个面板（面板 2 和面板 3），如图 5-17（c）所示。

（3）面板 2 采用流式布局管理器。面板 3 中要放置 24 个按钮，且大小相同，采用网格布局管理器。

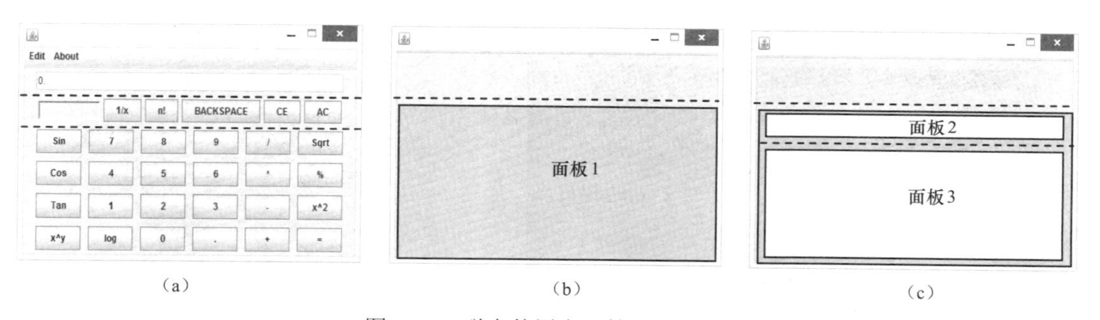

图 5-17　联合使用布局管理器示例

（a）计算器窗口；（b）内容面板的区域划分；（c）面板 1 的区域划分

这种联合使用多种布局管理器的技术能够实现比较复杂的界面，在这个过程中，面板起到了重要的作用。

需要说明的是，容器拥有布局管理器之后，由它来全权负责安排容器内各组件的大小和位置，这种情况下程序员无法进行干预，即使调用组件的 setLocation()、setSize()、setBounds()等方法也不起作用。如果用户确实要自己设置组件的大小和位置，则应该取消容器的布局管理器（将布局管理器设为 null），格式为

```
container.setLayout(null);
```

这种情况下，必须调用组件的 setLocation()、setSize()、setBounds()等方法设置它的大小和位置，程序员需要精确计算组件的位置及其大小，而且程序在不同的平台下运行可能有不同的效果，不建议使用。

5.3.7　边界

当窗口中的组件较多时，需要从视觉上将组件进行分组或隔开，图 5-18 中具有凹陷感觉的边界线将整个窗口分成了三部分，使各个功能区更加清晰。具体实现时，常用的办法是将关系密切的组件添加到一个面板中，然后为面板设置边界。Java 提供的边界风格很多，

包括低斜面、凸斜面、蚀刻、直线、不光滑、空等。

Java 提供了 BorderFactory 类和 Border 接口来实现边界功能。BorderFactory 类是边界工厂类，提供多个创建各种边界对象的静态方法。Border 接口不能直接实例化，通过调用 BorderFactory 类的静态方法获取所需的边界对象。为面板添加边界的具体过程为

（1）创建边界对象，需要调用 BorderFactory 类的静态方法。

```
Border border = BorderFactory.createLoweredBevelBorder();
```

（2）调用面板的 setBorder()方法为面板设置边界。

```
panel.setBorder(border);
```

有时，我们希望给边界加上标题，如图 5-18 中的“打印机”和“打印范围”。创建带标题的边界，可以使用 BorderFactory 类的 createTitledBorder()方法，具体代码为

```
JPanel panel = new JPanel();
Border border = BorderFactory.createLoweredBevelBorder();  // 创建边界
// 创建带标题的边界
Border borderTitled=BorderFactory.createTitledBorder(border,"打印范围");
panel.setBorder(borderTitled);                               // 设置面板的边界
```

这里只给出代码段，省略了完整的程序，程序运行结果如图 5-19 所示。

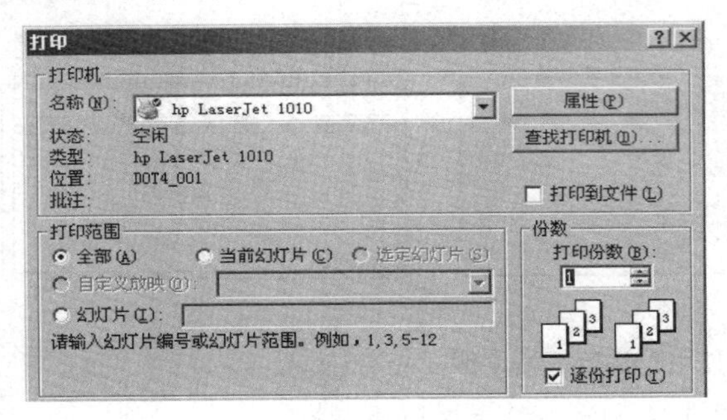

图 5-18　“打印”窗口

图 5-19　带标题的边界

5.4　事　件　处　理

图形用户界面是用户与程序进行交互的桥梁，用户在界面上的操作实际上是在使用程序的功能。例如，在登录窗口中，单击“登录”按钮，程序就会获取用户名和密码并进行验证；单击“重置”按钮就会清空用户名和密码等。前面章节中创建的图形用户界面都是静态界面，若要实现与用户的交互，就要用到 Java 的事件处理机制。

5.4.1　Java 委托事件处理模型（微课 6）

当 Java 程序运行时，用户使用鼠标或键盘在图形界面上进行某种操作，如单击菜单或输入数据等，操作系统识别并捕获这些操作，并将这些操作传送给应用程序，应用程序根据操作的类型做出响应，这就是事件处理的基本原理。Java 事件处理涉及三个要素，分别是：

（1）事件。用户在组件上执行某种操作，如单击按钮、选中复选框等，就是一个事件。除了鼠标和键盘的操作能够引发事件以外，系统状态的改变也会引发事件，如

计时器等。Java 定义了许多事件类来描述不同的事件。当发生事件时，系统会创建一个相应事件类的对象。

（2）事件源。事件源就是事件发生的场所，通常就是各个组件，如被单击的按钮，被选中的菜单项等。

（3）事件的处理者（监听器）。一旦发生了事件，程序就要做出响应，执行某些操作。对事件做出响应的对象就是事件的处理者，也称为监听器。

监听器是事件处理的关键，那么如何确定事件的监听器？这就要讲到 Java 的事件处理模型——委托模型。由发生事件的组件（事件源）将事件处理权委托给某个对象，这个对象就是事件的监听器，这种事件处理方式称为委托事件模型。同一组件上的不同事件，可以交由不同的监听器处理。委托事件模型将事件源与事件监听器分离，提高了事件处理的灵活性。

5.4.2　事件类与事件监听器接口

在 java.awt.event 包中有若干个代表不同事件的类和接口。几乎每个事件类都有一个事件监听器接口与之对应，事件类的类名与监听器接口的名字前半部分相同，事件类以 XXXEvent 命名，监听器接口以 XXXListener 命名，如 ActionEvent 与 ActionListener。监听器接口中包含一个或多个抽象方法。事件类 MouseEvent 比较特殊，有两个监听器接口与之对应：MouseListener 和 MouseMotionListener。常用的事件类及相应的事件监听器接口如表 5-12 所示。

表 5-12　　常用的事件类及相应的事件监听器接口

事件类	事件监听器接口	事件监听器接口中的方法
ActionEvent	ActionListener	void actionPerformed(ActionEvent e)
ItemEvent	ItemListener	void itemStateChanged(ItemEvent e)
KeyEvent	KeyListener	void keyTyped(KeyEvent e)
		void keyPressed(KeyEvent e)
		void keyReleased(KeyEvent e)
MouseEvent	MouseListener	void mouseClicked(MouseEvent e)
		void mousePressed(MouseEvent e)
		void mouseReleased(MouseEvent e)
		void mouseEntered(MouseEvent e)
		void mouseExited(MouseEvent e)
	MouseMotionListener	void mouseDragged(MouseEvent e)
		void mouseMoved(MouseEvent e)
WindowEvent	WindowListener	void windowOpened(WindowEvent e)
		void windowClosing(WindowEvent e)
		void windowClosed(WindowEvent e)
		void windowIconified(WindowEvent e)
		void windowDeiconified(WindowEvent e)
		void windowActivated(WindowEvent e)
		void windowDeactivated(WindowEvent e)

5.4.3　事件处理过程

为组件确定事件监听器时采用由组件（事件源）进行委托的方法，这一过程称为注册，格式为

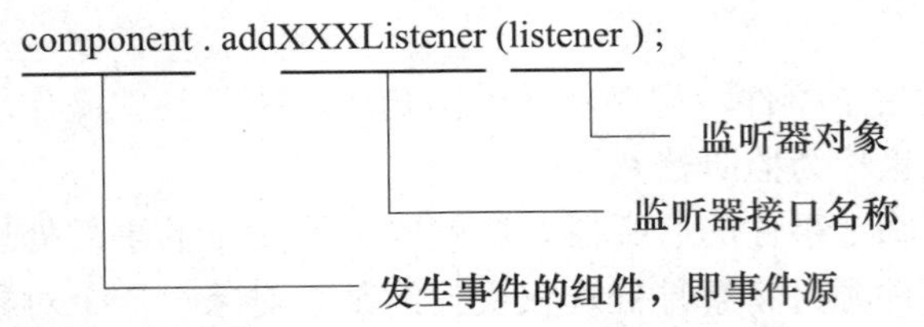

监听器对象所属的类称为监听器类，监听器类可以是包含事件源的类（即事件源是该类的成员变量），也可以是另外一个类，具体如下：

（1）由包含事件源的类（简称本类）做监听器类。注册时用 this 表示监听器对象。例如，button 是 EventDemo 类的成员变量，由 EventDemo 类作为 button 动作事件的监听器类，那么注册的形式为

```
button.addActionListener(this);
```

（2）监听器类是另外一个类。例如，button 是 EventDemo 类的成员变量，由另一个类 ButtonEvent 做监听器类，假设 buttonEvent 是该类的对象，那么注册的形式为

```
button.addActionListener(buttonEvent);
```

注册监听器后，如果要撤销注册，需调用 removeXXXListener()方法，其格式为

```
component.removeXXXListener( listener );
```

事件监听器类必须具有监听和处理事件的能力，如何做到这一点呢？该类需要实现事件监听器接口，对接口中的所有方法给出具体的方法体，这些方法体就是事件处理代码。例如，监听器类要对 ActionEvent 事件进行监听和处理，就必须实现 ActionListener 接口，实现接口中的 actionPerformed()方法，一旦发生 ActionEvent 事件，就会执行 actionPerformed()方法中的代码。

组件将事件处理权委托给监听器以后，当用户在组件上执行相应操作时，AWT 事件处理系统就会根据用户的操作生成一个事件对象，然后把事件对象传送给监听器对象，执行监听器对象中相应的成员方法，事件处理过程如图 5-20 所示。

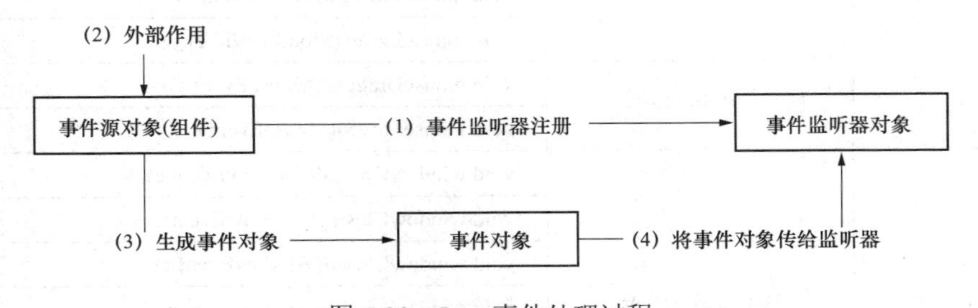

图 5-20　Java 事件处理过程

根据前面讲述的内容，对事件处理的步骤总结如下：

（1）明确要处理的事件与事件源；

（2）确定事件监听器类，该类一般要实现与事件类 XXXEvent 相对应的 XXXListener 接

口，进而实现接口中的全部方法，方法中的代码就是事件响应代码。

（3）调用组件的 addXXXListener()方法注册监听器对象，这时可能需要实例化监听器对象。

一个事件源上可能发生多种事件，每种事件可委托给不同的监听器处理。一个监听器可以监听一个事件源上的多种事件，也可以监听多个事件源上的事件。

5.4.4　动作事件 ActionEvent

ActionEvent 是最常用的一类事件，当用鼠标单击按钮、复选框、单选按钮或菜单及在文本框中输入“回车”时都会触发 ActionEvent 事件。负责处理 ActionEvent 事件的监听器类必须实现 ActionListener 接口，实现接口里的 actionPerformed()方法，事件处理代码就在这个方法中。

【例 5-9】 在窗口中有一个“确定”按钮，单击“确定”按钮时，将窗口的标题改为“单击了确定按钮”，如图 5-21 所示。要求本类做监听器类。

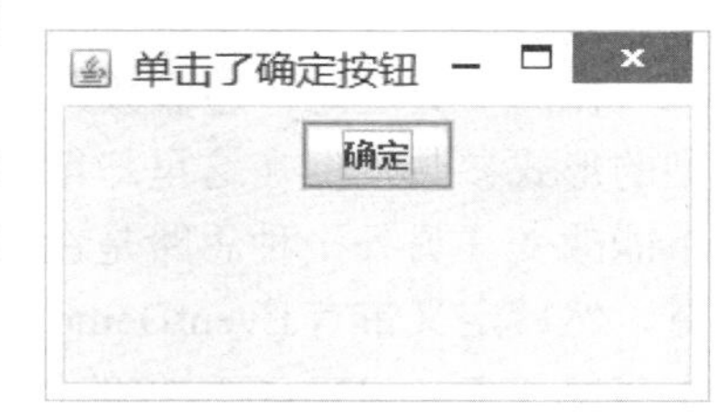

图 5-21　动作事件示例

分析：单击按钮触发 ActionEvent 事件，事件源是按钮，监听器类可以是本类，也可以是另外一个类，本例讨论前一种情况。按钮所在的 EventDemo 类须实现 ActionListener 接口，进而实现 actionPerformed()方法，在该方法中将窗口的标题改为“单击了确定按钮”。

```
import java.awt.*;
import javax.swing.*;
import java.awt.event.*;
class EventDemo implements ActionListener {     // 实现 ActionListener 接口
      JFrame frame;
      JButton button;
      EventDemo(String title) {
           frame = new JFrame(title);
           frame.setSize(260, 150);
           frame.setLayout(new FlowLayout());
           button = new JButton("确定");
           frame.add(button);
           frame.setVisible(true);
           frame.setDefaultCloseOperation(JFrame.EXIT_ON_CLOSE);
           button.addActionListener(this);                // 注册监听器对象
      }
      public void actionPerformed(ActionEvent e) {      // 实现接口中的方法
           frame.setTitle("单击了确定按钮");                // 事件处理代码
      }
}
public class App5_9 {
      public static void main(String[] args) {
           EventDemo evd = new EventDemo("动作事件");
      }
}
```

说明：在 actionPerformed()方法中要修改 frame 的标题，由于 actionPerformed()方法与成员变量 frame 在同一个类中，成员方法可以直接引用成员变量，使用语句 `frame.setTitle`

("单击了确定按钮");实现了标题的修改。

【例 5-10】 实现［例 5-9］中的功能，要求另外定义一个类做监听器类。

分析：程序中定义两个类，其中 EventDemo 类负责创建图形界面，ButtonEvent 类负责事件处理。ButtonEvent 类必须实现 ActionListener 接口，实现 actionPerformed()方法，在该方法中将窗口（frame）的标题改为“单击了确定按钮”。由于 frame 是 EventDemo 类的成员变量，却要在 ButtonEvent 类中修改它的标题，直接使用语句 `frame.setTitle("单击了确定按钮");`肯定行不通。解决的方法是将 EventDemo 类的对象传入 ButtonEvent 类，通过这个对象来设置 frame 的标题。

在两个类之间传递参数，一种思路是在 actionPerformed()方法中增加一个 EventDemo 类型的形式参数，但在这里却行不通，因为 actionPerformed()方法是要覆盖的方法，方法首部不能改变。另外一种思路是在 ButtonEvent 类中声明一个 EventDemo 类的对象作为成员变量，然后定义带有 EventDemo 类型参数的构造方法，在构造方法中给这个成员变量赋值，从而实现了 EventDemo 对象的传递。然后在 actionPerformed()方法中直接引用本类的成员变量实现对窗口标题的重新设置。

```
import java.awt.*;
import javax.swing.*;
import java.awt.event.*;
class EventDemo {
     JFrame frame;
     JButton button;
     EventDemo(String title) {
          frame = new JFrame(title);
          frame.setSize(260, 150);
          frame.setLayout(new FlowLayout());
          button = new JButton("确定");
          frame.add(button);
          frame.setVisible(true);
          frame.setDefaultCloseOperation(JFrame.EXIT_ON_CLOSE);
          button.addActionListener(new ButtonEvent(this)); // 注册监听器对象
     }
}
class ButtonEvent implements ActionListener {
     EventDemo evd;                        // 声明 EventDemo 类型的成员变量
     // 构造方法含有 EventDemo 类型的参数
     public ButtonEvent(EventDemo eventDemo) {
          this.evd = eventDemo;            // 将 EventDemo 对象赋给成员变量 evd
     }
     public void actionPerformed(ActionEvent e) {// 实现 actionPerformed()方法
          evd.frame.setTitle("单击了确定按钮");  // 修改框架 frame 的标题
     }
}
public class App5_10 {
     public static void main(String[] args) {
          EventDemo evd = new EventDemo("动作事件");
     }
}
```

说明：比较［例 5-9］和［例 5-10］中的两个程序，由本类做监听器类更简单，更容易实现；由另外一个类做监听器类往往需要传递界面类的对象，难度有所增加，但是这种方式将界面代码与事件处理代码进行分离，有利于程序的后期维护。

进行事件处理时，常常需要获取事件本身的一些信息。事件类一般都提供了一些成员方法，可以调用这些方法来获取事件的相关信息。ActionEvent 类的常用方法有：

（1）public String getActionCommand()。

返回与此动作相关的命令字符串，如按钮上的文本或文本框中的字符串，返回值是字符串。

（2）public Object getSource()。

返回事件源对象，返回值是 Object 类型。

【例 5-11】 在窗口中有“确定”和“取消”两个按钮，单击“确定”按钮时，窗口标题栏显示“单击了确定按钮”；单击“取消”按钮时，窗口标题栏显示“单击了取消按钮”，如图 5-22 所示。

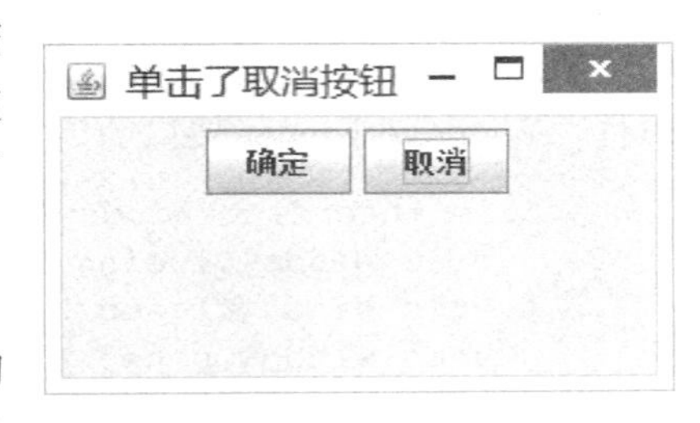

图 5-22　获取事件源示例

分析：监听器类可以是本类，也可以是另外一个类，这里使用前者。两个按钮都委托本类做事件处理，对应的事件处理代码在同一个 actionPerformed()方法中，因此必须要区分事件源，不同的按钮，执行的操作不同。

```
import java.awt.*;
import javax.swing.*;
import java.awt.event.*;
class EventDemo implements ActionListener {
    JFrame frame;
    JButton okButton, cancelButton;
    EventDemo(String title) {
        frame = new JFrame(title);
        frame.setSize(260, 150);
        frame.setLayout(new FlowLayout());
        okButton = new JButton("确定");
        cancelButton = new JButton("取消");
        frame.add(okButton);
        frame.add(cancelButton);
        frame.setVisible(true);
        frame.setDefaultCloseOperation(JFrame.EXIT_ON_CLOSE);
        okButton.addActionListener(this);         // 注册本类对象作为监听器
        cancelButton.addActionListener(this);     // 注册本类对象作为监听器
    }
    public void actionPerformed(ActionEvent e) {  // 单击任何按钮,都执行该方法
        if (e.getSource() == okButton)            // 事件源是"确定"按钮对象
            frame.setTitle("单击了确定按钮");
        else                                      // 事件源是"取消"按钮对象
            frame.setTitle("单击了取消按钮");
    }
}
public class App5_11 {
    public static void main(String[] args) {
        EventDemo evd = new EventDemo("事件响应");
    }
}
```

说明：在 actionPerformed()方法中采用 getSource()方法来判断事件源。实际上，也可以采用 getActionCommand()方法来实现，该方法的返回值是按钮的文本字符串，具体代码为

```
public void actionPerformed(ActionEvent e) {
    if(e.getActionCommand().equals("确定")) {
        frame.setTitle("单击了确定按钮");
    }
    else {
        frame.setTitle("单击了取消按钮");
    }
}
```

5.4.5 窗口事件 WindowEvent 与适配器类

WindowEvent 类对应的 WindowListener 接口中包含 7 个方法，分别对应不同操作引发的事件，WindowListener 接口的定义如下所示：

```
public interface WindowListener extends EventListener {
    void WindowClosing(WindowEvent e);              // 关闭窗口时
    void windowClosed(WindowEvent e);               // 关闭窗口后
    void windowOpened(WindowEvent e);               // 打开窗口
    void windowActivated(WindowEvent e);            // 激活窗口
    void windowDeactivated(WindowEvent e);          // 窗口失去焦点
    void windowIconified (WindowEvent e);           // 窗口最小化
    void windowDeiconified(WindowEvent e);          // 窗口由最小化恢复正常
}
```

关闭 JFrame 窗口后，默认情况下程序仍然在运行。如果要在用户关闭窗口时退出程序，一种方法是调用 setDefaultCloseOperation()方法，另一种方法是进行窗口事件（WindowEvent）处理。相对而言，后者更灵活。WindowListener 接口中有 7 个方法，若要进行关闭窗口的事件处理，只需要实现 windowClosed()方法即可。但是 Java 规定，类实现接口时必须实现接口中的全部方法。因此，虽然我们只需要实现一个方法，但是另外 6 个方法也必须给一个方法体（可以是空的方法体{}）。程序为

```
import javax.swing.*;
import java.awt.event.*;
class WindowEventDemo {
    public static void main(String[] args) {
        JFrame frame = new JFrame();
        frame.setSize(300, 200);
        frame.setVisible(true);
        frame.addWindowListener(new QuitWindow());   // 窗口事件注册
    }
}
class QuitWindow implements WindowListener {
    public void windowClosing(WindowEvent e) {         // 关闭窗口时退出程序
        System.exit(0);
    }
    // 以下 6 个方法不得不实现,因此给了最简单的实现——空的方法体
    public void windowOpened(WindowEvent e) {}
    public void windowClosed(WindowEvent e) {}
    public void windowIconified(WindowEvent e) {}
    public void windowDeiconified(WindowEvent e) {}
```

```
        public void windowActivated(WindowEvent e) {}
        public void windowDeactivated(WindowEvent e) {}
    }
```

从程序可以看出，实现监听器接口时，即便是不需要的方法，也必须一一实现，程序冗长。针对这种情况，Java 提供了与监听器接口对应的一个类，称为适配器类，二者的名字也是对应的，监听器接口 XXXListener 对应的适配器类为 XXXAdapter。适配器类实现了监听器接口，将接口中的方法都实现为空方法，这些方法不再是抽象方法。WindowAdapter 类的定义为

```
public abstract class WindowAdapter implements WindowListener {
    public void windowClosing(WindowEvent e) {}
    public void windowClosed(WindowEvent e) {}
    public void windowOpened(WindowEvent e) {}
    public void windowActivated(WindowEvent e) {}
    public void windowDeactivated(WindowEvent e) {}
    public void windowIconified(WindowEvent e) {}
    public void windowDeiconified(WindowEvent e) {}
}
```

这样一来，在进行事件处理时，除了可以实现监听器接口以外，还可以继承适配器类。由于适配器类中没有抽象方法，因此只需要重写必要的方法，程序看起来更加简洁、清晰。将上面程序中的 QuitWindow 类重新定义，见［例 5-12］。

【例 5-12】 继承适配器类进行窗口的关闭事件处理。要求关闭窗口时，停止程序的运行。

```
import javax.swing.*;
import java.awt.event.*;
public class App5_12 {
     public static void main(String[] args) {
          JFrame frame = new JFrame();
          frame.setSize(300, 200);
          frame.setVisible(true);
          frame.addWindowListener(new QuitWindow());  // 窗口事件注册
     }
}
class QuitWindow extends WindowAdapter {              // 继承适配器类
     public void WindowClosing(WindowEvent e) {     // 只需覆盖所需要的一个方法
           System.exit(0);
     }
}
```

继承适配器类的方式，能够简化事件处理代码。但这样一来，监听器类无法再继承其他类。当监听器类需要处理多种事件，或者必须继承其他父类时，这种方式就行不通了。

5.4.6 使用内部类与匿名类进行事件处理（微课 7）

内部类的主要应用之一就是图形用户界面中的事件处理。由于内部类可以直接引用外部类的成员，故使用内部类做监听器类时，可以直接对外部类中的组件进行设置，不需要进行参数传递，非常方便。另外，虽然适配器类为监听器类的定义带来了便利，但也限制了监听器类不能再继承其他类。这时，也可以采用内部类来解决这一问题。关于内部类的详细介绍参见第 3 章。

【例 5-13】 使用内部类作为监听器类，实现［例 5-11］中的功能。

```
import java.awt.*;
import javax.swing.*;
import java.awt.event.*;
class EventDemo {
    JFrame frame;
    JButton okButton, cancelButton;
    EventDemo(String title) {
        frame = new JFrame(title);
        frame.setSize(260, 150);
        frame.setLayout(new FlowLayout());
        okButton = new JButton("确定");
        cancelButton = new JButton("取消");
        frame.add(okButton);
        frame.add(cancelButton);
        frame.setVisible(true);
        frame.setDefaultCloseOperation(JFrame.EXIT_ON_CLOSE);
        ButtonEvent buttonEvent = new ButtonEvent();  // 创建内部类对象
        okButton.addActionListener(buttonEvent);      // 内部类对象注册为监听器
        cancelButton.addActionListener(buttonEvent);  // 内部类对象注册为监听器
    }
    class ButtonEvent implements ActionListener {     // 内部类做监听器类
        public void actionPerformed(ActionEvent e) {
            if (e.getSource() == okButton)            // 事件源是"确定"按钮
                frame.setTitle("单击了确定按钮");      // 直接访问 frame
            else                                      // 事件源是"取消"按钮
                frame.setTitle("单击了取消按钮");      // 直接访问 frame
        }
    }
}
public class App5_13 {
    public static void main(String[] args) {
        EventDemo evd = new EventDemo("事件响应");
    }
}
```

说明：内部类的定义与一般类的定义类似，在外部类中创建内部类的对象同创建其他类的对象形式相同。

如果在程序中只创建内部类的一个对象，并且该内部类需要继承一个类或实现一个接口，这时，可将内部类定义成匿名类。匿名类作为事件监听器类时，将匿名类的定义、对象的创建及监听器的注册合并成一条语句。关于匿名类的详细介绍，参见第 3 章。

【例 5-14】 使用匿名类作为监听器类，实现［例 5-11］中的功能。

```
import java.awt.*;
import javax.swing.*;
import java.awt.event.*;
class EventDemo {
    JFrame frame;
    JButton okButton, cancelButton;
    EventDemo(String title) {
```

```
            frame = new JFrame(title);
            frame.setSize(260, 150);
            frame.setLayout(new FlowLayout());
            okButton = new JButton("确定");
            cancelButton = new JButton("取消");
            frame.add(okButton);
            frame.add(cancelButton);
            frame.setVisible(true);
            frame.setDefaultCloseOperation(JFrame.EXIT_ON_CLOSE);
            // 创建匿名类进行"确定"按钮的事件处理
            okButton.addActionListener(new ActionListener() {
                public void actionPerformed(ActionEvent e) {
                    frame.setTitle("单击了确定按钮");
                }
            });
            // 创建匿名类进行"取消"按钮的事件处理
            cancelButton.addActionListener(new ActionListener() {
                public void actionPerformed(ActionEvent e) {
                    frame.setTitle("单击了取消按钮");
                }
            });
        }
}
public class App5_14 {
        public static void main(String[] args){
            EventDemo evd = new EventDemo("事件响应");
        }
}
```

说明：程序中有两个按钮需要做事件处理，为每个按钮创建一个匿名类，匿名类实现了 ActionListener 接口。

[例 5-13] 中利用内部类做监听器类，创建了该类的一个对象做两个按钮的动作事件的监听器。在本例中，由于匿名类对象创建之后只能使用一次，因此每个按钮都需要单独创建匿名类。

5.4.7　lambda 表达式与事件处理

lambda 表达式是 JDK 8 中新增的重要特性，它支持将代码作为方法参数，允许使用更简洁的代码来创建只有一个抽象方法的接口的实例，增强了 Java 语言的表达能力。

5.4.7.1　lambda 表达式

Java 语言中，成员方法的定义形式为

```
[修饰符] 返回值数据类型 方法名(参数列表) [throws 异常列表] {
    方法体
}
```

lambda 表达式本质上是一种匿名（即未命名）方法，与成员方法的定义形式相比，它更简洁，除了没有方法名以外，还省略了修饰符、返回值类型、异常的声明，在某些情况下还可以省略参数类型。lambda 表达式的形式为

```
( 参数列表 ) -> { 方法体 }
```

其中，“->”是运算符，称为 lambda 运算符。它将 lambda 表达式分为两部分，左侧的参数列表是匿名方法的形参，右侧是方法体，也称为 lambda 体。例如：

```
(int x,int y) -> {
       System.out.println(x);
       System.out.println(y);
       return x+y;
}
```

这个 lambda 表达式有两个参数，参数类型为 int，其作用类似于下面的成员方法：

```
public int add(int x, int y) {
       System.out.println(x);
       System.out.println(y);
       return x+y;
}
```

当 Java 编译器能够从上下文推断出参数的类型时，可以省略参数的类型。例如：

```
(x, y) -> {
       System.out.println(x);
       System.out.println(y);
       return x+y;
}
```

当参数列表中只有一个参数时，圆括号可以省略，例如：

```
x -> {
       System.out.println(x);
       return x++;
}
```

当参数列表为空时，圆括号不能省略，例如：

```
() -> {
       System.out.println("Hello World!");
}
```

当方法体只包含一条语句时，可以省略方法体的{}，如果这一条语句是 return 语句时，可以省略关键字 return 和末尾的分号。例如：

```
(int x, int y) -> x+y
```

5.4.7.2 函数式接口

lambda 表达式与函数式接口紧密相关。函数式接口（Functional Interface）是指仅包含一个抽象方法的接口，例如 ActionListener 接口、ItemListener 接口都属于函数式接口。一个函数式接口的定义如下：

```
interface MyInterface {
     int add(int x,int y);
}
```

其中，add()方法是抽象方法，而且是 MyInterface 接口中唯一的抽象方法，因此 MyInterface 接口是一个函数式接口。

在Java语言中，lambda表达式可以用来实现函数式接口中的抽象方法。或者说，任何一个可以接受函数式接口的实例对象的地方，都可以使用 Lambda 表达式。在执行 lambda 表达式时，会自动创建一个实现了函数式接口的类的实例。可以这样理解，lambda 表达式将类（实现了接口的匿名类）的定义、对接口中抽象方法的实现、实例的创建融为一体。例如：

```
MyInterface mi = (x, y) -> x + y;
```

赋值运算符右侧应该是 MyInterface 接口的实例，这里使用了 lambda 表达式，它实现了 MyInterface 接口中的 add()方法。由于根据 MyInterface 接口中的 add()方法的参数类型可以推断出 lambda 表达式中的参数类型，因此省略了参数类型。另外，方法体中只有一条语句 `return x+y;`，将其简化为 x+y。执行这条语句时，会自动创建一个 MyInterface 接口的实例赋给 mi，这个实例拥有已经实现了的 add()方法。与这条语句等价的代码为

```
MyInterface mi = new MyInterface(){
     public int add(int x, int y){
         return x+y;
     }
};
```

其中，赋值运算符右侧包含了匿名类（实现了 MyInterface 接口）的定义及其实例的创建。

【例 5-15】 函数式接口与 lambda 表达式应用示例。

```
interface MyInterface {                            // 函数式接口
      int add(int x, int y);
}

public class App5_15 {
      public static void main(String[] args) {
           MyInterface mi = (x, y) -> x + y;      // 使用 lambda 表达式实现抽象方法
           System.out.println(mi.add(1, 2));      // 调用 add()方法
      }
}
```

程序运行结果为

```
3
```

5.4.7.3 使用 lambda 表达式进行事件处理

如果事件监听器接口是函数式接口，那么创建监听器时可以使用 lambda 表达式。

【例 5-16】 使用 lambda 表达式进行事件处理示例。实现［例 5-11］中的功能。

```
import java.awt.*;
import javax.swing.*;
import java.awt.event.*;
class EventDemo {
     JFrame frame;
     JButton okButton, cancelButton;
     EventDemo(String title) {
          frame = new JFrame(title);
          frame.setSize(260, 150);
          frame.setLayout(new FlowLayout());
          okButton = new JButton("确定");
          cancelButton = new JButton("取消");
```

```
        frame.add(okButton);
        frame.add(cancelButton);
        frame.setVisible(true);
        frame.setDefaultCloseOperation(JFrame.EXIT_ON_CLOSE);
        // 创建匿名类进行"确定"按钮的事件处理
        okButton.addActionListener(new ActionListener() {
            public void actionPerformed(ActionEvent e) {
                frame.setTitle("单击了确定按钮");
            }
        });
        // 使用 lambda 表达式进行"取消"按钮的事件处理
        cancelButton.addActionListener(e -> frame.setTitle("单击了取消按钮"));
    }
}
public class App5_16 {
    public static void main(String[] args){
        EventDemo evd = new EventDemo("事件响应");
    }
}
```

说明：程序中，“确定”按钮的事件处理仍然使用匿名类，“取消”按钮的事件处理应用了 lambda 表达式，它将监听器类的定义、actionPerformed()方法的实现及监听器对象的创建融为一体。两种方式的实现效果等价，但使用 lambda 表达式后省略了编译器能够推断出来的内容，从而突出了重要的事件处理代码，使程序更加简洁。

lambda 表达式的功能非常强大，有兴趣的读者请参阅相关资料。

5.4.8 鼠标事件 MouseEvent、键盘事件 KeyEvent 与图形绘制

在 GUI 程序中，通常使用鼠标和键盘进行人机交互操作。鼠标的移动、单击、双击等会引发鼠标事件，键盘的按下，释放会引发键盘事件。由于这两种事件常用于图形绘制中，因此首先介绍 Java 语言中图形绘制的基本方法。

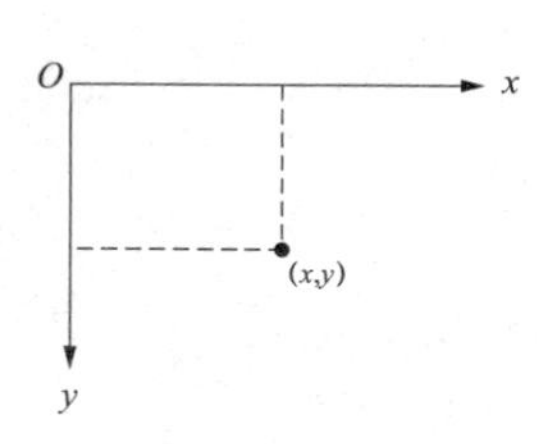

图 5-23　组件坐标系

图形包括直线、曲线、矩形、圆形、多边形等，Java 语言提供了在组件上绘图的功能。组件的坐标系原点(0, 0)在组件的左上角，x 轴水平向右，y 轴垂直向下，坐标单位是像素，如图 5-23 所示。

5.4.8.1 Color 类和绘图类 Graphics

图形绘制一般会用到 java.awt 包中的 Color 类和 Graphics 类等。

Color 类中包含若干表示颜色的静态变量，例如 Color.blue（蓝色）、Color.green（绿色）、Color.lightGray（浅灰色）、Color.red（红色）、Color.yellow（黄色）。除了这些静态变量表示的颜色以外，还可以通过 Color 类的构造方法来创建所需要的颜色。常用的构造方法的格式为

```
public Color(int r, int g, int b)
```

其中，r 表示红色分量，g 表示绿色分量，b 表示蓝色分量，这些值都在(0～255)的范围内。

Graphics 类提供了很多绘制二维图形的方法。绘图前，需要使用组件的 getGraphics()方法获取 Graphics 类的对象，形式为

```
Graphics g = component.getGraphics();
```

Graphics 类常用的成员方法如表 5-13 所示。

表 5-13　**Graphics 类常用的成员方法**

方 法 原 型	说 明
public abstract void drawLine(int x1, int y1, int x2, int y2)	在点(x1, y1)和(x2, y2)之间画一条线
public void drawRect(int x, int y, int width, int height)	绘制宽 width、高 height 的矩形，矩形左上顶点的坐标是(x, y)
public abstract void drawOval(int x, int y, int width, int height)	绘制椭圆，该椭圆刚好能放入由 x、y、width 和 height 参数指定的矩形中
public abstract void fillOval(int x, int y, int width, int height)	使用当前颜色填充外接指定矩形的椭圆
public abstract void drawString(String str, int x, int y)	在点(x, y)处开始绘制给定的文本
public abstract Color getColor()	获取当前颜色
public abstract void setColor(Color c)	设置颜色

例如，在面板上绘制圆形和矩形的代码为

```
JPanel drawPanel = new JPanel();          // 创建面板,用于绘制图形
g = drawPanel.getGraphics();              // 获得绘图对象 g
g.setColor(Color.BLUE);                   // 设置当前颜色为蓝色
g.drawOval(50, 50, 100, 100);             // 绘制圆形
g.drawRect(220, 50, 100, 100);            // 绘制矩形
```

绘图的效果如图 5-24 所示，完整程序略。

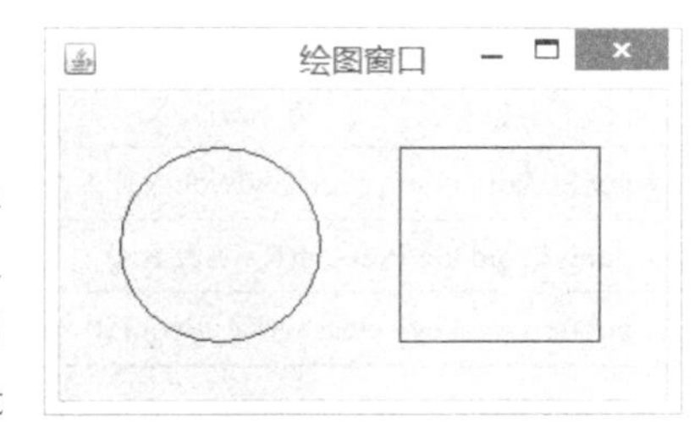

图 5-24　Graphics 绘图示例

5.4.8.2　鼠标事件 MouseEvent

鼠标事件类 MouseEvent 对应的监听器接口是 MouseListener 和 MouseMotionListener，这两个接口中定义了鼠标事件处理的抽象方法。适配器类 MouseAdapter 和 MouseMotionAdapter 分别实现了这两个接口。MouseEvent 类常用的成员方法如表 5-14 所示。

表 5-14　**MouseEvent 类常用的成员方法**

方 法 原 型	说 明
public int getX()	返回事件相对于源组件的水平 x 坐标
public int getY()	返回事件相对于源组件的垂直 y 坐标
public Point getPoint()	返回事件相对于源组件的 x，y 坐标
public int getClickCount()	返回与此事件关联的鼠标单击次数
public int getButton()	返回用户操作的鼠标按键。返回值是以下常量之一：NOBUTTON、BUTTON1（左键）、BUTTON2（中键）或 BUTTON3（右键）

MouseListener 接口中包含的成员方法如表 5-15 所示。

表 5-15　**MouseListener 接口中包含的成员方法**

方 法 原 型	说 明
void mouseClicked(MouseEvent e)	鼠标键在组件上单击（按下并释放）时调用
void mousePressed(MouseEvent e)	鼠标键在组件上按下时调用

续表

方 法 原 型	说 明
void mouseReleased(MouseEvent e)	鼠标键在组件上释放时调用
void mouseEntered(MouseEvent e)	鼠标进入到组件上时调用
void mouseExited(MouseEvent e)	鼠标离开组件时调用

MouseMotionListener 接口中包含的成员方法如表 5-16 所示。

表 5-16 MouseMotionListener 接口中包含的成员方法

方 法 原 型	说 明
void mouseDragged(MouseEvent e)	鼠标按键在组件上按下并拖动时调用
void mouseMoved(MouseEvent e)	鼠标在组件上移动，但无按键按下时调用

5.4.8.3 键盘事件 KeyEvent

当按下、释放或敲击键盘上的按键时，会触发键盘事件。键盘事件类是 KeyEvent 类，处理键盘事件时可以实现 KeyListener 接口，也可以继承适配器类 KeyAdapter。KeyListener 接口中包含的成员方法如表 5-17 所示。

表 5-17 KeyListener 接口中包含的成员方法

方 法 原 型	说 明
public void keyTyped(KeyEvent e)	敲击某个键时调用
public void keyPressed(KeyEvent e)	按下某个键时调用
public void keyReleased(KeyEvent e)	释放某个键时调用

处理键盘事件时，常常需要获取与事件相关的按键，这通过调用 KeyEvent 类的成员方法来实现。KeyEvent 类常用的成员方法如表 5-18 所示。

表 5-18 KeyEvent 类常用的成员方法

方 法 原 型	说 明
public char getKeyChar()	返回与此事件中的键关联的字符
public int getKeyCode()	返回与此事件中的键关联的键码值

getKeyChar()方法返回的是敲击键盘时输入的字符，例如，输入 shift+'a'时，返回值是'A'。getKeyCode()方法返回的是键码值（键盘上的每个按键都有对应的码值）。不过，需要注意的是，getKeyCode()方法只能用在 keyPressed()或 keyReleased()方法中，不能用于 keyTyped()方法中。

【例 5-17】 鼠标和键盘事件处理示例。创建一个简单的电子白板程序，可以用鼠标在上面绘画（根据鼠标的移动轨迹绘制图形），也可以用键盘在上面写字，如图 5-25 所示。

分析：绘画时，首先按下鼠标左键，触发鼠标事件的发生，记住当前的位置坐标 p1(x, y)，然后拖动鼠标，又触发鼠标事件的发生，获取鼠标新的位置坐标 p2(x, y)，然后在 p1、p2 之间绘制线段。继续拖动鼠标，再次触发鼠标事件的发生，获取新的坐标位置 p3(x, y)，在

p2 和 p3 之间绘制线段……不断重复这个过程，就能够绘制出鼠标的运动轨迹，也就实现了鼠标作画的功能。

写字时，首先按下鼠标左键，触发鼠标事件，记住当前的位置坐标 p(x, y)，然后敲击键盘，触发键盘事件，获取输入的字符，显示在位置 p 处。如果继续输入，又会触发键盘事件，获取输入的字符，显示在位置(x+10, y)处。若继续输入，则获取字符，显示在位置(x+20, y)处，……依次类推。

图 5-25 电子白板

```
import javax.swing.*;
import java.awt.*;
import java.awt.event.*;
class MouseAndKeyDemo {
    JFrame frame;
    int lastX = 0, lastY = 0;                       // 鼠标的最新位置坐标
    public MouseAndKeyDemo() {                      // 构造方法
        frame = new JFrame("电子白板");
        // 将内容面板的背景色设为白色
        frame.getContentPane().setBackground(Color.white);
        frame.setForeground(Color.blue);            // 将绘图的前景色设为蓝色
        frame.setSize(400, 300);
        frame.setVisible(true);
        frame.setDefaultCloseOperation(JFrame.EXIT_ON_CLOSE);
        // 使用匿名类处理鼠标事件
        frame.addMouseListener(new MouseAdapter() {
            public void mousePressed(MouseEvent e) { // 按下鼠标左键时
                lastX = e.getX();                   // 获取鼠标的最新位置
                lastY = e.getY();
            }
        });
        // 使用匿名类处理鼠标事件
        frame.addMouseMotionListener(new MouseMotionAdapter() {
            public void mouseDragged(MouseEvent e) { // 拖动鼠标时
                int x = e.getX();                    // 获取鼠标的最新位置
                int y = e.getY();
                Graphics g = frame.getGraphics();
                g.drawLine(lastX, lastY, x, y);      // 画线
                lastX = e.getX();          // 将最新的位置坐标赋给 lastX、lastY
                lastY = e.getY();
            }
        });
        // 使用匿名类处理键盘事件
        frame.addKeyListener(new KeyAdapter() {
            public void keyTyped(KeyEvent e) {    // 敲击键盘时
                // 获取输入的字符,转为字符串
                String s = String.valueOf(e.getKeyChar());
                // 绘制字符
                frame.getGraphics().drawString(s, lastX, lastY);
                lastX += 10;                        // 下一个字符的 x 坐标
            }
```

```
            });
        }
    }
    public class App5_17 {
        public static void main(String[] args) {
            new MouseAndKeyDemo();
        }
    }
```

5.5 选项类组件

单选按钮、复选框、组合框和列表框都是从给定的多个选项中进行选择，通称为选项类组件。

5.5.1 单选按钮 JRadioButton

单选按钮（JRadioButton）有选中和未选中两种状态，一般成组使用，组内各个按钮是互斥的，同一时刻只能有一个按钮被选中。

1. JRadioButton 类的常用构造方法

（1）public JRadioButton(Icon icon)：创建一个单选按钮，显示指定的图像。

（2）public JRadioButton(String text)：创建一个单选按钮，显示指定的文本。

（3）public JRadioButton(String text, Icon icon)：创建一个单选按钮，显示指定的文本和图像。

（4）public JRadioButton(String text, Icon icon, boolean selected)：创建一个单选按钮，显示指定的文本、图像和选中状态。

例如，创建两个单选按钮，分别显示“教师”（选中）和“学生”（未选中），代码为

```
JRadioButton radioButtonTeacher = new JRadioButton("教师",true);
JRadioButton radioButtonStudent = new JRadioButton("学生");
```

2. 按钮组对象

若要单选按钮之间具有互斥性，需要创建一个 ButtonGroup 类的对象（按钮组对象），然后将各个单选按钮逐个添加到按钮组对象中，代码为

```
ButtonGroup buttonGroup=new ButtonGroup();
buttonGroup.add(radioButtonTeacher);
buttonGroup.add(radioButtonStudent);
```

ButtonGroup 类位于 javax.swing 包中。

3. JRadioButton 类的常用成员方法

（1）public boolean isSelected()：返回按钮的状态。按钮被选中时返回 true，否则返回 false。

（2）public void setSelected(boolean b)：设置按钮的状态，参数为 true 时设为选中状态，为 false 时设为未选中状态。

4. 单选按钮的事件处理

单击单选按钮时，产生选项事件 ItemEvent，ItemEvent 类对应的监听器接口是

ItemListerner。ItemListerner 接口中只有一个 itemStateChanged()方法，该方法在选定某个选项或取消选定某个选项时调用，方法原型为

void itemStateChanged(ItemEvent e)

进行事件处理时，往往需要知道哪一个单选按钮被选中，通过调用 isSelected()方法来实现。

【例 5-18】 单选按钮应用示例。有三个单选按钮，分别显示“红色”、“绿色”和“蓝色”，选中某个按钮后，面板的背景色变为相应的颜色，如图 5-26 所示。

图 5-26　单选按钮示例

分析：单击某个单选按钮，触发动作事件（ActionEvent）和选项事件（ItemEvent）。这里处理选项事件。设置面板的背景色调用面板的 setBackground()方法。

```
import java.awt.*;
import java.awt.event.*;
import javax.swing.*;
class JRadiobuttonDemo implements ItemListener {
      JFrame frame;
      JRadioButton rbRed, rbGreen, rbBlue;
      JPanel drawPanel;
      JRadiobuttonDemo() {
          frame = new JFrame("单选按钮练习");
          drawPanel = new JPanel();
          drawPanel.setBackground(Color.RED);
          frame.add(drawPanel);
          // 创建三个单选按钮
          rbRed = new JRadioButton("红色", true);// "红色"单选按钮初始状态为选中
          rbGreen = new JRadioButton("绿色");   // "绿色"单选按钮初始状态为未选中
          rbBlue = new JRadioButton("蓝色");
          JPanel p = new JPanel();
          p.setLayout(new GridLayout(1, 3));
          p.add(rbRed);
          p.add(rbGreen);
          p.add(rbBlue);
          frame.add(p, BorderLayout.NORTH);
          // 创建按钮组,并将单选按钮添加其中
          ButtonGroup bgroup = new ButtonGroup();
          bgroup.add(rbRed);
          bgroup.add(rbGreen);
          bgroup.add(rbBlue);
          // 单选按钮的选项事件注册,由本类来处理
          rbRed.addItemListener(this);
          rbGreen.addItemListener(this);
          rbBlue.addItemListener(this);
          frame.setSize(300, 200);
          frame.setVisible(true);
          frame.setDefaultCloseOperation(JFrame.EXIT_ON_CLOSE);
      }
      public void itemStateChanged(ItemEvent e) {
```

```
            if (rbRed.isSelected())                    // 如果选中红色按钮
                drawPanel.setBackground(Color.RED); // 面板背景色变为红色
            else if (rbGreen.isSelected())
                drawPanel.setBackground(Color.GREEN);
            else if (rbBlue.isSelected())
                drawPanel.setBackground(Color.BLUE);
            System.out.println("执行 itemStateChanged()方法");// 输出标志字符串
        }
    }
    public class App5_18 {
        public static void main(String arg[]) {
            new JRadiobuttonDemo();
        }
    }
```

运行程序，最初“红色”按钮被选中，面板的背景色是红色。单击“绿色”按钮后，面板的背景色变为绿色，控制台输出结果为

```
执行 itemStateChanged()方法
执行 itemStateChanged()方法
```

说明：从程序运行结果看，虽然只单击了一次按钮，但 itemStateChanged()方法执行了两次。这是因为处理选项事件时，只要按钮的选中状态发生了变化（由“选中”变为“未选中”，或者由“未选中”变为“选中”），都会执行 itemStateChanged()方法。单击“绿色”按钮时，“红色”按钮变为“未选中”，“绿色”按钮变为“选中”，两个按钮的状态都发生了改变，因此 itemStateChanged()方法执行了两次，第一次执行是因为取消了当前选中的项，第二次执行是由于选择了新项。

每一次改变选项都要执行两次 itemStateChanged()方法，降低了系统效率。解决这个问题的办法是在 itemStateChanged()方法中增加判断事件源选中状态的语句，如果事件源是选中状态则执行后面的代码，否则就退出 itemStateChanged()方法。

以上程序中，处理的是单选按钮的选项事件。如果按照动作事件（ActionEvent）处理，需要修改部分代码：

（1）JRadiobuttonDemo 类实现的接口改为 ActionListener，形式为

```
class JRadiobuttonDemo implements ActionListener
```

（2）需要实现 ActionListener 接口中的方法 actionPerformed()，将 itemStateChanged()方法中的代码移到 actionPerformed()方法中，具体代码为

```
public void actionPerformed(ActionEvent e) {
    if (rbRed.isSelected())
        drawPanel.setBackground(Color.RED);
    else if (rbGreen.isSelected())
        drawPanel.setBackground(Color.GREEN);
    else if (rbBlue.isSelected())
        drawPanel.setBackground(Color.BLUE);
    System.out.println("执行 actionPerformed()方法");
}
```

运行修改后的程序，最初“红色”按钮被选中，面板的背景色是红色。单击“绿色”按

钮后，面板的背景色变为绿色，控制台的输出结果为

```
执行 actionPerformed() 方法
```

从程序运行结果看，actionPerformed ()方法只执行了一次。因此，进行单选按钮的事件处理时使用动作事件（ActionEvent）更方便高效。

5.5.2　复选框 JCheckBox

复选框（JCheckBox）有选中和未选中两种状态，一般成组使用。与单选按钮不同，复选框之间没有互斥性，可以同时选中多个复选框。

1. JCheckBox 类的常用构造方法

（1）public JCheckBox()：创建一个没有文本、没有图标并且最初未被选中的复选框。

（2）public JCheckBox(Icon icon)：创建一个带有图标、最初未被选中的复选框。

（3）public JCheckBox(String text)：创建一个带文本的、最初未被选中的复选框。

（4）public JCheckBox(String text, boolean selected)：创建一个带文本的复选框，并指定其最初是否处于选中状态。

（5）public JCheckBox(String text, Icon icon, boolean selected)：创建一个带文本和图标的复选框，并指定其最初是否处于选中状态。

例如，创建两个复选框，分别显示“加粗”和“下划线”，代码为

```
JCheckBox  checkBoxBold = new JCheckBox ("加粗");
JCheckBox checkboxUnderline = new JCheckBox ("下划线");
```

2. JCheckBox 类的常用成员方法

（1）public boolean isSelected()：返回复选框的状态。如果被选中，返回 true，否则返回 false。

（2）public void setSelected(boolean b)：设置复选框的状态，参数为 true 时设为选中状态，为 false 时设为未选中状态。

3. 复选框的事件处理

复选框选中状态发生变化时会引发 ItemEvent 事件，该事件对应的接口以及包含的方法参见 5.5.1 节，这里不再赘述。进行事件处理时，可以调用 isSelected()方法判断复选框的选中状态。

【例 5-19】 复选框应用示例。有三个复选框按钮，分别是“红色”“绿色”和“蓝色”，选中某个或某些按钮后，面板的背景色变为相应的颜色。要求考虑色彩的组合效果，例如三个复选框都选中时显示白色，红色和绿色选中时显示黄色等，如图 5-27 所示。

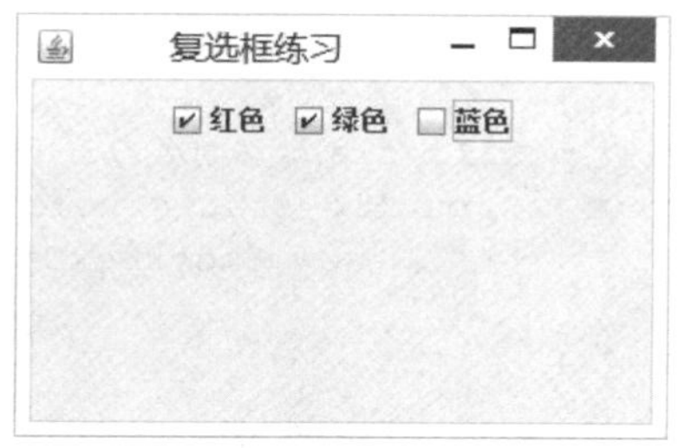

图 5-27　复选框示例

分析：界面上有三个复选框，每个复选框的状态都有两种（选中和未选中）。综合起来，一共有八种状态，可以采用八个分支的 if 语句来实现，也可以简化一下，采用 Color 类的构造方法 Color(r, g, b)设定面板的背景色。首先获取每个复选框的状态，如果被选中了则相应参数的值为 255，如果未选中则相应的参数为 0。

```
import java.awt.*;
```

```
import javax.swing.*;
import java.awt.event.*;
class CheckBoxDemo implements ItemListener {   // 实现 ItemListener 接口
    JFrame frame;
    JPanel layoutPanel, drawPanel;
    JCheckBox checkBoxRed, checkBoxGreen, checkBoxBlue;
    CheckBoxDemo() {                              // 构造方法
        frame = new JFrame("复选框练习");
        checkBoxRed = new JCheckBox("红色");
        checkBoxGreen = new JCheckBox("绿色");
        checkBoxBlue = new JCheckBox("蓝色");
        layoutPanel = new JPanel();
        drawPanel = new JPanel();
        layoutPanel.add(checkBoxRed);
        layoutPanel.add(checkBoxGreen);
        layoutPanel.add(checkBoxBlue);
        frame.add(layoutPanel, BorderLayout.NORTH);
        frame.add(drawPanel);
        frame.setSize(300, 200);
        frame.setVisible(true);
        frame.setDefaultCloseOperation(JFrame.EXIT_ON_CLOSE);
        // 复选框的选项事件注册,由本类来处理
        checkBoxRed.addItemListener(this);
        checkBoxGreen.addItemListener(this);
        checkBoxBlue.addItemListener(this);
    }
    public void itemStateChanged(ItemEvent e) {// 实现监听器接口中的方法
        int red = 0, green = 0, blue = 0;
        if (checkBoxRed.isSelected()) {         // 判断红色复选框是否选中
            red = 255;                          // 如果被选中,red 赋值为 255
        }
        if (checkBoxGreen.isSelected()) {       // 判断绿色复选框是否选中
            green = 255;                        // 如果被选中,green 赋值为 255
        }
        if (checkBoxBlue.isSelected()) {        // 判断蓝色复选框是否选中
            blue = 255;                         // 如果被选中,blue 赋值为 255
        }
        // 根据 red、green 和 blue 的值创建 Color 对象,并设置为面板的背景色。
        drawPanel.setBackground(new Color(red, green, blue));
    }
}
public class App5_19 {
    public static void main(String args[]) {
        new CheckBoxDemo();
    }
}
```

5.5.3 组合框 JComboBox

组合框（JComboBox）又称为下拉列表框，单击其右侧的下拉箭头会展开一个选项列表，可以从列表中选择一项作为结果。不操作时选项列表隐藏起来，只显示最前面的或被选中的一项。组合框有两种使用模式，一种是默认的不可编辑模式，只能从列表中选择一

项，一种是可编辑模式，除了可以从列表中进行选择之外，还可以输入列表中不包含的内容。

1. JComboBox 类常用的构造方法

（1）public JComboBox()：创建一个选项列表为空的组合框。

（2）public JComboBox(Object[] items)：以数组 items 中的数组元素为选项创建一个组合框，默认选择第一个数组元素。

（3）public JComboBox(Vector<?> items)：以向量 items 中的元素为选项创建一个组合框，默认选择向量的第一个元素。

2. JComboBox 类的常用成员方法

（1）public void addItem(Object anObject)：为组合框的选项列表添加新的选项，位置在末尾。

（2）public void insertItemAt(Object anObject, int index)：在选项列表的给定索引处插入新的选项。

（3）public void removeItem(Object anObject)：从选项列表中移除选项。

（4）public void removeItemAt(int anIndex)：从选项列表中移除指定索引处的选项。

（5）public void removeAllItems()：从选项列表中移除所有选项。

（6）public Object getSelectedItem()：返回被选中的选项。

（7）public int getSelectedIndex()：返回被选中的选项序号。如果列表中不存在该选项，返回–1。

（8）public void setEditable(boolean aFlag)：设置组合框中的选项是否可编辑，默认不可编辑。

注：选项列表的索引从 0 开始。

3. 创建组合框

创建组合框时，可以先创建一个空的组合框，然后再添加选项，代码为

```
JComboBox  comboBox = new JComboBox();
comboBox.addItem("12");
comboBox.addItem("14");
……
```

当选项较多时，可以将所有选项存入一个数组或向量中，再以数组或向量为参数创建组合框，代码为

```
    String[] fontSize = { "10", "12", "18", "24",
"32","48" };
    JComboBox comboBox = new JComboBox(fontSize);
```

4. 组合框的事件处理

在组合框中选择某个选项或者输入内容并回车后，触发选项事件 ItemEvent。该事件对应的接口以及包含的方法参见 5.5.1 节，这里不再赘述。

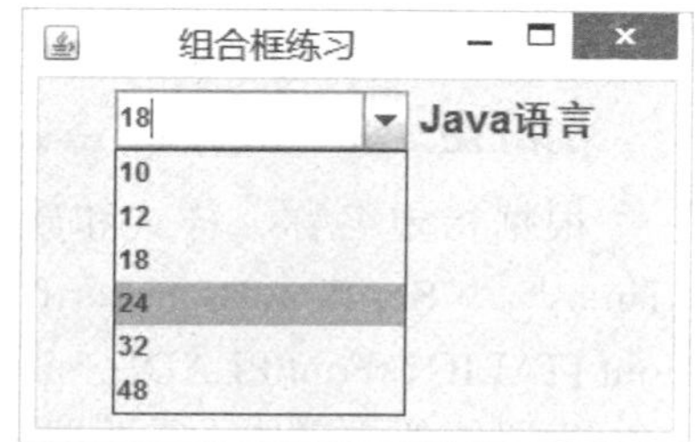

图 5-28　组合框示例

【例 5-20】 组合框应用示例。创建如图 5-28 所示界面，组合框表示字号，在组合框中选择或输入一个字号后，标签“Java 语言”会随之改变字号的

大小。

分析：由于题目要求可以选择或输入字号，因此组合框应该设为可编辑模式。当选择或输入字号后，标签的字号要随之改变，因此要对组合框的选项事件 ItemEvent 进行处理。

```
import java.awt.*;
import java.awt.event.*;
import javax.swing.*;
class JComboBoxDemo implements ItemListener {      // 实现ItemListener接口
      JFrame frame;
      JComboBox comboBox;
      JLabel label;
      public JComboBoxDemo() {
            frame = new JFrame("组合框练习");
            frame.setLayout(new FlowLayout());
            String fontSize[] = { "10", "12", "18", "24", "32","48" };
            comboBox = new JComboBox(fontSize);     // 创建组合框
            comboBox.setEditable(true);             // 将组合框设为可编辑状态
            label = new JLabel("Java 语言");
            frame.add(comboBox);
            frame.add(label);
            frame.setSize(300, 200);
            frame.setVisible(true);
            frame.setDefaultCloseOperation(JFrame.EXIT_ON_CLOSE);
            comboBox.addItemListener(this);
      }
      public void itemStateChanged(ItemEvent e) {  // 实现监听器接口中的方法
            Font font = label.getFont();            // 取得标签label的字体
            // 根据用户选择的字号,创建新的字体对象
            font = new Font(font.getName(), font.getStyle(),
                  Integer.parseInt((String)comboBox.getSelectedItem()));
            label.setFont(font);                    // 为标签设置新字体
      }
}
public class App5_20 {
      public static void main(String args[]) {
            new JComboBoxDemo();
      }
}
```

程序中用到了 java.awt 包中的字体类 Font。Font 类常用的构造方法为

```
public Font(String name, int style, int size)
```

根据指定名称、样式和磅值大小，创建一个 Font 对象。其中，name 表示字体，如 "Times"、"Serif"、"SansSerif"、"Courier"；style 表示字体的风格，如 Font.BOLD、Font.ITALIC、Font.PLAIN；size 表示字号，如 12、16、32 等。

设置组件的字体，需要调用 setFont()方法，例如：

```
JComponent  c = ... ;
c.setFont(new Font("SansSerif", Font.BOLD, 12));
```

关于 Font 类的详细介绍请参见相关资料，这里不再赘述。

在本例中，直接对组合框的选项事件进行处理，组合框的选项改变后，立刻改变标签的字号。但在实际应用中，较少使用这种方式，一般都是在组合框选择一个选项后，再单击一个按钮来触发后续的操作，使用起来更加方便高效。

5.5.4　列表框 JList

与组合框类似，列表框（JList）也是包含多个选项供用户选择。与组合框不同之处在于，组合框只能显示一行，列表框可以显示多行；组合框只能选择其中一个选项，列表框可以选中多个选项。

1. JList 类的常用构造方法

（1）public JList()：创建空列表框。

（2）public JList(Object[] listData)：以数组中的元素作为选项创建列表框。

（3）public JList(Vector<?> listData)：以向量中的元素作为选项创建列表框。

例如，创建一个字号列表框，选项有 10、12、18、24、32 和 48。

```
String fontSize[] = { "10", "12", "18", "24", "32","48" };
JList list = new JList(fontSize);
```

2. 将列表框添加到滚动面板中

列表框选项较多时，导致列表框太长，这时可设置列表框的显示行数，同时配合使用滚动面板。

```
list.setVisibleRowCount(4);                          // 设置可见行数为 4
JScrollPane listScrollPane = new JScrollPane(list);// 将列表框添加到滚动面板中
```

3. JList 类的常用成员方法

（1）设置列表框的选择模式。列表框有三种选择模式：单选、单区间、多区间（默认模式），设置方法如下：

```
list.setSelectionMode(ListSelectionModel.SINGLE_SELECTION);          //单选
list.setSelectionMode(ListSelectionModel.SINGLE_INTERVAL_SELECTION); //单区间
list.setSelectionMode(ListSelectionModel.MULTIPLE_INTERVAL_SELECTION);//多区间
```

（2）获得用户所选择的列表框选项。

1）获得所选择的列表框选项。

```
Object[] selected = list.getSelectedValues();
```

2）获得所选择的列表框选项对应的索引号。

```
int[] selectedIndex = list.getSelectedIndices();
```

3）获得列表框中被选择的第一个选项。

```
Object selected = list.getSelectedValue();
```

4）获得列表框中被选择的第一个选项的索引号。

```
int selectedIndex = list.getSelectedIndex();
```

4. 列表框的事件处理

用户选择列表框中的选项时，会触发列表选择事件 ListSelectionEvent，其对应的监听器接口为 ListSelectionListener，该接口中只有一个方法，方法原型为

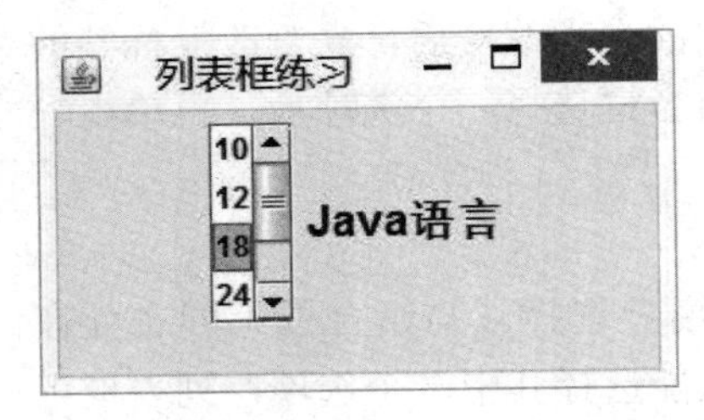

图 5-29 列表框示例

public void valueChanged(ListSelectionEvent e)

ListSelectionEvent 类和 ListSelectionListener 接口都在 javax.swing.event 包中。

【例 5-21】 列表框应用示例。将［例 5-20］中的组合框替换为列表框，如图 5-29 所示。

分析：从题意上看，列表框的选择模式应为单选，要处理的事件为列表选择事件 ListSelectionEvent。

```
import java.awt.*;
import javax.swing.*;
import javax.swing.event.*;
// 实现 ListSelectionListener 接口
class JListDemo implements ListSelectionListener {
    JFrame frame;
    JList list;
    JLabel label;
    public JListDemo() {
        frame = new JFrame("列表框练习");
        frame.setLayout(new FlowLayout());
        String fontSize[] = { "10", "12", "18", "24", "32", "48" };
        list = new JList(fontSize);                     // 创建列表框
        list.setVisibleRowCount(4);                     // 设置列表框可见行数为 4
        // 将列表框添加到滚动面板中
        JScrollPane listScrollPane = new JScrollPane(list);
        label = new JLabel("Java 语言");
        frame.add(BorderLayout.WEST, listScrollPane);
        frame.add(label);
        frame.setSize(300, 200);
        frame.setVisible(true);
        frame.setDefaultCloseOperation(JFrame.EXIT_ON_CLOSE);
        list.addListSelectionListener(this);     // 注册监听器
    }
    // 实现 valueChanged()方法
    public void valueChanged(ListSelectionEvent e) {
        Font font = label.getFont();                    // 取得标签 label 的字体
        font = new Font(font.getName(), font.getStyle(),
               Integer.parseInt((String)list.getSelectedValue()));
        label.setFont(font);                            // 为标签设置新字体
    }
}
public class App5_21 {
    public static void main(String args[]) {
        new JListDemo();
    }
}
```

5.6 对　话　框

对话框在图形用户界面中经常出现，用于显示提示信息，得到用户确认，或者接受简单的输入等。对话框分为模式对话框和非模式对话框两种。模式对话框一旦打开用户必须对其做出响应，在关闭对话框之前不能访问本程序的其他窗口。非模式对话框则没有这种限制，用户可以自由操作其他窗口。模式对话框更常用。

Java 提供了多个类来支持对话框的操作，如 JDialog 类（自定义对话框）、JOptionPane 类（标准对话框）和 JFileChooser 类（选择文件对话框）等。本节重点介绍 JDialog 和 JOptionPane 类的使用，关于 JFileChooser 类的使用请参见第 6 章。

5.6.1 自定义对话框 JDialog

对话框（JDialog）与 JFrame 类似，它是有标题、有边框的顶层容器，其初始宽和高都是 0，不可见，需要设置其大小和可见性。可以将按钮、文本框等组件添加到对话框的内容面板中，对话框的默认布局方式是 BorderLayout。与 JFrame 不同的是，对话框没有最小化和最大化按钮，不能独立存在，需要有一个上级窗口（通常是 JFrame），这个上级窗口称为对话框的拥有者或者对话框的父窗口。另外，对话框是一种可以反复使用的资源，当某个对话框不需要显示时，可暂时隐藏起来，留待以后使用。JDialog 类的构造方法有多个，比较常用的是：

```
public JDialog(Frame owner, String title, boolean modal)
```

其中，参数 owner 指明对话框隶属于哪个窗口（可以为 null），参数 title 指明对话框的标题，参数 modal 表示该对话框是否是模式对话框。

JDialog 类常用的成员方法与 JFrame 类相似，这里不再赘述。

例如，创建一个对话框并做简单的设置，代码为

```
// 创建模式对话框,指明了标题和父窗口
JDialog dialog = new JDialog(frame, "对话框", true);
dialog.setSize(200, 130);                    // 设置对话框的宽和高
```

对话框的弹出实际上是调用 setVisible()方法将其可见性设为 true：

```
dialog.setVisible(true);                     // 将对话框设为可见
```

向对话框中添加组件的方法与 JFrame 相同。

5.6.2 标准对话框

使用 JDialog 类可以定制对话框，使用起来灵活方便，但是对话框中包含的组件及其布局、事件处理都要程序员一一编程实现，工作量较大。实际上，程序中用到的对话框往往都很相似，用于显示信息、进行确认或者输入简单的数据等。JOptionPane 类提供了若干个静态方法来创建这些常用的标准对话框，如图 5-30 所示。其中，消息对话框用来显示信息；确认对话框用来进行操作的确认；选项对话框与确认对话框类似，只是可以定制对话框中的按钮；输入对话框用来进行简单数据的输入。

对话框包括标题、显示的信息、按钮及图标等部分，如图 5-30（b）所示。JOptionPane 类中用于创建对话框的静态成员方法如表 5-19 所示，这些方法的参数主要就是这四个元素。

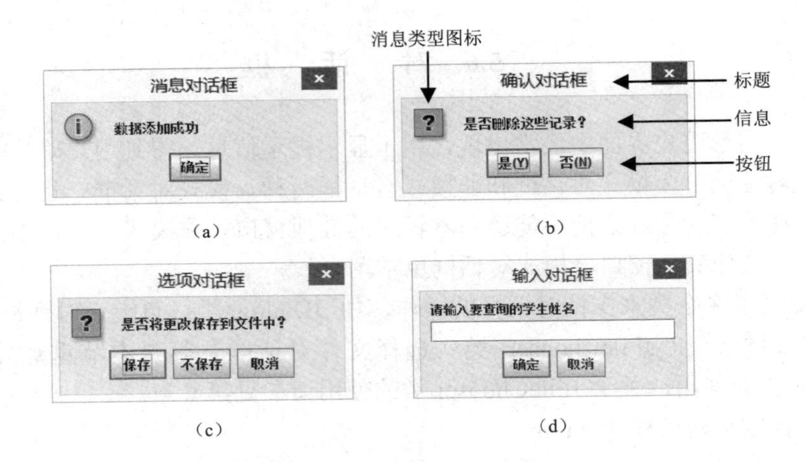

（a） （b） （c） （d）

图 5-30 标准对话框

（a）消息对话框；（b）确认对话框；（c）选项对话框；（d）输入对话框

表 5-19 JOptionPane 类常用的成员方法

方 法 原 型	说 明
public static void showMessageDialog(Component parentComponent, Object message, String title, int messageType) throws HeadlessException	创建一个消息对话框。参数的含义如下： （1）parentComponent：指定对话框的父窗口，可以为 null； （2）message：指定要显示的信息； （3）title：指定对话框的标题； （4）messageType：表示消息类型，消息类型不同，对话框中的图标不同。messageType 的取值用 JOptionPane 类的静态常量表示：ERROR_MESSAGE（x）、INFORMATION_MESSAGE（i）、WARNING_MESSAGE（!）、QUESTION_MESSAGE（?）或 PLAIN_MESSAGE（无）
public static void showConfirmDialog(Component parentComponent, Object message, String title, int optionType, int messageType) throws HeadlessException	创建一个确认对话框。参数的含义如下： （1）optionType：指定在对话框中显示哪些按钮，其可能取值为：YES_NO_OPTION（是、否）、YES_NO_CANCEL_OPTION（是、否、取消）或 OK_CANCEL_OPTION（确定、取消）； （2）其他参数含义同上
public static int showOptionDialog(Component parentComponent, Object message, String title, int optionType, int messageType, Object[] options, Object initialValue) throws HeadlessException	创建一个选项对话框。参数的含义如下： （1）options 数组：指定对话框中的按钮； （2）initialValue：指定默认选中的按钮； （3）其他参数含义同上
public static Object showInputDialog(Component parentComponent, Object message, String title, int messageType) throws HeadlessException	创建一个输入对话框，参数的含义同上

【例 5-22】 标准对话框应用示例。在窗口中有四个按钮，单击每个按钮都会弹出一种对

话框，分别是消息对话框、确认对话框、选项对话框和输入对话框，这四种对话框如图 5-30 所示。

```
import java.awt.BorderLayout;
import java.awt.event.*;
import javax.swing.*;
class JOptionPaneDemo implements ActionListener {
      JFrame frame;
      JButton buttonMessage, buttonConfirm, buttonOption, buttonInput;
      JTextField tf;
      public JOptionPaneDemo() {
            frame = new JFrame("标准对话框练习");
            frame.setSize(550, 260);
            buttonMessage = new JButton("弹出消息对话框");
            buttonConfirm = new JButton("弹出确认对话框");
            buttonOption = new JButton("弹出选项对话框");
            buttonInput = new JButton("弹出输入对话框");
            JPanel panel = new JPanel();
            frame.add(panel, BorderLayout.SOUTH);
            panel.add(buttonMessage);
            panel.add(buttonConfirm);
            panel.add(buttonOption);
            panel.add(buttonInput);
            frame.setVisible(true);
            frame.setDefaultCloseOperation(JFrame.EXIT_ON_CLOSE);
            buttonMessage.addActionListener(this);
            buttonConfirm.addActionListener(this);
            buttonOption.addActionListener(this);
            buttonInput.addActionListener(this);
      }
      public void actionPerformed(ActionEvent e) {
            if (e.getSource() == buttonMessage)          // 创建并显示消息对话框
               JOptionPane.showMessageDialog(frame, "数据添加成功", "消息对话框",
                     JOptionPane.INFORMATION_MESSAGE);
            else if (e.getSource() == buttonConfirm)   // 创建并显示确认对话框
               JOptionPane.showConfirmDialog(frame,"是否删除这些记录？",
                     "确认对话框",JOptionPane.YES_NO_OPTION);
            else if (e.getSource() == buttonOption) {  // 创建并显示选项对话框
               Object[] option = { "保存", "不保存", "取消" };
               JOptionPane.showOptionDialog(frame,"是否将更改保存到文件中？",
                     "选项对话框", JOptionPane.YES_NO_OPTION,
                      JOptionPane.QUESTION_MESSAGE, null, option, option[0]);
            }
            else if (e.getSource() == buttonInput)      // 创建并显示输入对话框
               System.out.println(JOptionPane.showInputDialog(frame,
                "请输入要查询的学生姓名","输入对话框",JOptionPane.DEFAULT_OPTION));
      }
}
public class App5_22 {
      public static void main(String argo[]) {
            new JOptionPaneDemo();
      }
}
```

程序运行结果如图 5-31 所示。

图 5-31 标准对话框示例

5.7 菜 单

菜单是图形用户界面的重要组件，为用户的操作进行导航，用户通过鼠标或键盘选择菜单中的选项来执行系统提供的功能。菜单分为下拉式菜单和弹出式菜单两种。

5.7.1 下拉式菜单

下拉式菜单主要由菜单栏（JMenuBar）、菜单（JMenu）和菜单项（JMenuItem）组成。菜单栏和菜单都是容器，菜单栏是菜单的容器，菜单是菜单项的容器，如图 5-32 所示。

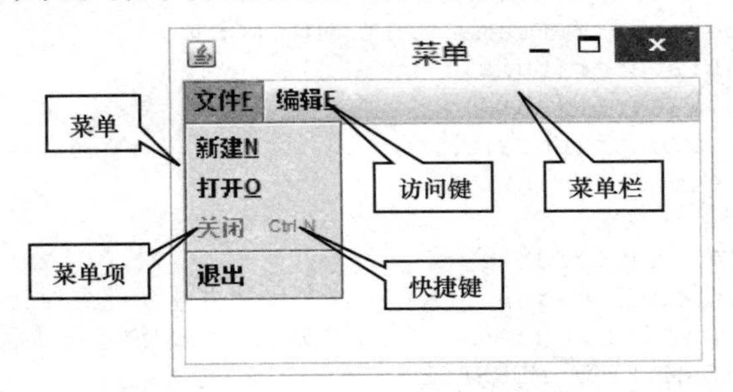

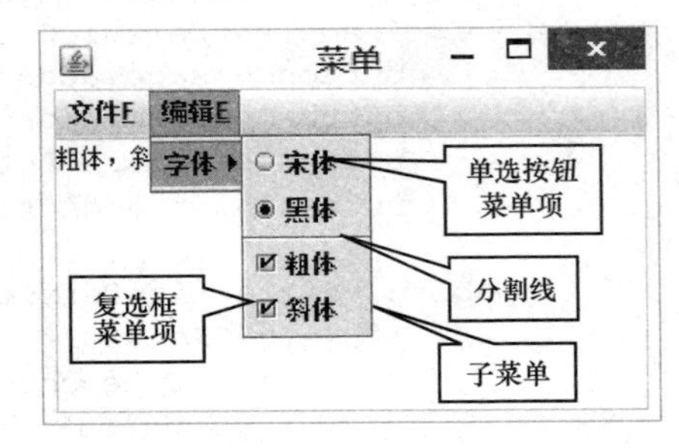

图 5-32 下拉式菜单的组成

创建下拉式菜单时，需要分别创建菜单栏、菜单和菜单项，然后将它们组装起来，将菜单项添加到菜单中，将菜单添加到菜单栏中，将菜单栏添加到窗口中。

1. 创建菜单栏、菜单和菜单项并组合成下拉式菜单

（1）创建菜单栏对象，将其添加到窗口中。

```
JMenuBar menuBar = new JMenuBar();                 // 创建菜单栏
frame.setJMenuBar(menuBar);                        // 添加到窗口中
```

菜单与其他组件不同，不能放入普通的容器，也无法用布局管理器对其加以控制，只能放入菜单容器中。JFrame 类实现了 MenuContainer 接口，可以作为菜单容器。将菜单栏添加到窗口中时，不能调用 add()方法，只能调用 setJMenuBar()方法来实现。

（2）创建菜单，将其添加到菜单栏中。

```
JMenu fileMenu = new JMenu("文件");                // 创建"文件"菜单
menuBar.add(fileMenu);                             // 将菜单添加到菜单栏中
```

将菜单添加到菜单栏时，调用 add()方法来实现，菜单按照添加的顺序从左到右顺次排列。也可以将菜单添加到另一个菜单中，这时称之为子菜单，将子菜单添加到菜单同样是调用 add()方法来实现，如下所示：

```
JMenu authorizationMenu = new JMenu("权限");     // 创建"权限"菜单
fileMenu.add(authorizationMenu);                // 将"权限"菜单添加到"文件"菜单中
```

（3）创建菜单项，将其添加到子菜单或菜单中。

```
JMenuItem newFile = new JMenuItem("新建");      // 创建"新建"菜单项
fileMenu.add(newFile);                         // 将"新建"菜单项添加到"文件"菜单中
```

将菜单项添加到菜单中时，调用 add()方法来实现。菜单项按照添加的顺序从上到下顺次排列。

（4）在菜单项之间添加分割线。当菜单包含较多的菜单项时，可以在适当的地方添加分割线，对菜单项进行逻辑分组，以方便用户的使用，添加分割线的方法为

```
fileMenu.addSeparator();                       // 在"文件"菜单中添加一条分割线
```

（5）设置菜单项的启用或禁用状态，默认是启用状态。

```
newFile.setEnabled(false);                     // 设置"新建"菜单项为禁用状态
```

2. 设置菜单的访问键和快捷键

我们一般都是通过鼠标来点选菜单，当然也可以通过键盘使用访问键和快捷键来访问菜单。菜单和菜单项都可以设置访问键，访问键一般是一个字母键。如果要选择菜单，在键盘上按下“Alt+字母”键即可。如果要选择菜单项，首先要打开其所属的菜单，然后再按下访问键。

需要说明的是，设置访问键时，如果菜单或菜单项的文本中包含访问键字母，那么就在该字母下显示下划线，表示该字母是访问键；如果文本中不包含访问键字母，那么不予显示，不过访问键仍然起作用。在用中文给菜单或菜单项命名时，如果要显示访问键，必须在文本中增加访问键字母。

（1）设置菜单的访问键。例如，创建“文件”菜单，并设置访问键 F：

```
JMenu fileMenu = new JMenu("文件");              // 创建菜单
fileMenu.setMnemonic('F');                      // 设置访问键
```

因为菜单的文本中不含字母 F，访问键不会显示。如果希望显示访问键，可以这样做：

```
JMenu fileMenu = new JMenu("文件 F");            // 在菜单文本中增加访问键字母 F
```

（2）设置菜单项的访问键。例如，创建“打开”菜单项，并设置访问键为 O：

```
JMenuItem menuItemOpen = new JMenuItem("打开 O");// 创建菜单项,增加访问键字母
menuItemOpen.setMnemonic('O');                   // 设置访问键
```

或者，在创建菜单项时直接定义访问键：

```
JMenuItem menuItemOpen = new JMenuItem("打开 O", 'O');
```

第二种方式更简洁。

除了访问键以外，还可以为菜单项设置快捷键。利用快捷键，不用打开相应的菜单就可以直接选中对应的菜单项，非常方便。例如，设置菜单项的快捷键为 Ctrl＋N：

```
menuItem.setAccelerator(KeyStroke.getKeyStroke(KeyEvent.VK_N,
```

```
                              InputEvent.CTRL_ MASK));
```

KeyStroke 类的静态方法 getKeyStroke()创建一个按键的实例，VK_N 是 KeyEvent 类的常量，代表键 N，InputEvent 类的常量 CTRL_MASK 表示与所按的键建立关联。

3. 创建单选按钮菜单项 JRadioButtonMenuItem 和复选框菜单项 JCheckBoxMenuItem

在菜单项文本的前面带有单选按钮或者复选框，称为单选按钮菜单项或复选框菜单项，如图 5-32 所示。这两种菜单项都有选中和未选中两种状态，一般成组出现。单选按钮菜单项与单选按钮性质相同，相互之间具有互斥性，需要创建一个按钮组来管理。

例如，创建两个单选按钮菜单项，并添加到按钮组中使其具有互斥性，最后添加到菜单中，代码为

```
menuItemSun = new JRadioButtonMenuItem("宋体");          // 创建单选按钮菜单项
menuItemHei = new JRadioButtonMenuItem("黑体");
ButtonGroup buttonGroup = new ButtonGroup();             // 创建按钮组
buttonGroup.add(menuItemSun);                            // 将菜单项添加到按钮组中
buttonGroup.add(menuItemHei);
menuFont.add(menuItemSun);                               // 将菜单项添加到菜单中
menuFont.add(menuItemHei);
```

例如，创建复选框菜单项，并添加到菜单中，代码为

```
menuItemBold = new JCheckBoxMenuItem("粗体");            // 创建复选框菜单项
menuFont.add(menuItemBold);                              // 将菜单项添加到菜单中
```

4. 下拉式菜单的事件处理

对菜单进行事件处理时，一般只考虑菜单项。普通的菜单项相当于命令按钮，选择菜单项时触发动作事件（ActionEvent）。通过 ActionEvent 类的 getActionCommand()方法或者 getSource()方法可以获取事件源（菜单项）。

单选按钮菜单项与单选按钮类似，单击时会触发动作事件（ActionEvent）和选项事件（ItemEvent）。复选框菜单项与复选框类似，单击复选框菜单项会触发选项事件（ItemEvent）。

【例 5-23】 下拉式菜单应用示例。创建如图 5-32 所示的下拉式菜单，包含文件和编辑两个菜单，文件菜单中包含“新建”“打开”“关闭”“退出”菜单项，在退出菜单项前面加一个分割线，“关闭”菜单项为禁用状态。“编辑”菜单中包含“字体”子菜单，“字体”子菜单包含两个单选按钮菜单项和两个复选框菜单项，中间加一个分隔符。为菜单和菜单项设置访问键或快捷键。单击某个菜单项，在文本区中显示相应的提示信息。

```
import javax.swing.*;
import java.awt.event.*;
class MenuDemo implements ActionListener, ItemListener {// 实现两个监听器接口
      JFrame frame;
      JTextArea textArea;
      JMenuBar menubar;                                          // 菜单栏
      JMenu menuFile, menuEdit, menuFont;                        // 菜单
      // 菜单项
      JMenuItem menuItemNewfile, menuItemOpen, menuItemClose, menuItemQuit;
      JRadioButtonMenuItem menuItemSun, menuItemHei;             // 单选按钮菜单项
      JCheckBoxMenuItem menuItemBold, menuItemItalic;            // 复选框菜单项
      public MenuDemo() {                                        // 构造方法
```

```
        frame = new JFrame("菜单");
        frame.setSize(300, 200);
        textArea = new JTextArea();
        frame.add(textArea);
        menubar = new JMenuBar();                            // 创建菜单栏
        menuFile = new JMenu("文件 F");                       // 创建菜单
        menuFile.setMnemonic('F');                           // 设置访问键
        menuEdit = new JMenu("编辑 E");
        menuEdit.setMnemonic('E');
        menuFont = new JMenu("字体");                         // 创建子菜单
        menuItemNewfile = new JMenuItem("新建 N", 'N');// 创建菜单项,设置访问键
        menuItemOpen = new JMenuItem("打开 O", 'O');
        menuItemClose = new JMenuItem("关闭");
        menuItemClose.setEnabled(false);                     // 设置菜单项为禁用状态
        menuItemQuit = new JMenuItem("退出");
        menuItemClose.setAccelerator(KeyStroke.              // 设置快捷键
              getKeyStroke(KeyEvent.VK_N, ActionEvent.CTRL_MASK));
        menuItemSun = new JRadioButtonMenuItem("宋体");// 创建单选按钮菜单项
        menuItemHei = new JRadioButtonMenuItem("黑体");
        ButtonGroup buttonGroup = new ButtonGroup(); // 创建按钮组
        buttonGroup.add(menuItemSun);
        buttonGroup.add(menuItemHei);
        menuItemBold = new JCheckBoxMenuItem("粗体");// 创建复选框菜单项
        menuItemItalic = new JCheckBoxMenuItem("斜体");
        // 菜单组装
        frame.setJMenuBar(menubar);                          // 将菜单栏添加到框架中
        menubar.add(menuFile);                               // 将菜单添加到菜单栏中
        menubar.add(menuEdit);
        menuFile.add(menuItemNewfile);                       // 将菜单项添加到菜单中
        menuFile.add(menuItemOpen);
        menuFile.add(menuItemClose);
        menuFile.addSeparator();                             // 添加分割线
        menuFile.add(menuItemQuit);
        menuEdit.add(menuFont);
        menuFont.add(menuItemSun);
        menuFont.add(menuItemHei);
        menuFont.addSeparator();                             // 添加分割线
        menuFont.add(menuItemBold);
        menuFont.add(menuItemItalic);
        frame.setVisible(true);
        frame.setDefaultCloseOperation(JFrame.EXIT_ON_CLOSE);
        menuItemNewfile.addActionListener(this);             // 菜单项动作事件注册
        menuItemOpen.addActionListener(this);
        menuItemClose.addActionListener(this);
        menuItemQuit.addActionListener(this);
        menuItemSun.addItemListener(this);          // 单选按钮菜单项选项事件注册
        menuItemHei.addItemListener(this);
        menuItemBold.addItemListener(this);         // 复选框菜单项选项事件注册
        menuItemItalic.addItemListener(this);
    }
    public void actionPerformed(ActionEvent e) {        // 菜单项的动作事件处理
```

```
            if (e.getSource() == menuItemNewfile)
                textArea.setText("新建文件");
            else if (e.getSource() == menuItemOpen)
                textArea.setText("打开文件");
            else if (e.getSource() == menuItemClose)
                textArea.setText("关闭文件");
            else if (e.getSource() == menuItemQuit)
                textArea.setText("退出");
        }
        // 单选按钮菜单项和复选框菜单项的选项事件处理
        public void itemStateChanged(ItemEvent e) {
            // 如果是单选按钮菜单项
            if (e.getSource() instanceof JRadioButtonMenuItem) {
                if (menuItemSun.isSelected())
                    textArea.setText("宋体");
                else
                    textArea.setText("黑体");
            } else {                                    // 如果是复选框菜单项
                if (menuItemBold.isSelected() && menuItemItalic.isSelected())
                    textArea.setText("粗体,斜体");
                else if (menuItemBold.isSelected())
                    textArea.setText("粗体");
                else if (menuItemItalic.isSelected())
                    textArea.setText("斜体");
                else
                    textArea.setText("");
            }
        }
    }

    public class App5_23 {
        public static void main(String[] args) {
            new MenuDemo();

        }
    }
```

说明：程序中菜单包含的菜单项较少，故使用菜单项变量来表示，在菜单项比较多的情况下，建议使用数组。

5.7.2 弹出式菜单

弹出式菜单也称快捷菜单，依附于某一个组件存在，一般不可见，在组件上单击鼠标右键时才会显示出来。弹出式菜单与下拉式菜单一样，也包含若干个菜单项，创建弹出式菜单并添加菜单项的代码为

```
JPopupMenu popupMenu = new JPopupMenu();             // 创建弹出式菜单
JMenuItem cutMenuItem = new JMenuItem("剪切 C",'C');// 创建菜单项,设置访问键
popupMenu.add(cutMenuItem);                          // 将菜单项添加到弹出式菜单中
```

弹出式菜单创建之后，还需要调用 setComponentPopupMenu()方法将其指定给某个组件，该方法是 JComponent 类的方法，其方法原型为

```
public void setComponentPopupMenu(JPopupMenu popup)
```

例如，将 popupMenu 指定为文本区 textArea 的弹出式菜单：

```
textArea.setComponentPopupMenu(popupMenu);
```

【例 5-24】 弹出式菜单应用示例。创建如图 5-33 所示界面，在文本区中点击鼠标右键，显示弹出式菜单，选中某个菜单项后，在文本区中显示相应信息“你选择了×××”。

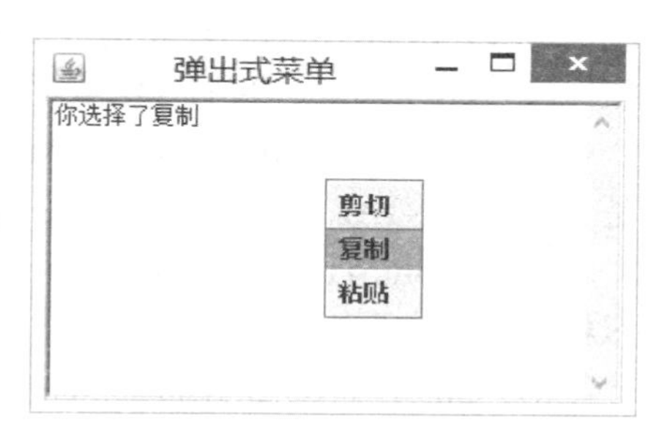

图 5-33　弹出式菜单示例

```
import java.awt.event.*;
import javax.swing.*;
class JPopupMenuDemo implements ActionListener {    // 实现ActionListener接口
    JFrame frame;
    JTextArea textArea;
    JPopupMenu popupMenu;
    JPopupMenuDemo() {
        frame = new JFrame("弹出式菜单");
        frame.setSize(300, 200);
        textArea = new JTextArea();
        frame.add(textArea);
        popupMenu = new JPopupMenu();                        // 创建弹出式菜单
        JMenuItem menuItemCut = new JMenuItem("剪切");      // 创建菜单项
        JMenuItem menuItemCopy = new JMenuItem("复制");
        JMenuItem menuItemPaste = new JMenuItem("粘贴");
        popupMenu.add(menuItemCut);             // 将菜单项添加到弹出式菜单中
        popupMenu.add(menuItemCopy);
        popupMenu.add(menuItemPaste);
        menuItemCut.addActionListener(this);  // 菜单项的动作事件注册
        menuItemCopy.addActionListener(this);
        menuItemPaste.addActionListener(this);
        // 设置为 textArea 的弹出式菜单
        textArea.setComponentPopupMenu(popupMenu);
        frame.setVisible(true);
        frame.setDefaultCloseOperation(JFrame.EXIT_ON_CLOSE);
    }
    // 单击弹出式菜单中的菜单项后,在文本区中显示菜单项文本
    public void actionPerformed(ActionEvent e) {
        textArea.append("你选择了" + e.getActionCommand() + "\n");
    }
}
public class App5_24 {
    public static void main(String arg[]) {
        new JPopupMenuDemo();
    }
}
```

5.8　工 具 栏 JToolBar

与菜单相比，工具栏的操作更加方便，一般将比较常用的命令按钮（其他组件也可以）

放在工具栏上。在 Java 语言中，使用 JToolBar 类来创建工具栏。

1. JToolBar 类的构造方法

（1）public JToolBar()。创建工具栏，默认的方向为 HORIZONTAL（水平）。

（2）public JToolBar(int orientation)。创建具有指定方向的工具栏。Orientation 的值可以是 HORIZONTAL（水平方向）或 VERTICAL（垂直方向）。

（3）public JToolBar(String name)。创建具有指定标题的工具栏。当工具栏浮动显示时显示标题。

（4）public JToolBar(String name, int orientation)。创建具有指定标题和方向的工具栏。

2. JToolBar 类的常用成员方法

（1）public JButton add(Action a)。将一个按钮添加到工具栏中。工具栏上的按钮一般是带图标的按钮。

（2）public void setFloatable(boolean b)。设置工具栏是否可以移动。为 true 时，工具栏可以移动；为 false 时，工具栏不能移动，默认值为 true。

（3）public void setRollover(boolean b)。设置工具栏是否可以翻转，为 true 时可以翻转，为 false 时不能翻转，默认值为 false。

（4）public void setOrientation(int orientation)。设置工具栏方向。

（5）public void addSeparator()。在按钮间添加分割线。

（6）public void setToolTipText()。为工具栏设置提示文字。

（7）public void setLayout(LayoutManager mgr)。设置工具栏的布局管理器。

工具栏创建之后，一般放置在窗口（JFrame）的上部，即窗口的北区之中，如果工具栏允许移动，也可以将其拖动到其他位置。

3. 工具栏的事件处理

工具栏的事件处理实际上是对添加到工具栏内的按钮的事件处理。单击按钮时触发 ActionEvent 事件，关于该事件的处理这里不再赘述。

【例 5-25】 工具栏应用示例。创建一个可以浮动的工具栏，包含春夏秋冬四个按钮。当鼠标指向某个按钮时，显示按钮的提示文本，当鼠标指向工具栏最左侧时，显示工具栏提示文本。单击某一个按钮，在窗口中显示相应的图片，如图 5-34 所示。

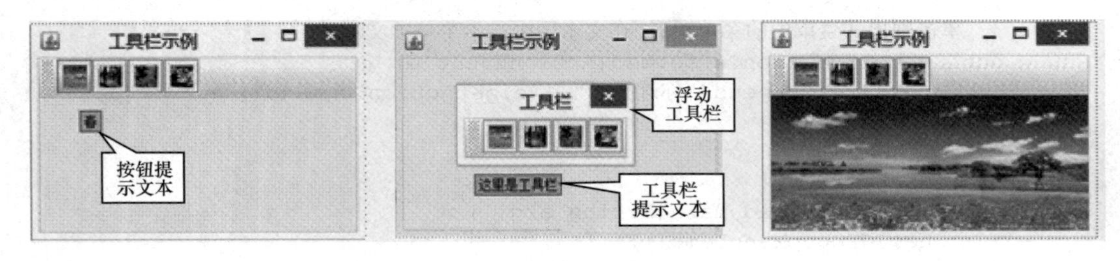

图 5-34 工具栏示例

分析：工具栏中的按钮显示的是图标，因此首先要准备四个图片文件，再将图片文件转换为图标类型，并缩放至合适的大小。虽然工具栏按钮显示的图标与标签显示的图标来自同一个图片文件，但是由于其大小不同，因此需要定义两个 ImageIcon 数组来存储。

```
import java.awt.*;
```

```
import java.awt.event.*;
import javax.swing.*;
class JToolBarDemo implements ActionListener {
    JFrame frame;
    JLabel label;
    JToolBar toolbar;                              // 工具栏
    JButton button[];                              // 工具栏包含的按钮数组
    // 定义图片文件名数组
    String[] imageName = { "春.jpg", "夏.jpg", "秋.jpg", "冬.jpg" };
    ImageIcon[] imageIconButton, imageIconLabel;// ImageIcon 数组
    public JToolBarDemo() {
        frame = new JFrame("工具栏示例");
        label = new JLabel();
        frame.add(label);
        // 创建工具栏
        toolbar = new JToolBar("工具栏");      // 创建工具栏对象
        toolbar.setToolTipText("这里是工具栏");// 设置工具栏的提示文本
        button = new JButton[imageName.length];       // 创建工具栏按钮数组
        // 工具栏按钮的提示文本
        String[] toolTipText = { "春", "夏", "秋", "冬" };
        // 定义按钮的 ImageIcon 数组
        imageIconButton = new ImageIcon[imageName.length];
        for (int i = 0; i < imageName.length; i++) { // 创建四个按钮
            // 创建 imageIcon 对象
            imageIconButton[i] = new ImageIcon(imageName[i]);
            // 设置图标的大小
            imageIconButton[i].setImage(imageIconButton[i].getImage().
                    getScaledInstance(20,20,Image.SCALE_DEFAULT));
            // 创建按钮,显示图标
            button[i] = new JButton(imageIconButton[i]);
            button[i].setToolTipText(toolTipText[i]);// 设置按钮的提示文本
            toolbar.add(button[i]);                     // 将按钮添加到工具栏中
            button[i].addActionListener(this);      // 按钮的动作事件注册
        }
        // 创建标签要显示的图标数组
        imageIconLabel = new ImageIcon[imageName.length];
        for (int i = 0; i < imageName.length; i++) {
            imageIconLabel[i] = new ImageIcon(imageName[i]);
        }
        frame.add(toolbar, BorderLayout.NORTH);       // 将工具栏添加到北区中
        frame.setSize(300, 200);
        frame.setVisible(true);
        frame.setDefaultCloseOperation(JFrame.EXIT_ON_CLOSE);
    }
    public void actionPerformed(ActionEvent e) {
        int i = 0;
        // 判断单击的是哪一个按钮
        if (e.getSource() == button[0])
            i = 0;
        else if (e.getSource() == button[1])
            i = 1;
```

```
            else if (e.getSource() == button[2])
                 i = 2;
            else if (e.getSource() == button[3])
                 i = 3;
            // 按照标签的宽和高设置图标的大小
            imageIconLabel[i].setImage(imageIconLabel[i].getImage().getScaledInstance(
                 label.getWidth(), label.getHeight(),Image.SCALE_DEFAULT));
            label.setIcon(imageIconLabel[i]);          // 在标签上显示相应的图标
       }
  }
  public class App5_25 {
       public static void main(String[] args) {
            new JToolBarDemo();
       }
  }
```

5.9 表　格　JTable

表格（JTable）的主要功能是以二维表的形式显示数据，必要的时候可以对数据进行编辑。表格分为表头和数据两部分，表头包括若干个列名，可以用一维数组或向量等来存储，表格中的数据一般有多行多列，可以用二维数组或向量来存储。

JTable 类常用的构造方法如表 5-20 所示。可以看出创建表格的方式有多种，可以先将表格的列名和数据存储到数组或向量中，然后以数组或向量为参数来创建表格，也可以使用表格模型对象为参数来创建表格，下面分别进行介绍。

表 5-20　JTable 类常用的构造方法

方法原型	说明
public JTable()	创建一个空表格
public JTable(int rows, int columns)	创建一个指定行数和列数的表格
public JTable(Object[][] rowData, Object[] columnNames)	创建一个表格，表格的列名由一维数组 columnNames 指定，表格中的数据由二维数组 rowData 指定
public JTable(Vector rowData, Vector columnNames)	创建一个表格，表格的列名由向量 columnNames 指定，表格中的数据由向量 rowData 指定
public JTable(TableModel dm)	使用指定的数据模型对象来创建表格

5.9.1 简单表格的创建

将表格的列名和数据存储到数组中，然后以数组为参数来创建表格，具体步骤为：

（1）创建存储表格列名的一维数组。

```
String columnName[] = {"姓名","性别","年龄"};
```

（2）创建存储表格数据的二维数组。

```
Object data[][] = {{"陈杨","男",19}, {"王铮","男",18}, {"李妍","女",19}};
```

（3）创建表格。

```
JTable table = new JTable(data, columnName);
```

（4）将表格添加到滚动面板中。

```
JScrollPane scrollpane = new JScrollPane(table);
```

创建表格时，一般要将其添加到滚动面板中，否则表格的标题可能无法正常显示。

【例 5-26】 使用数组创建如图 5-35 所示的表格。

```
import javax.swing.*;
public class App5_26 {
    public static void main(String args[]) {
        String columnName[] = { "姓名", "性别", "年龄" };
        Object data[][] = {{"陈杨","男",19},{"王铮","男",18},{"李妍","女",19}};
        JTable table = new JTable(data, columnName);
        JScrollPane scrollpane = new JScrollPane(table);
        JFrame frame = new JFrame();
        frame.setSize(260, 150);
        frame.add(scrollpane);
        frame.setVisible(true);
        frame.setDefaultCloseOperation(JFrame.EXIT_ON_CLOSE);
    }
}
```

表格的列名和数据除了可以存储到数组以外，还可以存储到向量中。将列名存储到向量中很简单，关键是如何将表格数据存储到向量中。表格数据是多行多列的数据，而向量是一维的，表面上看无法对应存储。不过，向量里面的元素可以是任何类型的对象，当然也可以是一个向量，即vector的元素可以是另一个vector。具体实现时，首先将一行的数据存入一个向量 rowVector，然后将 rowVector 添加到向量 dataVector 中，重复多次即可。

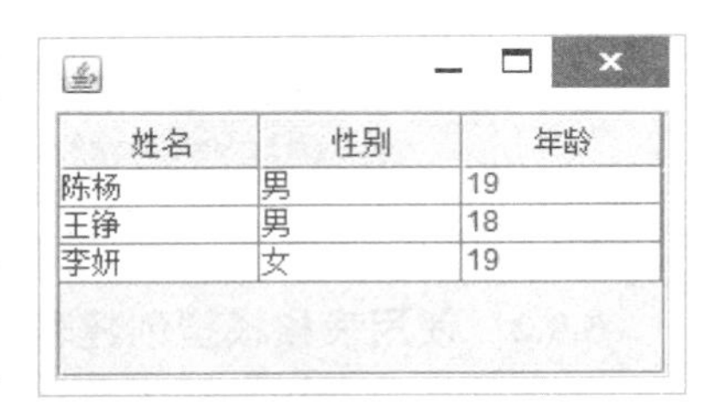

姓名	性别	年龄
陈杨	男	19
王铮	男	18
李妍	女	19

图 5-35　简单表格示例

【例 5-27】 使用向量来创建如图 5-35 所示的表格。

```
import javax.swing.*;
import java.util.*;
class TableVector {
    JFrame frame;
    JTable table;
    Vector dataVector = new Vector();              // 创建表格数据向量
    Vector columnNameVector = new Vector();        // 创建列名向量
    TableVector() {
        frame = new JFrame();
        // 为列名向量添加列名
        columnNameVector.add("姓名");
        columnNameVector.add("性别");
        columnNameVector.add("年龄");
        // 将数据存入表格数据向量
        Vector rowData1 = new Vector();            // 创建向量存放第一行数据
        rowData1.add("陈杨");
        rowData1.add("男");
        rowData1.add(19);
```

```
            Vector rowData2 = new Vector();          // 创建向量存放第二行数据
            rowData2.add("王铮");
            rowData2.add("男");
            rowData2.add(18);
            Vector rowData3 = new Vector();          // 创建向量存放第三行数据
            rowData3.add("李妍");
            rowData3.add("女");
            rowData3.add(19);
            // 将行数据向量添加到表格数据向量中
            dataVector.add(rowData1);
            dataVector.add(rowData2);
            dataVector.add(rowData3);
            table = new JTable(dataVector, columnNameVector); // 创建表格
            // 将表格添加到滚动面板中
            JScrollPane scrollpane = new JScrollPane(table);
            frame.add(scrollpane);
            frame.setSize(260, 150);
            frame.setVisible(true);
            frame.setDefaultCloseOperation(JFrame.EXIT_ON_CLOSE);
        }
    }
    public class App5_27 {
        public static void main(String args[]) {
            TableVector t = new TableVector();
        }
    }
```

5.9.2　使用表格模型创建表格

如果只是用表格来显示数据，可以采用 5.9.1 节中创建表格的方法，但要实现更复杂的表格操作就需要使用表格模型。JTable 组件采用 MVC（Model-View-Controller）模式来构建，这种方式将界面和业务逻辑进行分离，使程序易于修改和维护。其中，模型层（Model）可以是数组或向量等；控制层（Controller）是表格模型（TableModel），它决定表格数据的显示和操作方式；JTable 是视图层，负责在 TableModel 的控制之下，按指定的方式显示数据。在 5.9.1 节的程序中虽然没有出现表格模型，实际上使用了默认的表格模型对象。如果要灵活地控制数据的显示和操作，就要自行定义表格模型类，然后创建表格模型对象，再以该对象为参数创建 JTable 对象。

Java 提供了 TableModel 接口来规范表格模型类的行为，又定义了两个表格模型类：AbstractTableModel 类和 DefaultTableModel 类。AbstractTableModel 类实现了 TableModel 接口中的大部分方法。DefaultTableModel 类继承了 AbstractTableModel 类并且实现了其中的抽象方法，也就是说 DefaultTableModel 类实现了 TableModel 接口中的全部方法。TableModel 接口、AbstractTableModel 类和 DefaultTableModel 类都在 javax.swing.table 包中。我们定义或使用表格模型类有四种方式：

（1）定义一个表格模型类，实现 TableModel 接口，实现接口中的所有方法。这种方式工作量较大，不建议采用。

（2）定义一个表格模型类，继承 AbstractTableModel 类，实现其中的抽象方法。这种方式给程序员一定的灵活性以适应较复杂的需求。

（3）定义一个表格模型类，继承 DefaultTableModel 类，可以根据需要对其中的方法进行覆盖。

（4）直接使用 DefaultTableModel 类，这种方式最简单，一般情况下能够满足程序的需要，后面将重点介绍这种方式。

DefaultTableModel 类常用的构造方法和成员方法如表 5-21 所示。

表 5-21　DefaultTableModel 类常用的构造方法和成员方法

方 法 原 型	说 明
public DefaultTableModel(Object[][] data, Object[] columnNames)	构造方法
public DefaultTableModel(Vector data, Vector columnNames)	构造方法
public void addRow(Object[] rowData)	向模型中添加一行
public void addRow(Vector rowData)	向模型中添加一行
public removeRow(int row)	从模型中移走一行
public void addColumn(Object columnName, Object[] columnData)	向模型中添加一列
public void addColumn(Object columnName)	向模型中添加一列
public void addColumn(Object columnName, Object[] columnData)	向模型中添加一列
public void addColumn(Object columnName, Vector columnData)	向模型中添加一列
public int getRowCount()	返回数据表格的行数
public int getColumnCount()	返回数据表格的列数
public String getColumnName(int column)	返回列名
public Vector getDataVector()	获得包含表格数据值的向量
public Object getValueAt(int row, int column)	返回单元格的值

使用表格模型对象创建表格并进行操作的步骤如下：

（1）将表格的列名和数据存入数组或向量中，然后以数组或向量为参数创建表格模型对象，例如：

```
String columnName[] = { "姓名", "性别", "年龄" };
Object data[][] = { { "陈杨", "男", 19}, { "王铮", "男", 18},{ "李妍", "女", 19} };
// 创建表格模型对象
DefaultTableModel tableModel = new DefaultTableModel(data, columnName);
```

（2）以表格模型对象为参数，创建表格对象。

```
JTable table = new JTable(tableModel);
```

（3）表格创建之后，可以调用表格模型对象 tableModel 的方法进行添加行、删除行等操作，表格中显示的数据会随之变化。

```
tableModel.addRow(data);                    // 添加一行,data 可以是向量或数组等
tableModel.removeRow(i);                    // 删除一行(第 i 行)
```

【例 5-28】 使用 DefaultTableModel 类作为表格模型类，创建如图 5-35 所示的表格。

```
import javax.swing.*;
import javax.swing.table.DefaultTableModel;
```

```
public class App5_28 {
    public static void main(String args[]) {
        String columnName[] = { "姓名", "性别", "年龄" };
        Object data[][] = {{"陈杨","男",19},{"王铮","男",18},{"李妍","女",19}};
        // 创建表格模型对象
        DefaultTableModel tableModel = new DefaultTableModel(data, columnName);
        JTable table = new JTable(tableModel);                // 创建表格
        JScrollPane scrollpane = new JScrollPane(table); // 添加到滚动面板中
        JFrame frame = new JFrame();
        frame.add(scrollpane);
        frame.setSize(260, 150);
        frame.setVisible(true);
        frame.setDefaultCloseOperation(JFrame.EXIT_ON_CLOSE);
    }
}
```

说明：与［例 5-26］中的程序相比，本例中创建了一个 DefaultTableModel 对象，这个对象的功能非常强大，在本例中没有体现出来。

5.9.3 表格的选择模式及常用操作

表格的选择模式分为单选（只能选中一行）、单区间（选中连续的多行）和多区间（选中多个区间）三种，如图 5-36 所示。做单区间和多区间选择时，应配合 Shift 键或 Ctrl 键。这三种选择模式用 ListSelectionModel 接口的常量 SINGLE_SELECTION、SINGLE_INTERVAL_SELECTION 和 MULTIPLE_INTERVAL_SELECTION（默认值）来表示。

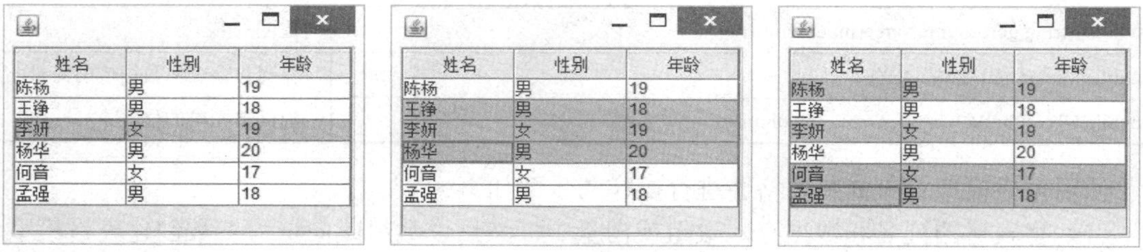

姓名	性别	年龄
陈杨	男	19
王铮	男	18
李妍	女	19
杨华	男	20
何音	女	17
孟强	男	18

（a）

姓名	性别	年龄
陈杨	男	19
王铮	男	18
李妍	女	19
杨华	男	20
何音	女	17
孟强	男	18

（b）

姓名	性别	年龄
陈杨	男	19
王铮	男	18
李妍	女	19
杨华	男	20
何音	女	17
孟强	男	18

（c）

图 5-36 表格的三种选择模式

（a）单选模式；（b）单区间模式；（c）多区间模式

1. 设置表格的选择模式

有两种方法：

（1）调用 setSelectionMode()方法直接设置表格的选择模式。

```
table.setSelectionMode(ListSelectionModel.SINGLE_SELECTION);
```

（2）首先取得 table 的列表选择模型 ListSelectionModel，然后设置表格的选择模式。

```
ListSelectionModel selectionMode = table.getSelectionModel();
selectionMode.setSelectionMode(ListSelectionModel.SINGLE_SELECTION);
```

2. 获取表格中被选中的行

（1）获取被选中的行的索引。

```
int[] selectedRows = table.getSelectedRows();
```

可以选中多行，将选中行的索引存入整型数组。索引从 0 开始。

（2）获取被选中的第一行的索引。

```
int selectedFirstRow = table.getSelectedRow();
```

如果没有选中的行，则返回−1。

（3）获取被选中的行数。

```
int counts = table.getSelectedRowCount();
```

【例 5-29】 表格的选择模式设置。

```
import javax.swing.*;
import javax.swing.table.DefaultTableModel;
public class App5_29 {
     public static void main(String args[]) {
          String columnName[] = { "姓名", "性别", "年龄" };
          Object data[][] = {{"陈杨","男",19},{"王铮","男",18},{"李妍","女",19},
                         {"杨华","男",20},{"何音","女",17},{"孟强","男",18}};
          DefaultTableModel tableModel = new DefaultTableModel(data, columnName);
          JTable table = new JTable(tableModel);
          JScrollPane scrollpane = new JScrollPane(table);
          // 设置表格的选择模式为单选
          table.setSelectionMode(ListSelectionModel.SINGLE_SELECTION);
          JFrame frame = new JFrame();
          frame.add(scrollpane);
          frame.setSize(260, 150);
          frame.setVisible(true);
          frame.setDefaultCloseOperation(JFrame.EXIT_ON_CLOSE);
     }
}
```

【例 5-30】 实现向表格中增加行、删除行、增加列、删除列的操作。界面如图 5-37 所示。

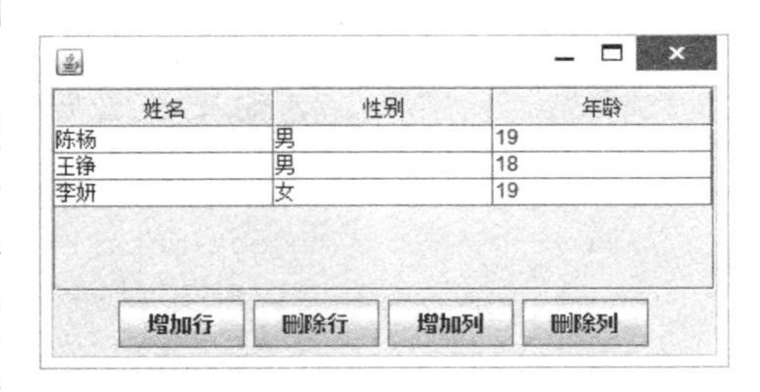

图 5-37　表格的操作

分析：表面上看是对表格的操作，实际上，表格中显示的数据是由表格模型决定的，因此所有对数据的操作都是针对表格模型进行的。增加一行时，从控制台输入三个数据，显示在表格末尾；删除行时，要考虑删除多行的问题；增加列时，需要从控制台输入列名；删除列的操作最复杂，需要使用表格的列模型。

```
import java.awt.*;
import java.awt.event.*;
import javax.swing.*;
import javax.swing.table.*;
import java.util.Scanner;
class TableOperation implements ActionListener {
     JFrame frame;
     JTable table;
```

```
    DefaultTableModel tableModel;
    JScrollPane scrollpane;
    JButton buttonAddRow, buttonDeleteRow, buttonAddColumn, buttonDeleteColumn;
    JPanel panel;
    TableOperation() {
        frame = new JFrame();
        // 创建表格并添加到窗口中
        String columnName[] = { "姓名", "性别", "年龄" };
        Object data[][] = {{"陈杨","男",19},{"王铮","男",18},{"李妍","女",19}};
        tableModel = new DefaultTableModel(data, columnName);// 创建表格模型
        table = new JTable(tableModel);            // 创建表格
        scrollpane = new JScrollPane(table);       // 将表格添加到滚动面板中
        frame.add(scrollpane);
        // 创建按钮并添加到窗口中
        buttonAddRow = new JButton("增加行");
        buttonDeleteRow = new JButton("删除行");
        buttonAddColumn = new JButton("增加列");
        buttonDeleteColumn = new JButton("删除列");
        panel = new JPanel();
        panel.add(buttonAddRow);
        panel.add(buttonDeleteRow);
        panel.add(buttonAddColumn);
        panel.add(buttonDeleteColumn);
        frame.add(panel, BorderLayout.SOUTH);
        frame.setSize(400, 200);
        frame.setVisible(true);
        frame.setDefaultCloseOperation(JFrame.EXIT_ON_CLOSE);
        // 按钮的动作事件注册
        buttonAddRow.addActionListener(this);
        buttonDeleteRow.addActionListener(this);
        buttonAddColumn.addActionListener(this);
        buttonDeleteColumn.addActionListener(this);
    }
    public void actionPerformed(ActionEvent e) {
        if (e.getSource() == buttonAddRow) {           // 添加一行
            // 输入一行数据存入数组
            System.out.println("请输入要添加的数据:");
            Scanner scanner = new Scanner(System.in);
            Object data[]={scanner.next(),scanner.next(),scanner.nextInt()};
            tableModel.addRow(data);                   // 表格模型添加一行
        } else if (e.getSource() == buttonDeleteRow) {// 删除一行
            int selectedRows[] = table.getSelectedRows(); // 获取被选中的行
            for (int i = 0; i < selectedRows.length; i++){// 删除被选中的行
                selectedRows[i] -= i;
                tableModel.removeRow(selectedRows[i]);
            }
        } else if (e.getSource() == buttonAddColumn) { // 添加一列
            System.out.println("请输入新的列名:");
            Scanner scanner = new Scanner(System.in);
            tableModel.addColumn(scanner.next());    // 表格模型添加一列
        } else if (e.getSource() == buttonDeleteColumn) {      // 删除一列
            int columncount = tableModel.getColumnCount() - 1;// 获得列数
            int selectedColumn = table.getSelectedColumn();// 获得选中的列序号
```

```
                    // 获得列模型
                    TableColumnModel columnModel = table.getColumnModel();
                    // 获得选中的列
                    TableColumn tableColumn = columnModel.getColumn(selectedColumn);
                    columnModel.removeColumn(tableColumn);  // 删除选中的列
                    tableModel.setColumnCount(columncount); // 更新表格模型
                }
            }
        }
        public class App5_30 {
            public static void main(String args[]) {
                new TableOperation();
            }
        }
```

说明：在删除行时，考虑了删除多行的情况。首先调用 table 的 getSelectedRows()获取被选中行的索引并存入一个整型数组 selectedRows，然后使用 for 循环来逐个删除。由于删除 1 行以后，该行后面的各行的行号要减 1，删除 2 行以后，该行后面的各行的行号要减 2……，相当于 selectedRows[0]不变，selectedRows[1]要减 1，selectedRows[2]要减 2……因此在 for 循环中增加了一条语句 `selectedRows[i]-=i;`。

由本例可知，更新表格中的数据时，要对表格模型对象进行操作，表格模型对象改变了，表格中显示的数据会随之变化。

5.9.4　表格的事件处理

选中表格的行触发 ListSelectionEvent 事件。要处理这个事件，需实现 ListSelectionListener 接口。ListSelectionListener 接口中只有一个方法 valueChanged()，具体可参见 5.5.4 节。注册监听器对象时需要先获取表格的列表选择模型 ListSelectionModel 对象，代码为

```
table.getSelectionModel().addListSelectionListener(listener);
```

【例 5-31】 表格的事件处理示例。当选中表格中的一行后，在控制台输出所选中行的数据，如图 5-38 所示。

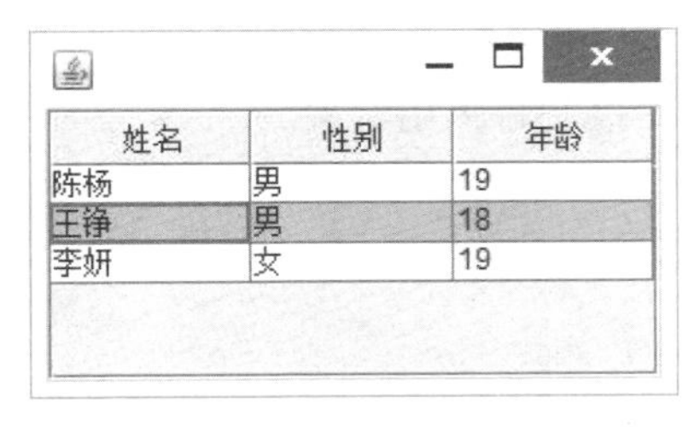

姓名	性别	年龄
陈杨	男	19
王诤	男	18
李妍	女	19

图 5-38　表格事件处理

```
import javax.swing.*;
import javax.swing.event.*;
import javax.swing.table.*;
//定义监听器类,实现 ListSelectionListener 接口
class TableEventDemo implements ListSelectionListener {
    JFrame frame;
    JTable table;
    DefaultTableModel tableModel;
    JScrollPane scrollpane;
    TableEventDemo() {
        frame = new JFrame();
        String columnName[] = { "姓名", "性别", "年龄" };
        Object data[][] = {{"陈杨","男",19},{"王铮","男",18},{"李妍","女",19}};
        tableModel = new DefaultTableModel(data, columnName);
        table = new JTable(tableModel);
```

```
            // 表格为单选模式
            table.setSelectionMode(ListSelectionModel.SINGLE_SELECTION);
            scrollpane = new JScrollPane(table);
            frame.add(scrollpane);
            frame.setSize(260, 150);
            frame.setVisible(true);
            frame.setDefaultCloseOperation(JFrame.EXIT_ON_CLOSE);
            // 注册监听器
            table.getSelectionModel().addListSelectionListener(this);
        }
        // 实现接口的 valueChanged()方法
        public void valueChanged(ListSelectionEvent e) {
            int selectedRow = table.getSelectedRow();  // 获取被选中行的索引
            for (int i = 0; i < table.getColumnCount(); i++)// 输出被选中行的数据
                System.out.print(table.getValueAt(selectedRow, i) + "\t");
            System.out.println();
        }
    }
    public class App5_31 {
        public static void main(String args[]) {
            new TableEventDemo();
        }
    }
```

说明：当选中表中的第 2 行之后，控制台输出结果为

```
王铮    男  18
王铮    男  18
```

如果再次选中第 2 行，输出结果不变。如果再选中第 3 行，控制台输出结果为

```
王铮    男  18
王铮    男  18
李妍    女  19
李妍    女  19
```

从输出结果看，当选中的行发生变化之后，会触发列表选择事件，执行 valueChanged()方法，而且该方法会重复执行两次。类似的问题在单选按钮的选项事件处理中也出现过，可参考其解决方法。

本节讲述了表格的基本操作，如果要实现更复杂的功能，还需要用到 AbstractTableModel、TableColumnModel、TableColumn、JTableHeader 等类或接口，可参见相关资料。

5.10 树 JTree

树组件（JTree）以层次结构显示数据，其构成元素为结点（Node）。处于整个层次结构最顶端的结点称为根结点，每棵树的根结点只能有一个。结点可以有子结点，这样的结点称为枝结点，当一个结点不再有子结点时，称为叶子结点。

JTree 类常用的构造方法如表 5-22 所示，本节主要介绍利用树结点以及树模型创建树的方式。

表 5-22　**JTree 类常用的构造方法**

方　法　原　型	说　　明
public JTree()	创建一棵系统默认的树
public JTree(Object[] value)	利用对象数组创建树，不显示根结点
public JTree(Vector value)	利用向量创建树，不显示根结点
public JTree(TreeNode root)	利用树结点创建树，显示根结点

5.10.1　利用树结点创建树

树由结点构成，Swing 提供了默认结点类 DefaultMutableTreeNode。我们可以创建 DefaultMutableTreeNode 类的多个对象作为结点，然后再将这些结点组装起来，最后利用 JTree 的构造方法 JTree（TreeNode root）创建树。利用结点来创建树的具体步骤为

（1）创建结点：根结点、枝结点和叶子结点都是结点，都是 DefaultMutableTreeNode 类的对象，创建方式相同，具体语句为。

```
DefaultMutableTreeNode node=new DefaultMutableTreeNode(userObject);
```

例如：

```
DefaultMutableTreeNode root = new DfaultMutableTreeNode("通讯录"); // 根结点
DefaultMutableTreeNode friend = new DefaultMutableTreeNode("好友");// 子结点
```

（2）调用 add()方法将子结点添加到父结点中，结点添加的顺序决定结点显示的顺序。

```
parentNode.add(subNode);
```

例如：root.add（friend）;

（3）以根结点为参数，调用 JTree 类的构造方法创建树。

```
JTree tree = new JTree(root);
```

（4）为了有效利用界面空间，可将树添加到滚动面板中，再将滚动面板添加到容器中。

```
JScrollPane scrollPane=new JScrollPane(tree);
frame.add(scrollPane);
```

图 5-39　简单的树示例

【例 5-32】 使用结点方式创建树，树包含三个结点，一个根结点，两个子结点，如图 5-39 所示。

```
import java.awt.*;
import javax.swing.*;
import javax.swing.tree.*;
class TreeDemo {
     JFrame frame;
     JTree tree;                                        // 树
     public TreeDemo() {
          frame = new JFrame("TreeDemo");
          // 创建结点
          DefaultMutableTreeNode root = new DefaultMutableTreeNode("通讯录");
          DefaultMutableTreeNode nodeFamily = new DefaultMutableTreeNode("家人");
          DefaultMutableTreeNode nodeFriend = new DefaultMutableTreeNode("好友");
```

```
            root.add(nodeFamily);                     // 组装结点
            root.add(nodeFriend);
            tree = new JTree(root);                   // 以根结点为参数创建树
            JScrollPane scrollPane = new JScrollPane(tree);// 将树添加到滚动面板中
            frame.add(scrollPane, BorderLayout.WEST); // 将滚动面板添加到框架中
            frame.setSize(200, 150);
            frame.setVisible(true);
            frame.setDefaultCloseOperation(JFrame.EXIT_ON_CLOSE);
        }
    }
    public class App5_32 {
        public static void main(String[] args) {
            new TreeDemo();
        }
    }
```

5.10.2 树路径与树结点的选择

进行树的操作时，一般先选定树的结点，然后根据选定的结点执行不同的操作，因此如何标识每一个结点非常重要。Java 中采用路径的方式（称为树路径）来标识树结点。树路径（TreePath）由若干个结点组成，从根结点开始一直到被选中的结点，如图 5-40 所示（圆圈）。

图 5-40 树路径与结点

1. 获得被选中结点的树路径

使用 JTree 类的 getSelectionPath()方法获得被选中结点的树路径（TreePath 对象），例如：

```
TreePath selectionPath = tree.getSelectionPath();
```

2. 获得被选中的结点

获得被选中的结点有两种方法，分别为

（1）首先获取被选中结点的树路径，然后获取树路径的最后一个结点。

```
TreePath selectionPath = tree.getSelectionPath();
DefaultMutableTreeNode selectedNode =
            (DefaultMutableTreeNode)selectionPath.getLastPathComponent();
```

由于getLastPathComponent()方法的返回值是Object类型，因此在赋值之前要进行强制类型转换。

（2）直接获取被选中的结点，这种方式更简洁。

```
DefaultMutableTreeNode selectedNode =
            (DefaultMutableTreeNode)tree.getLastSelectedPathComponent();
```

5.10.3 树的事件处理

选择树的任何结点，都会触发树选择事件（TreeSelectionEvent）。要处理这个事件，监听器类必须实现 TreeSelectionListener 接口，该接口中只有一个方法，其方法原型为

```
void valueChanged(TreeSelectionEvent event)
```

事件处理代码就写在这个方法中。每当用户选定或者撤销选定树的结点时，都要调用这

个方法。注册监听器对象的语句为

```
tree.addTreeSelectionListener(listener);
```

处理树选择事件时，常常需要获取被选中的结点。

【例 5-33】 树选择事件处理示例。采用树组件表示专业和班级，选中某个结点后，在右侧显示相应的学生信息。初始状态以及选中“全部”时显示全部学生信息，选中“计算机”或者“软件”时显示相应专业的学生信息，选中某个班级时显示该班级的学生信息，如图 5-41 所示。

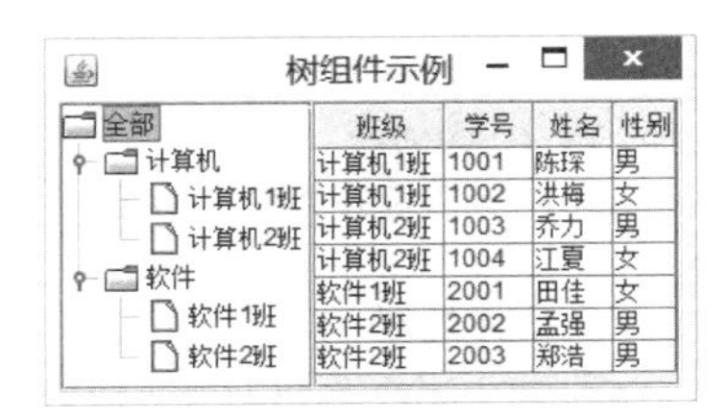

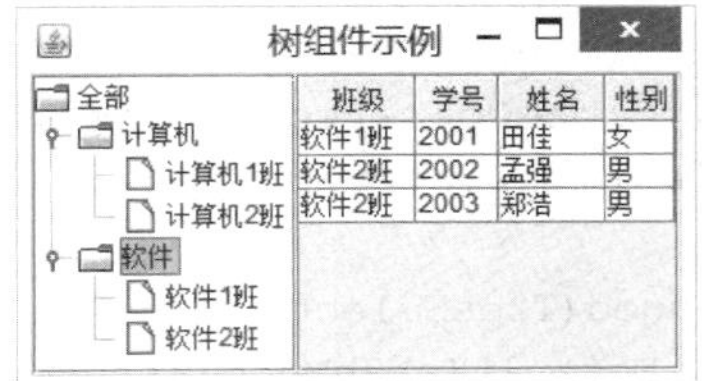

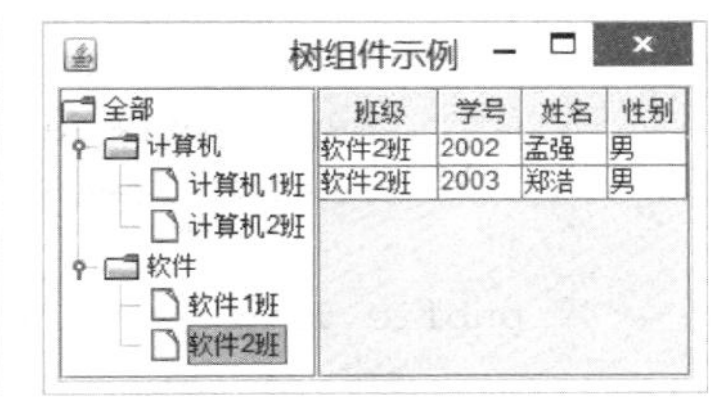

图 5-41　树选择事件示例

分析：要处理的事件是树选择事件，根据选中的结点刷新表格中的数据。

```
import java.awt.*;
import javax.swing.*;
import javax.swing.event.*;
import javax.swing.table.*;
import javax.swing.tree.*;
// 实现 TreeSelectionListener 接口
class TreeEventDemo implements TreeSelectionListener {
    JFrame frame;
    JTree tree;                                              // 树
    DefaultMutableTreeNode[] node;                           // 结点数组
    JTable table;                                            // 表格
    DefaultTableModel tableModel;                            // 表格模型
    String[] column = { "班级", "学号", "姓名", "性别" };     // 表格列名
    String[][] student = { { "计算机 1 班", "1001", "陈琛", "男" },
                          { "计算机 1 班", "1002", "洪梅", "女" },……};
    public TreeEventDemo() {                                 // 构造方法
        frame = new JFrame("树组件示例");
        // 创建结点
        String[] nodeString = { "全部", "计算机", "软件", "计算机 1 班", "计算机 2 班",
                               "软件 1 班", "软件 2 班" };
        node = new DefaultMutableTreeNode[nodeString.length];// 创建结点数组
        for (int i = 0; i < nodeString.length; i++) {
               node[i] = new DefaultMutableTreeNode(nodeString[i]);
        }
        // 组装结点
        node[0].add(node[1]);
        node[0].add(node[2]);
        node[1].add(node[3]);
        node[1].add(node[4]);
```

```
            node[2].add(node[5]);
            node[2].add(node[6]);
            tree = new JTree(node[0]);                     // 以根结点为参数创建树
            JScrollPane treeScrollPane = new JScrollPane(tree);
            frame.add(treeScrollPane, BorderLayout.WEST);// 将滚动面板添加到框架中
            tableModel = new DefaultTableModel(student, column);// 创建表格模型
            table = new JTable(tableModel);                // 创建表格
            JScrollPane tableScrollPane = new JScrollPane(table);
            frame.add(tableScrollPane);                    // 将滚动面板添加到框架中
            frame.setSize(300, 200);
            frame.setVisible(true);
            frame.setDefaultCloseOperation(JFrame.EXIT_ON_CLOSE);
            tree.addTreeSelectionListener(this);           // 注册树选择事件监听器
        }
        public void valueChanged(TreeSelectionEvent e) {  // 事件处理
            tableModel = new DefaultTableModel(student, column);// 重新创建表格模型
            DefaultMutableTreeNode selectedNode =          // 获得被选中的结点
                 (DefaultMutableTreeNode)tree.getLastSelectedPathComponent();
            if (selectedNode != node[0])                   // 如果被选中的不是根结点
                // 对表格模型中的数据进行筛选
                for (int i = 0; i < tableModel.getRowCount();)
                    if (((String)(tableModel.getValueAt(i,0))).
                                indexOf(selected Node.toString())== -1)
                        tableModel.removeRow(i);           // 删除一行
                    else
                        i++;
            table.setModel(tableModel);                    // 刷新表格模型
        }
    }
    public class App5_33 {
        public static void main(String[] args) {
            new TreeEventDemo();
        }
    }
```

本章小结

本章主要介绍了 Java 图形界面技术，包括各种 Swing 组件、布局管理器、事件处理机制、基本图形绘制等。Swing 组件介绍了框架、面板、文本框、标签、按钮、文本区、单选按钮、复选框、列表框、组合框、菜单、工具栏、表格和树。布局管理器主要介绍了流式布局管理器、边界布局管理器、网格布局管理器和卡片布局管理器，这四种布局管理器各有特点，往往需要联合使用。详细阐述了 Java 事件处理的基本原理和事件处理的三要素，重点介绍了动作事件、窗口事件、选项事件等事件的处理。由于篇幅有限，对复杂组件表格和树未做深入讲解，对其他一些组件及事件处理也未能涉及。通过本章的学习，读者能够使用 Swing 技术实现跨平台的图形用户界面，为创建美观、实用的 GUI 奠定基础。

习　题

编程题

1．在窗口（宽 300，高 200）中添加一个面板（宽和高都是 150），面板的背景色设为绿色，窗口显示在屏幕正中，不允许改变其大小，关闭窗口时程序结束运行。

2．设计一个图形用户界面。界面中包括三个标签（分别显示“数学”、“语文”和“总分”）、三个文本框（两个文本框用于分别输入数学和语文的成绩，一个文本框显示总分）和一个按钮（按钮的文本为“求和”）。要求输入数学、语文成绩，单击求和按钮后计算并显示总分。

3．窗口中有“确定”和“取消”两个按钮，单击“确定”按钮，窗口标题栏显示“你单击了确定按钮”，“确定”变成“OK”。单击“取消”按钮，窗口标题栏显示“你单击了取消按钮”，“取消”变成“Cancel”。

要求采用四种方法实现，分别由本类、外部类、内部类、匿名类作为事件监听器类。

4．窗口中有一个文本框和一个文本区，在文本框中输入文本之后按“回车”键，将输入的文本追加到文本区中。要求文本区能够自动换行，并且当文本区中的内容超出范围时，会自动出现滚动条。要求应用 lambda 表达式进行事件处理。

5．输入用户名和密码，单击登录按钮时，获取用户输入的用户名和密码并与指定的用户名和密码（可自行设定）进行比较，如果相同则在窗口标题上显示登录成功，否则显示登录失败。

6．在上题基础上，限制登录次数，最多允许用户输入三次，如果三次输入的用户名或密码都不正确时，程序结束运行。

7．实现一个简单的计算器（可参考 Windows 系统中的计算器）。窗口中有数字按钮（0～9）、操作按钮（+、–、 x 、/、=）和文本框（显示计算结果）。

8．模拟一个电子白板，可以用鼠标在上面绘画，可用键盘在上面写字。

9．窗口中有三个单选按钮和一个文本框，三个单选按钮分别表示三种字体，选择其中一种字体，文本框中的文本字体会随之改变。

10．窗口中有三个复选框表示兴趣爱好（包括读书、旅游、运动），选中其中一个或多个复选框后，将选中的兴趣爱好显示到文本区中，一行显示一个兴趣爱好。

11．窗口中有一个列表框、一个按钮和一个组合框。列表框中有多个选项，选中其中一个或多个选项后，单击按钮，将这些被选中的选项添加到组合框中。

12．实现选课功能。列表框中列出了全部的课程信息（包括课程名和学时，以空格隔开），选择一门或多门课程后，单击“确定”按钮，弹出对话框显示用户所选的课程、课时以及总课时。

13．编程实现绘图程序，要求能绘制矩形、圆、椭圆。菜单包括三个菜单项（画矩形，画圆、画椭圆），单击某个菜单项后在面板上绘制相应的图形，图形的大小和位置自定。

14．在 Java 中创建下拉式菜单比较繁琐，要求编程实现一个简单的菜单生成器。只要输入各个菜单名称以及菜单下属的菜单项名称，就能自动生成一个菜单，可不考虑子菜单的情况。

15．实现用户注册功能。需要输入的信息包括学号（文本框）、姓名（文本框）、密码（密码框）、性别（单选按钮）、专业（列表框）、出生年份（组合框）、兴趣爱好（复选框）。输入注册信息后，单击“注册”按钮将注册信息追加到文本区中，一个用户的注册信息占一行。单击“重置”按钮，将各组件清空。

16．界面如图 5-42 所示，单击“增加行”按钮，表格末尾增加一个空行。选中某一行，单击“删除行”按钮，弹出确认对话框，单击“是”按钮后再删除。

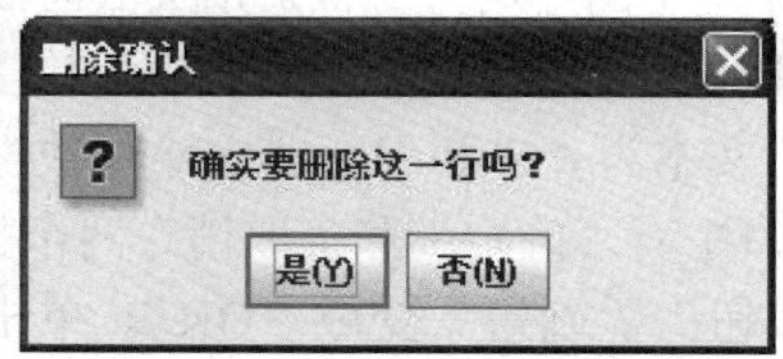

图 5-42　表格数据的添加与删除

17．对第 15 题中的功能进行修改，将文本区改成表格来显示用户的注册信息。要求单击“注册”按钮时将用户的注册信息写入表格。

18．创建树组件，显示大学及其下属的各个院系的名称，选择某个院系后，用标签显示院系名称。

19．实现通信录管理，如图 5-43 所示。选择类型（家人、朋友或同学），输入姓名、性别、电话号码，点击“添加”按钮，将该人信息追加到表格中。选择某个类型后，在表格中只显示该类型的人员信息。

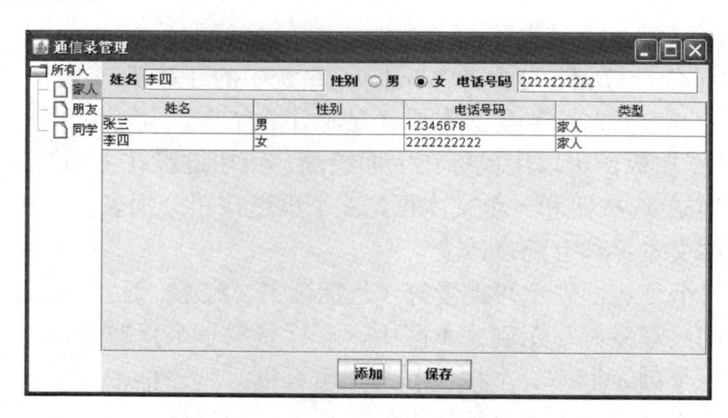

图 5-43　通信录界面

第6章　输入/输出流

大多数程序在运行过程中，都需要进行输入/输出操作（I/O），例如从键盘输入数据、将运行结果输出到屏幕上、从文件中读取数据或者向文件输出数据、通过网络进行聊天和传输文件等。在 Java 中，把这些不同类型的输入和输出抽象为流（Stream），采用同样的方式来操作，从而使程序设计简单明了。本章主要介绍流的基本概念、I/O 类的体系、文件流、缓冲流、数据流、对象流、桥接流等。

6.1　流的概念

在 Java 语言中，输入/输出是通过“流”的机制来实现的。流是一个很形象的概念，当程序需要读取数据的时候，就会创建一个连接数据源的流，这个数据源可以是文件、内存或网络连接等。类似的，当程序需要输出数据的时候，就会创建一个通向目的地的流。可以想象数据好像在这其中“流”动一样。简单地说，流是一个有顺序的、有起点和终点的数据集合。

流具有方向性，以当前程序为基准，从外部流向程序的数据序列视为输入流，从程序流向外部的数据序列视为输出流，如图 6-1 所示。输入流只能读不能写，输出流只能写不能读。按照流中数据的处理单位不同，可以将流分为字节流和字符流两种。在字节流中，数据的组织和操作的基本单位是字节；在字符流中，数据的组织和操作的基本单位是字符。将以上两种分类方式综合起来，流可细分为字节输入流、字节输出流、字符输入流和字符输出流四种。

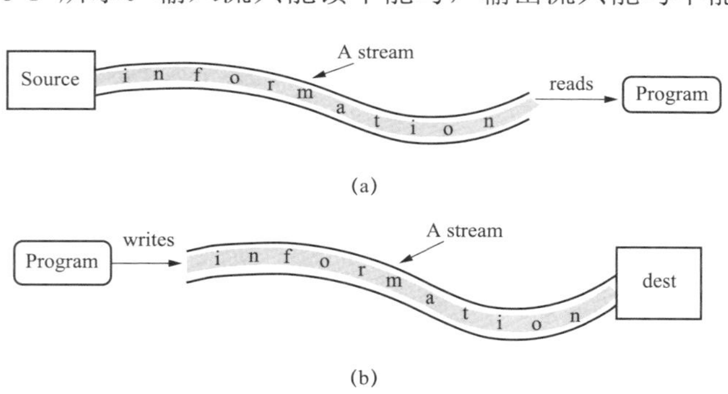

图 6-1　输入流与输出流示意图

（a）输入流示意图；（b）输出流示意图

Java 是面向对象的语言，使用类来表示各种流。流最重要的操作就是读数据（输入流）或者写数据（输出流），这些表示流的类都包含了读（read）或者写（write）的方法。

使用流进行数据输入的具体步骤为

（1）创建适当的输入流类的对象，建立与输入设备（如键盘或文件）的连接；

（2）调用相应的 read()方法读入数据；

（3）关闭流，释放相关的系统资源。

使用流进行数据输出的具体步骤为

（1）创建适当的输出流类的对象，建立与输出设备（如屏幕或文件）的连接；

（2）调用相应的 write()方法输出数据；

（3）关闭流，释放相关的系统资源。

流式输入/输出的突出特点是数据的输入和输出都是沿着数据序列顺序进行，每次读写时操作的都是序列中剩余数据的第一个数据，而不能随意选择输入/输出的位置，这是流的线性或顺序性的体现。

6.2 I/O 类 体 系

为了实现对各种输入/输出设备的操作，Java 提供了丰富的基于流的 I/O 类，这些类位于 java.io 包中。其中有四个抽象类尤为重要，分别是 InputStream（字节输入流）类、OutputStream（字节输出流）类、Reader（字符输入流）类和 Writer（字符输出流）类。所有字节流的类都是 InputStream 类或 OutputStream 类的子类，所有字符流的类都是 Reader 类或 Writer 类的子类。

6.2.1 字节输入流

Java 语言提供的部分字节输入流类如图 6-2 所示，InputStream 是所有字节输入流类的父类，它的子类很多，其中 FileInputStream、ObjectInputStream、BufferedInputStream、DataInputStream 等类将在后面章节详细介绍。

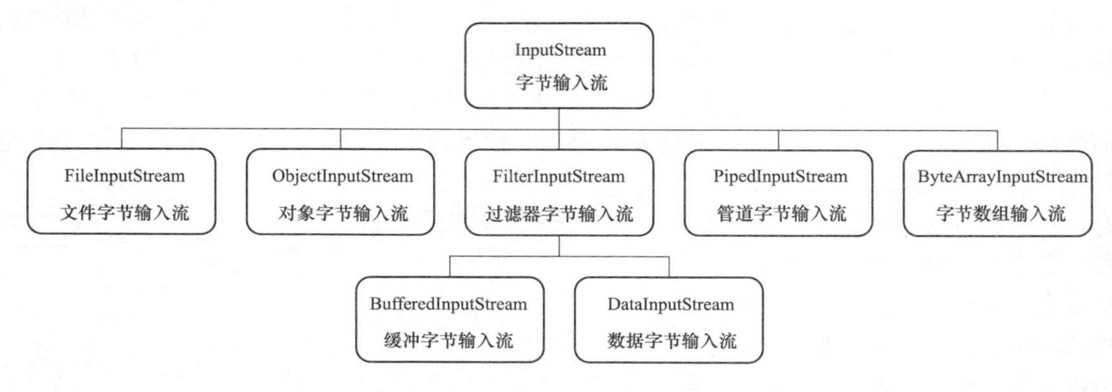

图 6-2 字节输入流类的层次结构

InputStream 类中的方法被其子类所继承、覆盖，因此了解 InputStream 类的方法对所有字节输入流类的使用都大有帮助，InputStream 类的常用方法如表 6-1 所示。

表 6-1 InputStream 类的常用方法

方法原型	说明
public abstract int read() throws IOException	从输入流中读取一个字节，返回值是 0 到 255 范围内的整数，如果已经到达流末尾，则返回–1
public int read(byte[] b) throws IOException	从输入流中读取若干个（以数组长度为准）字节存入数组 b 中，到达流末尾则结束，返回值是实际读取的字节数
public int read(byte[] b, int off, int len) throws IOException	从输入流中读取 len 个字节存入数组 b 中，存入的位置从下标 off 开始，到达流末尾则结束，返回值是实际读取的字节数
public long skip(long n) throws IOException	在输入流中跳过 n 个字节，返回实际跳过的字节数
public int available() throws IOException	返回在不发生阻塞的情况下，输入流中可读的字节数
public void close() throws IOException	关闭流，释放相关的系统资源

续表

方 法 原 型	说　　明
public void mark(int readlimit)	在输入流的当前位置放置一个标记，可实现重复读入。标记类似于书签，可以方便地回到原来读过的位置继续向后读取，readlimit 表示可以再次读取字节的最大值
public void reset() throws IOException	将输入流重新定位到最后一次调用 mark()方法时的位置
public boolean markSupported()	测试输入流是否支持 mark 和 reset 方法

read()方法是输入流类最核心的方法。参数为空的 read()方法的作用是读取流中的第一个字节。读取之后，该字节从流中删除，原来的第二个字节变成第一个字节。若需要读取流中的所有数据，可以使用循环语句顺次读取每个字节即可。如果需要一次读取多个字节，可以使用其他两个 read()方法。简而言之，默认情况下，读取输入流的数据只能从前到后单向操作，已经读取的数据将从流中删掉，每次执行 read()方法都是从当前位置处（未读取数据的第一个字节）开始读取。如果要重复读取流中的数据，需要使用 mark()方法做标记，然后在适当的时候调用 reset()方法回到标记位置再读取。

需要说明的是，InputStream 类是抽象类，不能被实例化，在程序中都是通过 InputStream 类的子类来实现与外部设备的连接。

6.2.2　字节输出流

Java 提供的部分字节输出流类如图 6-3 所示，OutputStream 类是所有字节输出流类的父类，它的子类有很多，其中 FileOutputStream、ObjectOutputStream、BufferedOutputStream、DataOutputStream 等类将在后面章节详细介绍。

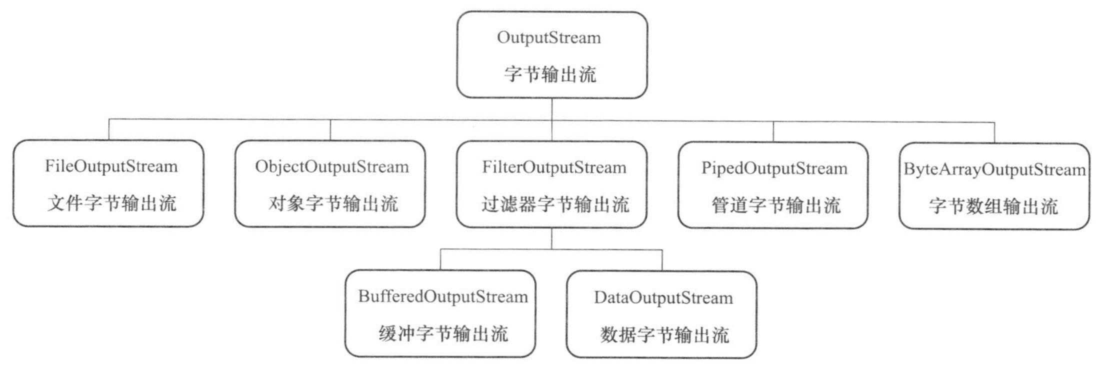

图 6-3　字节输出流类的层次结构

了解 OutputStream 类的方法对所有字节输出流类的使用都大有帮助，OutputStream 类的常用方法如表 6-2 所示。

表 6-2　**OutputStream 类的常用方法**

方 法 原 型	说　　明
public abstract void write(int b) throws IOException	向输出流写入一个字节，写入的数据为参数 b 的最后一个字节
public void write(byte[] b) throws IOException	将数组 b 的所有字节写入输出流中
public void write(byte[] b, int off, int len) throws IOException	将数组 b 中从下标 off（包含）开始的 len 个字节的数据写入输出流中

续表

方 法 原 型	说 明
public void close() throws IOException	关闭流，释放相关的系统资源
public void flush() throws IOException	刷新输出流，强制输出缓冲区中的数据

write()方法的功能是将数据写入流中，是字节输出流类最核心的方法，表 6-2 中列出了三个 write()方法，适用于不同的情况。字节输出流中数据的单位是字节，一般情况下需要将数据转换为字节或字节数组后再写入。虽然 write(int b)方法的参数是整型，但实际写入流中的是最后一个字节的数据。另外，为了提高系统效率，输出数据时一般会创建缓冲区，将要输出的数据暂存起来，当缓冲区满时再将数据输出到外部设备。当关闭流时，缓冲区中的数据即使没有满也会被强制输出。如果不想关闭流，只是要将缓冲区的数据强制输出，可以调用 flush()方法。

6.2.3 字符输入流

字符输入流体系是对字节输入流体系的升级，它包含的类基本和字节输入流体系中的类相对应，主要区别在于两者的数据处理单位不同。Java 提供的部分字符输入流类如图 6-4 所示，Reader 类是所有字符输入流类的父类，它的子类很多，其中 BufferedReader、FileReader 等类将在后面章节详细介绍。

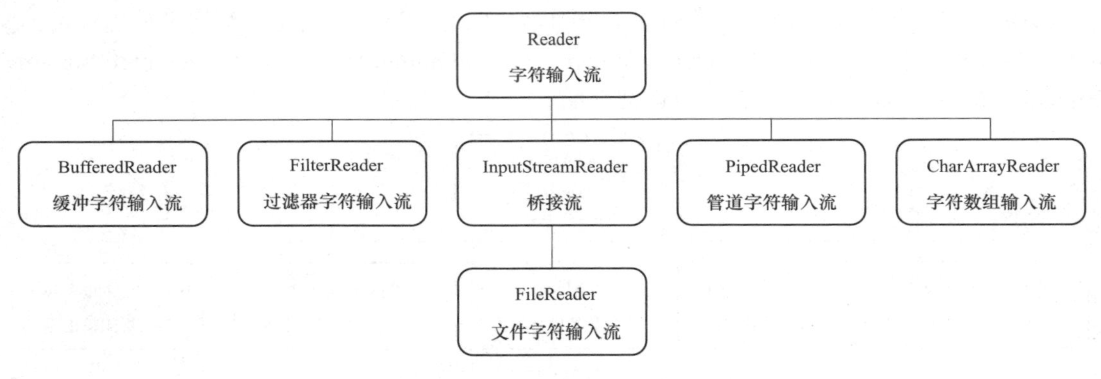

图 6-4 字符输入流类的层次结构

Reader 是抽象类，提供了一系列用于字符流处理的统一接口。Reader 类中的方法与 InputStream 类中的方法相似，只不过将字节类型的参数改成了字符类型，详见表 6-3。

表 6-3 **Reader 类的常用方法**

方 法 原 型	说 明
public int read() throws IOException	从输入流中读取一个字符，如果已到达流的末尾，则返回–1
public int read(char[] cbuf) throws IOException	从输入流中读取若干个（以数组长度为准）字符存入数组，返回读取的字符数，如果已到达流的末尾，返回–1
public abstract int read(char[] cbuf, int off, int len) throws IOException	从输入流中读取 len 个字符存入数组中，存入的位置从下标 off 开始，到达流末尾则结束，返回值是实际读取的字符数
public long skip(long n) throws IOException	在输入流中跳过 n 个字符，返回实际跳过的字符数
public boolean ready() throws IOException	输入字符流是否可读

续表

方 法 原 型	说 明
public void mark(int readAheadLimit) throws IOException	标记流中的当前位置
public void reset() throws IOException	将读取位置恢复到标记处
public abstract void close() throws IOException	关闭流，释放相关的系统资源

6.2.4 字符输出流

字符输出流体系是对字节输出流体系的升级，它包含的类基本和字节输出流体系中的类相对应，主要区别在于两者的数据处理单位不同。Java 提供的部分字符输出流类如图 6-5 所示，Writer 类是所有字符输出流类的父类，它的子类很多，其中 BufferedWriter、FileWriter 等类将在后面详细介绍。

图 6-5 字符输出流类的层次结构

Writer 是抽象类，提供了一系列用于字符流处理的统一接口。Writer 类和 OutputStream 类中的很多方法都是相似的，只不过将字节类型的参数改成了字符类型。同时，增加了一些新的方法，详见表 6-4 所示。

表 6-4 Writer 类的常用方法

方 法 原 型	说 明
public void write(int c) throws IOException	输出一个字符
public void write(char[] cbuf) throws IOException	输出字符数组
public abstract void write(char[] cbuf, int off, int len) throws IOException	输出字符数组 cbuf 中自下标 off 开始的 len 个连续字符
public void write(String str) throws IOException	输出字符串 str
public void write(String str, int off, int len) throws IOException	将字符串 str 中从索引值为 off（包含）开始的 len 个字符写入到流中
public Writer append(char c) throws IOException	将字符 c 写入流中。与 write（int c）方法作用相同
public Writer append(CharSequence csq) throws IOException	将 CharSequence 对象转换成字符串后写入流中
public Writer append(CharSequence csq, int start, int end) throws IOException	将 CharSequence 对象转换成字符串，将字符串从索引值为 start（包含）到索引值为 end（不包含）的部分写入流中
public abstract void flush() throws IOException	刷新输出流，强制输出缓冲区中的数据
public abstract void close() throws IOException	关闭流，释放相关的系统资源

6.3 文 件 流

程序进行输入/输出时，除了键盘和屏幕以外，最常用的就是文件操作，包括从文件中读取数据以及将数据写入到文件中。文件用路径和文件名来表示，路径是指文件所在的目录，如 C:\MyJavaProgram\Hello.java，其中 C:\MyJavaProgram\是路径，Hello.java 是文件名。在访问文件时，必须知道文件的路径以及文件名。

文件的路径可以是绝对路径，也可以是相对于当前目录的相对路径。在 Eclipse 中，假设工作空间在 d:\workspace，当前项目名称是 JavaIO，则当前目录是 D:\workspace\JavaIO。在控制台下运行程序时，当前目录是 class 文件所在的目录，如果 class 文件含有包名，则以该 class 文件最顶层的包名作为当前目录。

在程序中书写文件路径时，由于“\”是特殊字符，路径中用到“\”时要改写成“\\”或者“/”，例如“D:\JavaProgram\IO\FileDemo.java”，需要写成“D:\\JavaProgram\\IO\\FileDemo.java”或“D:/JavaProgram/IO/FileDemo.java”。

6.3.1 File 类

为了方便地表示文件，在 java.io 包中设计了一个专门的类——File 类。File 类从名称上看代表文件，实际上该类的对象既可以代表文件，也可以代表目录（路径）。File 类的构造方法如表 6-5 所示。

表 6-5 File 类的构造方法

方法原型	说明
public File(File parent, String child)	根据文件对象和字符串创建一个新的 File 实例
public File(String pathName)	根据路径名字符串创建一个新的 File 实例
public File(String parent, String child)	根据两个字符串创建一个新的 File 实例
public File(URI uri)	使用给定的统一资源定位符来创建一个新的 File 实例

例如：

```
File f1 = new File("D:\\Java");
File f2 = new File(f1,"FileExample.java");
File f3 = new File("D:\\Java\\FileExample.java ");
File f4 = new File("D:\\Java", "FileExample.java");
File f5 = new File("Data1.txt");
```

这里的 f1～f5 分别代表一个 File 对象，f1 是目录，f2～f5 是文件。f2、f3、f4 代表同一个文件 D:\\Java\\FileExample.java。f1～f4 创建时使用了绝对路径，f5 使用了相对路径。

在 File 类中包含了很多获取文件或目录属性的方法，使用起来非常方便，如表 6-6 所示。

表 6-6 File 类的常用成员方法

方法原型	说明
public boolean exists()	判断文件是否存在，存在返回 true，否则返回 false
public boolean isFile()	判断是否为文件，是文件返回 true，否则返回 false

续表

方 法 原 型	说 明
public boolean isDirectory()	判断是否为目录，是目录返回 true，否则返回 false
public String getName()	返回文件或目录的名称，该名称是名称序列中的最后一个名称，如 d:\test\data.txt，则返回 data.txt
public String getAbsolutePath()	返回文件的绝对路径（包含文件名），如 d:\test\data.txt
public long length()	如果是文件，返回文件的长度（字节数）；如果是目录，返回值不确定
public boolean createNewFile() throws IOException	创建新文件，创建成功返回 true，否则返回 false；如果文件已经存在，返回 false；该方法只能创建文件，不能创建目录；有可能抛出 IOException 异常
public boolean delete()	删除当前文件或目录，删除成功返回 true，否则返回 false。如果是目录，则目录必须为空时才能删除
public String[] list()	返回当前目录下所有的文件和目录名称

【例 6-1】 File 类的使用。

```
import java.io.File;
public class App6_1 {
    public static void main(String[] args) {
        File folder = new File("D:\\test");  // 创建 File 对象,代表一个目录
        System.out.println("目录下的文件和子目录有:");
        String[] fileName = folder.list(); // 获得目录下所有的文件和子目录名称
        for (int i = 0; i < fileName.length; i++) {
            System.out.println(fileName[i]);
        }
        File file = new File(folder, "data.txt");// 创建 File 对象,代表一个文件
        if (!file.exists()) {                    // 如果文件不存在,则创建该文件
            try {
                System.out.println("文件不存在,正在创建文件...");
                file.createNewFile();
                System.out.println("文件创建成功! ");
            } catch (Exception e) {
                e.printStackTrace();
            }
        }
        // 获得文件绝对路径
        System.out.println("文件的绝对路径:" + file.getAbsolutePath());
        System.out.println("文件名:" + file.getName());    // 获得文件名
        System.out.println("是文件吗? " + file.isFile());  // 判断是否是文件
        System.out.println("文件的长度:" + file.length()); // 获得文件长度
    }
}
```

程序运行结果为

```
目录下的文件和子目录有:
历年试卷
考试成绩.docx
考试说明.docx
文件不存在,正在创建文件...
文件创建成功!
文件的绝对路径:D:\test\data.txt
```

```
文件名:data.txt
是文件吗?true
文件的长度:0
```

除了前面介绍的这些方法，File 类还有一些方法，可参看相关资料。需要强调的是，利用 File 类，我们可以方便地获取文件的整体信息，如文件的路径、修改时间、长度等，但是不能操作文件中的数据，若要实现这样的操作，必须使用文件流。

6.3.2 文件字节流（微课 8）

如果要处理文件内容，例如从文件中读取数据，或者将数据写入文件，必须要使用文件输入/输出流类，包括文件字节输入流类 FileInputStream、文件字节输出流类 FileOutputStream、文件字符输入流类 FileReader、文件字符输出流类 FileWriter。本小节介绍文件字节流的使用，文件字符流将在下一小节详细阐述。

6.3.2.1 文件字节输入流 FileInputStream 类

FileInputStream 类继承于 InputStream 类，是进行文件读操作的最基本的类，它的作用是将文件中的数据读入到内存中。FileInputStream 类的构造方法如表 6-7 所示，其他常用方法与 InputStream 类相同，参看表 6-1，这里不再赘述。

表 6-7　FileInputStream 类的构造方法

方法原型	说明
public FileInputStream(File file) throws FileNotFoundException	使用 File 对象创建文件输入流对象，如果文件打开失败，将抛出异常
public FileInputStream(String fileName) throws FileNotFoundException	使用文件名创建文件输入流对象，如果文件打开失败，将抛出异常

使用 FileInputStream 类读取文件内容的步骤为

（1）创建流，将程序与文件连接起来，具体方法是实例化 FileInputStream 类的对象。代码为

```
FileInputStream fileInputStream = new FileInputStream("D:\\test\\data.txt");
```

或者，

```
File myFile = new File("D:\\test\\data.txt");
FileInputStream fileInputStream = new FileInputStream(myFile);
```

注意，创建流时，可能抛出异常，必须进行处理。

（2）调用 read()方法读取流中的数据，read()方法有如下三种形式，根据需要选用。

```
public int read()
public int read(byte b[])
public int read(byte[] b,int off,int len)
```

（3）读取完毕后要关闭流。

```
fileInputStream.close();
```

【例 6-2】 文件字节输入流应用示例，从文本文件中读取数据并显示在屏幕上。

```
import java.io.*;
```

```
public class App6_2 {
    public static void main(String[] args) {
        try {
            File file = new File("D:\\test\\data.txt"); // 创建文件对象
            // 使用文件对象创建文件输入流对象,相当于打开文件。
            FileInputStream fileInputStream = new FileInputStream(file);
            char ch;
            for (int i = 0; i < file.length(); i++) {// 使用循环读取全部数据
                ch = (char) (fileInputStream.read());// 从流中读取一个字节
                System.out.print(ch);                // 将数据显示到屏幕上
            }
            fileInputStream.close();                  // 关闭流
        } catch (FileNotFoundException fnfe) {        // 捕获文件无法找到异常
            System.out.println("文件打开失败。");
        } catch (IOException ioe) {                   // 捕获输入/输出异常
            System.out.println("文件输入异常。");
        }
    }
}
```

说明：在程序中，使用了每次只读取一个字节的read()方法，该方法的返回值为 int 型，强制转换为 char 类型后赋给变量 ch。使用循环结构来读取全部数据，这里调用了 length()方法（文件的长度，即字节数）来确定循环的次数。在创建流和从流中读取数据时可能抛出两种异常：FileNotFoundException 和 IOException，程序中使用 try-catch 语句进行捕获。

字节流中数据操作的单位是字节。由于一个汉字占两个字节，因此使用字节流读写汉字时，可能出现乱码现象。文本文件 data.txt 中包含英文字母、数字和汉字，程序中采用的是从流中读取一个字节后立刻显示在屏幕上，遇到汉字时会出现乱码。文件内容与程序运行结果对比如图 6-6 所示。

（a） （b）

图 6-6 文件内容与程序运行结果的对比

（a）文件内容；（b）程序运行结果

从流中读取数据时，可以逐个字节读取，也可以一次读取多个字节存入字节数组中。修改［例 6-2］中的程序，以文件的长度来定义字节数组的长度，一次读取全部数据存入数组。修改后的读取数据的代码为

```
byte[] buf = new byte[(int) (file.length())]; //定义字节数组,以文件的长度确定数组的长度
fileInputStream.read(buf);          // 一次读取文件所有数据存放到字节数组中
String str = new String(buf);       // 利用字节数组创建字符串
System.out.println(str);            // 将文件内容以字符串形式输出
```

当然，这种一次读取全部数据的方式只适合小文件，当读取较大文件时，宜采用分块读取的方式，即一次读取固定长度的数据，多次读取，到达文件末尾时结束，读取数据的代码修改为

```
int n = 1024,count;
byte[] buf = new byte[n];                              // 定义字节数组
while ( (count=fileInputStream.read(buf)) != -1) {     // 读取数据存入数组
    // 将字节数组转换为字符串后输出
```

```
        System.out.print(new String(buf, 0, count));
    }
```

其中，while 循环条件是(count=fileInputStream.read(buf))!=−1，执行 read()方法时，试图读取 1024 个字节的数据存入 buf 数组，read()方法的返回值是实际读取的字节数，如果达到文件末尾，返回值为−1。

6.3.2.2　文件字节输出流 FileOutputStream 类

FileOutputStream 类继承了 OutputStream 类，是进行文件写操作的最基本的类。FileOutputStream 类的构造方法如表 6-8 所示，其他常用方法与 OutputStream 类相同，参看表 6-2，这里不再赘述。

表 6-8　　FileOutputStream 类的构造方法

方　法　原　型	说　　明
public FileOutputStream(File file) throws FileNotFoundException	使用 File 对象创建文件输出流对象，如果文件打开失败，将抛出异常
public FileOutputStream(File file, boolean append) throws FileNotFoundException	使用 File 对象创建文件输出流对象，并由参数 append 指定是否追加文件内容，true 为追加方式，false 为覆盖方式
public FileOutputStream(String fileName) throws FileNotFoundException	直接使用文件名创建文件输出流对象
public FileOutputStream(String fileName, boolean append) throws FileNotFoundException	直接使用文件名创建文件输出流对象，并由参数 append 指定是否以追加方式写入

创建 FileOutputStream 类的对象时，如果文件不存在，系统会自动创建该文件，但是当文件路径中包含不存在的目录时创建失败、抛出异常。

使用 FileOutputStream 类将数据输出到文件的步骤为

（1）创建流，将程序与文件连接起来，具体方法是实例化 FileOutputStream 类的对象。将数据写入文件时，有覆盖和追加两种方式。覆盖是指清除文件的原有数据，写入新的数据；追加是指保留文件的原有数据，在原有数据的末尾写入新的数据。默认是覆盖方式。

创建输出流的代码为

```
FileOutputStream fileOutputStream = new FileOutputStream("D:\\test\\data. txt");
```

或者，

```
File myFile = new File("D:\\test\\data.txt");
FileOutputStream fileOutputStream = new FileOutputStream(myFile,true);
```

注意，创建输出流时，可能抛出异常，必须进行处理。

（2）调用 write()方法将数据输出到文件，write()方法有如下三种形式，根据需要选用。

```
public void write(int b);
public void write(byte b[]):
public void write(byte b[],int off,int len);
```

（3）读取完毕后要关闭流。

```
fileOutputStream.close();
```

【例 6-3】　文件字节输出流应用示例。从键盘输入一串字符，将这些字符写入文件。

```
import java.io.*;
import java.util.*;
public class App6_3 {
     public static void main(String args[]) {
          try {
               // 创建输出流对象
               FileOutputStream fileOutputStream = new FileOutputStream("Output.txt");
               System.out.print("请输入一行字符: ");
               Scanner sc = new Scanner(System.in);
               String s = sc.nextLine();            // 输入一行字符
               byte buffer[] = s.getBytes();        // 将字符串转换为字节数组
               fileOutputStream.write(buffer);      // 写入输出流
               fileOutputStream.close();            // 关闭输出流
               System.out.println("已保存到文件 Output.txt!");
          } catch (FileNotFoundException fnfe) {
               System.out.println("文件打开失败。");
          } catch (IOException ioe) {
               System.out.println("文件输出异常。");
          }
     }
}
```

程序运行结果为

```
请输入一行字符: This is a book.
已保存到文件 Output.txt!
```

打开文件 Output.txt，其中的内容为

```
This is a book.
```

说明：程序中，将输入的一串字符写入流中时，由于是字节流，因此先将字符串转换为字节数组后再写入输出流。程序运行之前，Output.txt 文件并不存在，创建 FileOutputStream 对象时，自动创建该文件，并接受后续的数据写入。

【例 6-4】 文件字节输出流应用示例，以追加方式将数据输出到文件中。

```
import java.io.*;
public class App6_4 {
     public static void main(String[] args) throws IOException {
          String string = "Hello world!";
          File file = new File("Output.txt");
          // 创建流
          FileOutputStream fileOutputStream = new FileOutputStream(file, true);
          for (int i = 0; i < string.length(); i++) {  // 逐个将字符写入文件
               fileOutputStream.write(string.charAt(i));
          }
          fileOutputStream.close();                     // 关闭流
     }
}
```

说明：程序中，创建流对象时指定数据写入方式为追加方式。如果文件不存在，则创建新文件，如果文件存在，则将新的数据写入原文件末尾。将字符串写入流中时，采用一次写入一个字符的方式，真正写入的是一个字节。

【例 6-5】 采用文件字节流实现文件的复制。

分析：文件的复制是将一个文件（源文件）的内容完全复制到另一个文件（目的文件）

中，实现的方法是从源文件读取数据，然后将这些数据写入到目的文件中，操作示意图如图 6-7 所示。因此需要建立两个流，建立输入流与源文件相连，建立输出流与目的文件相连。

图 6-7　文件复制示意图

```
import java.io.*;
public class App6_5 {
     public static void main(String[] args) throws IOException {
          File sourceFile = new File("src.txt");    // 源文件对象
          File destFile = new File("dest.txt");     // 目的文件对象
          // 创建源文件输入流对象
          FileInputStream fileInputStream = new FileInputStream(sourceFile);
          // 创建目的文件输出流对象
          FileOutputStream fileOutputStream = new FileOutputStream(destFile);
          System.out.println("开始复制文件...");
          byte[] buf = new byte[1024];                // 创建字节数组
          int i;
          // 循环从输入流中读取数据
          while ((i = fileInputStream.read(buf)) != -1) {
               fileOutputStream.write(buf, 0, i);  // 写入到输出流中
          }
          System.out.println("文件复制成功！");
          fileInputStream.close();                    // 关闭输入流
          fileOutputStream.close();                   // 关闭输出流
     }
}
```

说明：程序运行时，如果目的文件不存在，会自动创建新文件，并将数据写入，如果目的文件存在，则直接覆盖原有的内容。

6.3.3　文件字符流

FileInputStream 和 FileOutputStream 为字节流，读写汉字时可能出现乱码现象。FileReader 和 FileWriter 为字符流，可直接操作 Unicode 字符，能够避免汉字的乱码现象，使用起来更为方便。

6.3.3.1　文件字符输入流 FileReader 类

FileReader 类的构造方法如表 6-9 所示，其他常用方法与 Reader 类相同，参看表 6-3，这里不再赘述。

表 6-9　FileReader 类的构造方法

方法原型	说明
public FileReader(File file) throws FileNotFoundException	使用 File 对象创建文件输入流对象，如果文件打开失败抛出异常
public FileReader(String fileName) throws FileNotFoundException	使用文件名创建文件输入流对象，如果文件打开失败抛出异常

【例 6-6】 文件字符输入流应用示例。将［例 6-2］改用字符流实现，从文本文件中读取数据并显示在屏幕上。

```
import java.io.*;
public class App6_6 {
    public static void main(String[] args) {
        try {
            File file = new File("D:\\test\\data.txt");   // 创建文件对象
            FileReader fileReader = new FileReader(file); // 创建流
            char ch;
            for (int i = 0; fileReader.ready(); i++) {// 循环读取并显示数据
                ch = (char) (fileReader.read());       // 从流中读取一个字符
                System.out.print(ch);                  // 将该字符显示到屏幕上
            }
            fileReader.close();                        // 关闭流
        } catch (FileNotFoundException fnfe) {
            System.out.println("文件打开失败。");
        } catch (IOException ioe) {
            System.out.println("文件输入异常。");
        }
    }
}
```

说明：在程序中，读取数据时采用一次读取一个字符的 read()方法，该方法的返回值为 int 型，强制转换为 char 类型后赋给变量 ch。循环条件是流对象的 ready()方法，它表示流中是否还有数据可读。由于采用了字符流，解决了汉字乱码的问题，程序运行结果如图 6-8 所示。

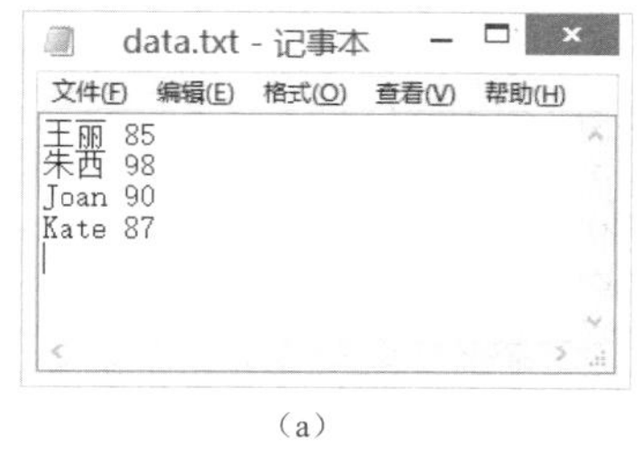

（a）

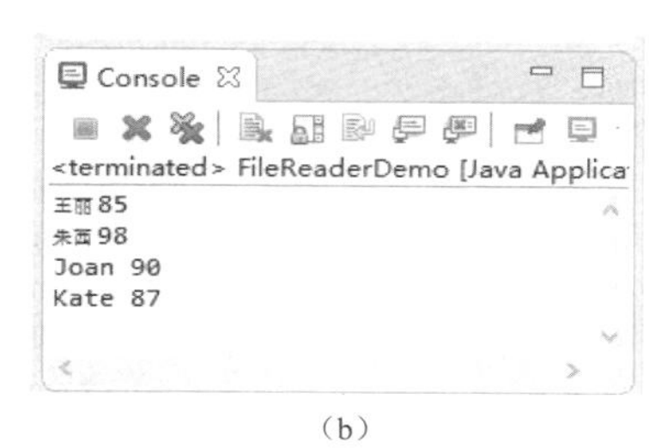

（b）

图 6-8 文件内容与程序运行结果的对比

（a）文件内容；（b）程序运行结果

6.3.3.2 文件字符输出流 FileWriter 类

FileWriter 类继承于 Writer 类，其构造方法如表 6-10 所示，其他常用方法与 Writer 类相同，参看表 6-4，这里不再赘述。

表 6-10 FileWriter 类的构造方法

方 法 原 型	说 明
public FileWriter(File file) throws IOException	使用 File 对象创建文件输出流对象，如果文件打开失败抛出异常
public FileWriter(File file, boolean append) throws IOException	使用 File 对象创建文件输出流对象，并由参数 append 指定是否为追加方式，true 为追加，false 为不追加
public FileWriter(String fileName) throws IOException	直接使用文件名创建文件输出流对象
public FileWriter(String filename, boolean append) throws IOException	直接使用文件名创建文件输出流对象，并由参数 append 指定是否为追加方式，true 为追加，false 为不追加

【例 6-7】 文件字符输出流应用示例。输入多个字符串，以“#”结束，将这些字符串写

入文件中，要求一个字符串占一行。

分析：字符输出流包含了输出字符串的 write()方法。写入文件时，要求一个字符串占一行，需要在写入字符串后，紧接着写入一个回车换行符。不同的操作系统下，回车换行符并不相同，调用 System 类的 getProperty（"line.separator"）方法能够获取当前系统的回车换行符。如果是在 Windows 系统下，回车换行符是"\r\n"。

```
import java.io.*;
import java.util.*;
public class App6_7 {
      public static void main(String args[]) {
            try {
                  FileWriter fileWriter = new FileWriter("Output.txt");// 创建流
                  Scanner sc = new Scanner(System.in);
                  // 获取当前系统的换行符
                  String ch = System.getProperty("line.separator");
                  String s;
                  System.out.println("请输入多行字符,以#结束: ");
                  while (true) {
                      s = sc.nextLine();                    // 输入一行字符
                      if (s.equals("#")) {                  // 判断字符串是否是"#"
                            break;
                      } else {
                            fileWriter.write(s);        // 将字符串写入输出流
                            fileWriter.write(ch);       // 将换行符写入输出流
                      }
                  }
                  fileWriter.close();                       // 关闭输出流
                  System.out.println("已保存到 Output.txt!");
            } catch (FileNotFoundException fnfe) {
                  System.out.println("文件打开失败。");
            } catch (IOException ioe) {
                  System.out.println("文件输出异常。");
            }
      }
}
```

程序运行结果为

```
请输入多行字符,以#结束:
Java 语言是面向对象的语言
Java 语言具有跨平台性
Java 程序分为 Java 应用程序和 Java 小程序两种
#
已保存到 Output.txt!
```

打开文件 Output.txt，其中的内容为

```
Java 语言是面向对象的语言
Java 语言具有跨平台性
Java 程序分为 Java 应用程序和 Java 小程序两种
```

6.3.4 文件对话框

在前面的例子中，要操作的文件都是预先确定的，将文件名直接写在代码中了。如果要

在执行程序的过程中确定要操作的文件也可以，首先输入一个文件名字符串，然后再以这个字符串建立流对象，其代码为

```
Scanner sc = new Scanner(System.in);
String fileName = sc.nextLine();              // 输入文件名字符串
FileWriter fw = new FileWriter(fileName);  // 以文件名字符串为参数创建流对象
```

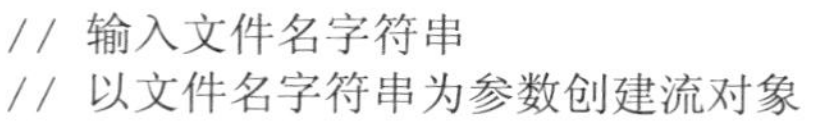

这种输入文件名的方式操作起来比较烦琐，容易出错。如果能够弹出一个文件对话框让用户从中选择文件的话，那将非常简单、方便，如图 6-9 所示。

在 javax.swing 包中提供了 JFileChooser 类，这个类中包含了创建文件对话框的方法，使用起来非常方便。JFileChooser 类的构造方法以及常用成员方法如表 6-11 所示。

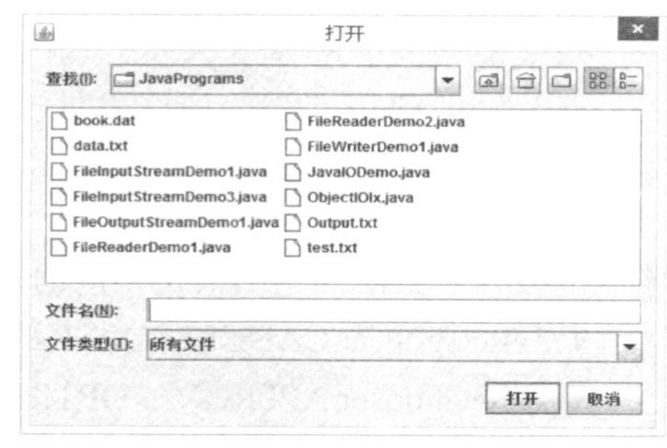

图 6-9　文件选择对话框

表 6-11　　JFileChooser 类的构造方法与常用成员方法

方　法　原　型	说　　明
public JFileChooser()	构造方法，创建一个指向用户默认目录的 JFileChooser 对象，默认目录取决于操作系统，在 Windows 下通常是“我的文档”
public JFileChooser(String currentDirectoryPath)	构造方法，创建一个使用给定路径的 JFileChooser 对象
public JFileChooser(File currentDirectory)	构造方法，使用给定的 File 作为路径创建一个 JFileChooser 对象
public int showOpenDialog(Component parent) throws HeadlessException	弹出一个打开文件对话框
public int showSaveDialog(Component parent) throws HeadlessException	弹出一个保存文件对话框
public File getSelectedFile()	获得被选中的文件，返回值是 File 类型
public File getCurrentDirectory()	获得当前目录，返回值是 File 类型
public void setCurrentDirectory(File dir)	设置当前目录。如果参数为 null，则指向系统默认目录
public void setFileFilter(FileFilter filter)	设置文件过滤器，只显示指定类型的文件

1. 创建 JFileChooser 对象，弹出文件打开对话框

```
JFileChooser chooser = new JFileChooser();
chooser.showOpenDialog(null);
```

showOpenDialog()方法的参数表示对话框的父框架，对话框显示时位于该框架的中央位置。如果参数为 null，表示没有父框架，对话框显示在屏幕的中央。

弹出对话框时，会显示某一目录下的文件，如图 6-8 所示，这个目录由 JFileChooser 类的构造方法中的参数决定。如果要指向 D:\JavaPrograms 目录，代码为

```
JFileChooser chooser = new JFileChooser("D:\\JavaPrograms");
chooser.showOpenDialog(null);
```

如果构造方法的参数表为空，则指向系统默认目录（Windows 系统下默认目录是“我的文档”）。

可以调用 setCurrentDirectory()方法设置当前目录，该方法的参数是一个 File 对象，具体

代码为

```
File startDirectory = new File("D:\\JavaPrograms");
chooser.setCurrentDirectory(startDirectory);
chooser.showOpenDialog(null);
```

还可以直接定位到用户当前工作目录，代码为

```
String current = System.getProperty("user.dir");   // 获取用户的当前工作目录
JFileChooser chooser = new JFileChooser(current);
```

2. 根据 showOpenDialog()方法的返回值判断用户所单击的按钮

弹出对话框后，用户从对话框中选择一个文件，然后单击某个按钮，对话框关闭。单击不同的按钮，方法的返回值是不同的，其值有以下三种：

- JFileChooser.CANCEL_OPTION：当单击对话框中的“取消”按钮时的返回值。
- JFileChooser.APPROVE_OPTION：当单击对话框中的“打开”按钮时的返回值。
- JFileChooser.ERROR_OPTION：当发生错误或者该对话框已被解除时的返回值。

根据方法的返回值可以获知用户单击了哪个按钮，然后进行不同的操作，代码为

```
int status = chooser.showOpenDialog(null);      // 将方法的返回值赋值给 status
if (status == JFileChooser.APPROVE_OPTION) {    // 如果单击的是"打开"按钮
    ……
} else if ( status == JFileChooser.CANCEL_OPTION) // 如果单击的是"取消"按钮
    ……
}
```

3. 获得被选中的文件及所在目录

如果单击的是“打开”按钮，一般需要获得被选中的文件：

```
File selectedFile = chooser.getSelectedFile();
```

获得被选中文件所在的目录：

```
File currentDirectory = chooser.getCurrentDirectory();
```

获得被选中文件后，调用 File 类的 getName()和 getAbsolutePath()方法可以获得被选中文件的文件名（不包含路径）和路径名（包含文件名）字符串：

```
File file = chooser.getSelectedFile();
System.out.println("Selected File:  " + file.getName());
System.out.println("Full path:    " + file.getAbsolutePath());
```

4. 设置文件选择对话框中显示的文件类型

使用文件扩展名过滤器（FileNameExtensionFilter）使得文件对话框只显示一种或几种类型的文件。

【例 6-8】 弹出文件“打开”对话框，文件列表中只显示 Java 源程序文件（.java）和文本文件（.txt）。

```
import javax.swing.JFileChooser;
import javax.swing.filechooser.FileNameExtensionFilter;
public class App6_8 {
     public static void main(String[] args) {
          JFileChooser chooser = new JFileChooser("D:\\JavaPrograms");
          // 创建文件扩展名过滤器对象,只显示.java 和.txt 文件
```

```
            FileNameExtensionFilter filter = new
                        FileNameExtensionFilter("文件", "java", "txt");
            chooser.setFileFilter(filter);          // 设置 chooser 的文件过滤器
            int returnVal = chooser.showOpenDialog(null);
            if (returnVal == JFileChooser.APPROVE_OPTION) {
                System.out.println("选中的文件: "
                        + chooser.getSelectedFile().getName());
            }
        }
    }
```

运行程序，弹出文件“打开”对话框，如图6-10所示。

说明：程序中，首先创建JFileChooser对象，初始目录为D:\JavaPrograms，通过文件扩展名过滤器设置只显示.java和.txt文件。

以上详细说明了打开文件对话框的使用。另外，调用showSaveDialog()方法可以弹出文件保存对话框。这两种对话框在外观上以及具体使用上类似。

【例6-9】实现一个简易文本编辑器，如图6-11所示。框架标题为“简易文本编辑器”，文件菜单包含打开、关闭、保存、退出四个菜单项。单击“打开”菜单项时，弹出打开文件对话框，从中选择一个文件，并单击“打开”按钮后，读入该文件内容，显示在文本区中。单击“保存”按钮时，将文本区中的内容保存到文件中。单击“关闭”按钮时，弹出对话框询问是否保存，如果要保存，则将文本区中的内容保存到文件，不管是否保存，都要清空文本区内容。单击“退出”按钮时，整个程序运行结束。这里只实现打开文件的功能。

图6-10 “打开”对话框

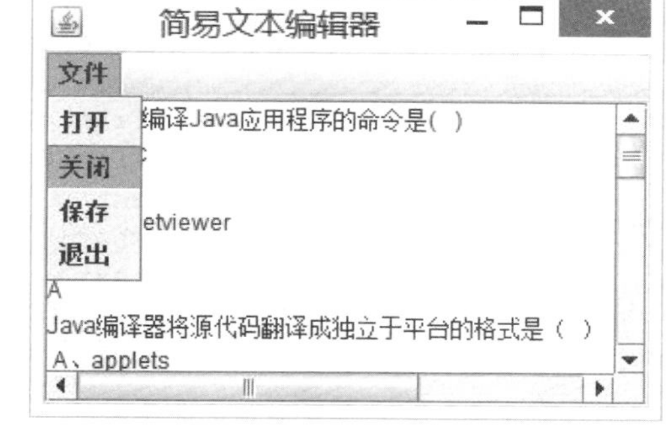

图6-11 简易文本编辑器

```
import java.io.*;
import javax.swing.*;
import java.awt.event.*;
class Editor {
      JFrame frame;
      JTextArea textArea;
      JScrollPane scrollPane;
      JMenuBar menubar;
      JMenu fileMenu;
      JMenuItem openItem, saveItem, closeItem, exitItem;
      FileReader fileReader;
      JFileChooser chooser;
      File file;
```

```
        Editor() {
            frame = new JFrame("简易文本编辑器");
            textArea = new JTextArea();
            scrollPane = new JScrollPane(textArea);
            menubar = new JMenuBar();
            fileMenu = new JMenu("文件");
            openItem = new JMenuItem("打开");
            saveItem = new JMenuItem("保存");
            closeItem = new JMenuItem("关闭");
            exitItem = new JMenuItem("退出");
            fileMenu.add(openItem);
            fileMenu.add(closeItem);
            fileMenu.add(saveItem);
            fileMenu.add(exitItem);
            menubar.add(fileMenu);
            frame.setJMenuBar(menubar);
            frame.add(scrollPane);
            frame.setSize(800, 600);
            frame.setVisible(true);
            openItem.addActionListener(new EventL());
        }
        class EventL implements ActionListener {
            public void actionPerformed(ActionEvent e) {
                try {
                    if (e.getActionCommand() = "打开") { // 如果单击了"打开"菜单项
                        chooser = new JFileChooser("D:\\JavaPrograms");
                        // 弹出打开文件对话框,如果单击"打开"按钮,则打开相应文件
                        if (chooser.showOpenDialog(frame)==
                                JFileChooser.APPROVE_OPTION) {
                            file = chooser.getSelectedFile(); // 获取选中的文件
                            fileReader = new FileReader(file);// 建立文件输入流
                            int n = 1024, count;
                            char[] buf = new char[n];
                            textArea.setText("");           // 清空文本区
                            // 读取数据存入数组
                            while ((count = fileReader.read(buf)) != -1) {
                                // 将数据显示到文本区
                                textArea.append(new String(buf, 0, count));
                            }
                        }
                    }
                }catch(Exception exp) {
                    exp.printStackTrace();
                }
            }
        }
}
public class App6_9 {
        public static void main(String[] args) {
                new Editor();
        }
}
```

6.4　实体流和装饰流

除了按照流的方向和数据处理单位对流进行分类之外，还可以按照流是否直接连接实际数据源（例如文件）将流划分为实体流和装饰流两类。

实体流能够直接连接数据源，可单独使用实现对数据源的读写，如文件流。装饰流不能直接连接数据源，不能单独使用，必须在其他流（实体流或其他装饰流）的基础上使用，常用的有缓冲流、数据流和对象流等。例如访问文件，既可以只使用文件流来实现，也可以在文件流的基础上配合使用装饰流，如图 6-12 所示。

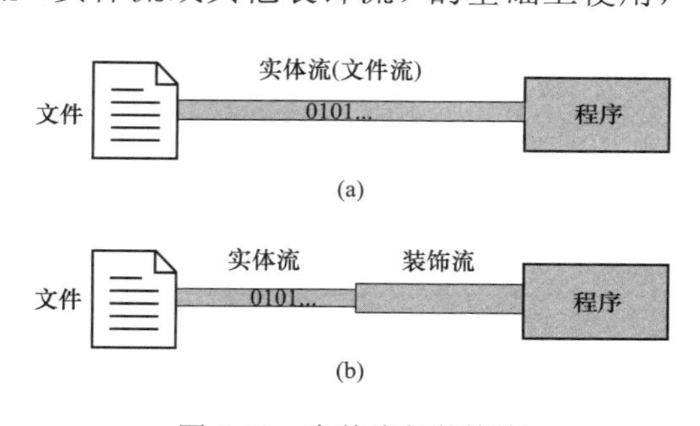

图 6-12　实体流与装饰流

（a）只使用文件流；（b）联合使用文件流和装饰流

由于装饰流是在其他流的基础上创建的，这种创建流的方式称作“流的嵌套”。需要强调的是，在流的嵌套中，各个流的性质必须相同，也就是流的读写单位（字节/字符）、流的方向（输入/输出）都要一致。装饰流不改变实体流中的数据内容，只是对实体流做了一些功能上的增强，例如可以提高读写的速度或者提供更多的读写方式等。

需要注意的是，有了装饰流之后，程序一般都是调用装饰流的成员方法来读写数据。下面分别以缓冲流、数据流、对象流为例，详细介绍装饰流的使用。

6.5　缓　冲　流

基本的输入/输出流一般只注重输入/输出功能的实现，在实际的项目开发中，还需要考虑读写效率的问题。使用缓冲流，当输入数据时，数据以块为单位读入缓冲区，此后如有读操作，则直接访问缓冲区；当输出数据时，先将数据写入缓冲区，当缓冲区的数据满时，才将缓冲区中的数据写入输出流中，提高了输入/输出的效率。

缓冲流包括缓冲字节流（BufferedInputStream 和 BufferedOutputStream）与缓冲字符流（BufferedReader 和 BufferedWriter）。

6.5.1　缓冲字节流

1. 缓冲字节输入流 BufferedInputStream 类

BufferedInputStream 类是 InputStream 类的子类，其常用方法可参看表 6-1，这里不再赘述。缓冲流必须在其他流基础上使用，因此在构造方法中，有一个参数是字节输入流对象，如表 6-12 所示。

表 6-12　BufferedInputStream 类的构造方法

方 法 原 型	说　明
public BufferedInputStream(InputStream in)	构造方法，创建具有默认大小缓冲区的缓冲字节输入流
public BufferedInputStream(InputStream in, int size)	构造方法，创建具有指定缓冲区大小的缓冲字节输入流

例如，在文件流基础上使用缓冲流进行文件数据的读取，创建流的代码为

```
FileInputStream inOne = new FileInputStream("Student.txt");  // 创建文件流
// 以文件流为参数创建缓冲流
BufferedInputStream  inTwo = BufferedInputStream(inOne);
```

实际上，流创建好之后，数据的读取都是在缓冲流中进行，文件流的对象名一般不再使用，因此可以将上面两条语句合并起来：

```
BufferedInputStream  in = BufferedInputStream(
                              new FileInputStream("Student. txt"));
```

2. 缓冲字节输出流 BufferedOutputStream 类

BufferedOutputStream 类是 OutputStream 类的子类，其常用方法可参看表 6-2，这里不再赘述。在构造方法中，有一个参数是字节输出流对象，如表 6-13 所示。

表 6-13　BufferedOutputStream 类的构造方法

方 法 原 型	说　　明
public BufferedOutputStream(OutputStream out)	构造方法，创建具有默认大小缓冲区的缓冲字节输出流
public BufferedOutputStream(OutputStream out, int size)	构造方法，创建具有指定缓冲区大小的缓冲字节输出流

例如，在文件流基础上使用缓冲流将数据写入到文件中，创建流的代码为

```
FileOutputStream outOne = new FileOutputStream("Student.txt"); // 创建文件流
// 以文件流为参数创建缓冲流
BufferedOutputStream outTwo = BufferedOutputStream(outOne);
```

或者，合二为一：

```
BufferedOutputStream in = BufferedOutputStream(
                              new FileOutputStream("Student. txt"));
```

【例 6-10】 采用缓冲流实现文件的复制。

分析：文件的复制是从源文件读取数据，再将这些数据写入目的文件。读写文件必须使用文件流，加上缓冲流后可以提高读写的效率。

```
import java.io.*;
public class App6_10 {
    public static void main(String[] args) throws IOException {
      File sourceFile = new File("src.txt");          // 源文件对象
      File destFile = new File("dest.txt");           // 目的文件对象
      // 创建源文件缓冲输入流对象
      BufferedInputStream bis = new BufferedInputStream(
                                     new FileInputStream(sourceFile));
      // 创建目的文件缓冲输出流对象
      BufferedOutputStream bos = new BufferedOutputStream(
                                     new FileOutputStream(destFile));
      System.out.println("开始复制文件...");
      byte[] buf = new byte[1024];                    // 创建字节数组
      int i;
      while ((i = bis.read(buf)) != -1) {             // 从输入流中读取数据
            bos.write(buf, 0, i);                     // 写入到输出流中
      }
```

```
        System.out.println("文件复制成功！");
        bis.close();                              // 关闭输入流
        bos.close();                              // 关闭输出流
    }
}
```

6.5.2 缓冲字符流

1. 缓冲字符输入流 BufferedReader 类

BufferedReader类是Reader类的子类，其常用方法可参看表6-3，这里不再赘述。此外，还增加了读取一行字符的方法 readLine()，该方法以及构造方法如表 6-14 所示。

表 6-14　BufferedReader 类的构造方法和新增的常用方法

方 法 原 型	说 明
public BufferedReader (Reader in)	构造方法，创建具有默认大小缓冲区的缓冲字符输入流
public BufferedReader (Reader in, int size)	构造方法，创建具有指定缓冲区大小的缓冲字符输入流
public String readLine() throws IOException	从缓冲输入流中读取一行字符，以字符串的形式返回（不包括回车符），如果已到达流末尾，则返回 null。有可能抛出异常，必须处理

2. 缓冲字符输出流 BufferedWriter 类

BufferedWriter 类是 Writer 类的子类，其常用方法可参看表 6-3，这里不再赘述。此外，类中增加了 newLine()方法向输出流中写入一个行分隔符，如表 6-15 所示。不同的平台下，行分隔符并不相同。在 Windows 平台下，假设 bw 是一个缓冲字符输出流对象，则 `bw.write("\r\n");`与 `bw.newLine();`等价。如果希望读取文件数据时按行来进行，那么在将数据写入文件时，就要加上行分隔符，newLine()方法的作用就在于此。

表 6-15　BufferedWriter 类的构造方法和新增的常用方法

方 法 原 型	说 明
public BufferedWriter(Writer out)	构造方法，创建具有默认大小缓冲区的缓冲字符输出流
public BufferedWriter(Writer out, int size)	构造方法，创建具有指定缓冲区大小的缓冲字符输出流
public void newLine() throws IOException	向缓冲输出流中写入一个行分隔符

【例 6-11】 缓冲流应用示例。从键盘上输入若干个字符串写入文件，然后再从文件中逐行读取字符串并显示出来。

分析：将字符串写入文件时，需要在每个字符串末尾加上行分隔符，以方便读取。

```
import java.io.*;
import java.util.Scanner;
public class App6_11 {
    public static void main(String[] args) throws IOException {
        File file = new File("data.txt");
        FileWriter fw = new FileWriter(file);         // 创建文件输出流
        BufferedWriter bw = new BufferedWriter(fw);  // 创建缓冲输出流
        Scanner scanner = new Scanner(System.in);
        String s;
        // 从键盘输入若干个字符串写入文件
        System.out.println("请输入字符串,以#结束:");
```

```
            while (!((s = scanner.nextLine()).equals("#"))) {
                bw.write(s);                              // 将字符串写入文件
                bw.newLine();                             // 写入行分隔符
            }
            bw.close();                                   // 关闭流
            fw.close();                                   // 关闭流
            FileReader fr = new FileReader(file);         // 创建文件输入流
            BufferedReader br = new BufferedReader(fr);   // 创建缓冲输入流
            String str;
            // 从文件中逐行读取数据
            System.out.println("文件中的内容为:");
            while ((str = br.readLine()) != null) {
                System.out.println(str);
            }
            br.close();                                   // 关闭流
            fr.close();                                   // 关闭流
        }
    }
```

程序运行结果为

```
请输入字符串,以#结束:
Java 语言是一门面向对象的语言
学习 Java 语言需要多编程多实践
#
```

文件中的内容为:

```
Java 语言是一门面向对象的语言
学习 Java 语言需要多编程多实践
```

6.6 数　据　流

前面介绍的各种流只能用来输入/输出字节或字符类型的数据，对于其他类型的数据，无法直接操作，在输出时需要先将其转换为字节或字符类型再输出，输入时按照字节或字符类型读入之后再转换为原来的类型，这种方式使用不便，工作量大。为了解决这个问题，Java 专门提供了两个数据流类——DataInputStream 和 DataOutputStream，用来输入/输出各种类型的数据。使用数据流需要注意的是：

（1）数据流属于装饰流，不能单独使用。

（2）使用 DataOutputStream 流输出的数据，必须使用 DataInputStream 流进行读取，这两个类必须配合使用，否则会发生数据错误。因为使用 DataOutputStream 流输出数据时，除了数据以外，还加上了特定的格式。

（3）读取数据时，数据的类型和顺序必须与输出时的数据的类型和顺序保持一致。

由于数据输入流和数据输出流必须配合使用，因此，在本节中首先介绍数据输出流，然后介绍数据输入流。

6.6.1 数据输出流 DataOutputStream 类

DataOutputStream 类继承了 FilterOutputStream 类，实现了 DataOutput 等接口，除了包含

输出字节或字节数组的 write()方法以外，还增加了一系列的 writeXXX()方法来输出各种类型的数据，如表 6-16 所示。

表 6-16　DataOutputStream 类的常用方法

方 法 原 型	说 明
public DataOutputStream(OutputStream out)	构造方法
public final void writeBoolean(boolean v) throws IOException	输出 boolean 型数据
public final void writeByte(int v) throws IOException	输出 byte 型数据
public final void writeChar(int v) throws IOException	输出 char 型数据
public final void writeInt(int v) throws IOException	输出 int 型数据
public final long writeLong() throws IOException	输出 long 型数据
public final void writeFloat(float v) throws IOException	输出 float 型数据
public final void writeDouble(double v) throws IOException	输出 double 型数据
public final void writeUTF(String str) throws IOException	输出 UTF 格式的字符串

使用数据输出流，将数据输出到文件中，具体步骤如下。

（1）创建文件流和数据流，代码为

```
// 创建文件流
FileOutputStream outFileStream = new FileOutputStream("test.data");
// 创建数据流
DataOutputStream outDataStream = new DataOutputStream(outFileStream);
```

可以合并成一条语句：

```
DataOutputStream outDataStream = new DataOutputStream(
                                  new FileOutputStream ("test.data"));
```

（2）调用 writeXXX()方法将数据输出到文件中。

```
outDataStream.writeChar('A');                              // 输出字符
outDataStream.writeInt(1234);                              // 输出整数
outDataStream.writeDouble(90.56);                          // 输出实数
outDataStream.writeUTF("ABC");                             // 输出字符串
```

6.6.2 数据输入流 DataInputStream 类

DataInputStream 类继承了 FilterInputStream 类，实现了 DataInput 等接口，除了包含读取一个字节或若干字节的 read()方法以外，还增加了一系列的 readXXX()方法来读取各种类型的数据，如表 6-17 所示。

表 6-17　DataInputStream 类的常用方法

方 法 原 型	说 明
public DataInputStream(InputStream in)	构造方法
public final boolean readBoolean() throws IOException	读取 boolean 型数据
public final byte readByte() throws IOException	读取 byte 型数据

续表

方 法 原 型	说 明
public final char readChar() throws IOException	读取 char 型数据
public final int readInt() throws IOException	读取 int 型数据
public final long readLong() throws IOException	读取 long 型数据
public final float readFloat() throws IOException	读取 float 型数据
public final double readDouble() throws IOException	读取 double 型数据
public final String readUTF() throws IOException	读取 UTF 格式的字符串

使用数据输入流，从文件中读取数据，具体步骤如下：

（1）创建文件流和数据流，代码为

```
// 创建文件流
FileInputStream inFileStream = new FileInputStream("test.data");
// 创建数据流
DataInputStream inDataStream = new DataInputStream(inFileStream);
```

可以合并成一条语句：

```
DataInputStream inDataStream = new DataInputStream(
                                new FileInputStream("test.data");
```

（2）调用 readXXX()方法从文件中读取数据。

```
char c = inDataStream.readChar();                          // 读取字符
int i = inDataStream.readInt();                            // 读取整数
double d = inDataStream.readDouble();                      // 读取实数
String s = inDataStream.readUTF();                         // 读取字符串
```

但要注意，读取的顺序必须与之前写入的顺序一致。

【例 6-12】 数据流应用示例。学生类包括姓名、院系、年龄和平均成绩四个成员变量。输入 3 个学生的信息，采用数据流将学生信息存入文件。然后再从文件中读取出来，显示在屏幕上。

分析：定义学生类，包含四个成员变量和一个构造方法。在主方法中输入学生数据，然后将这些数据逐项写入流中，一个学生有 4 项数据，需要写 4 次，不同类型的数据要调用不同的方法。从文件中读取数据时，必须按照写入的顺序逐项读出来，不同类型的数据调用不同的方法。

```
import java.io.*;
import java.util.*;
class StudentInfo {
      String name;
      String department;
      int age;
      double score;
      StudentInfo(String name, String department, int age, double score) {
                                                              // 构造方法
          this.name = name;
          this.department = department;
          this.age = age;
          this.score = score;
```

```
        }
    }
    public class App6_12 {
        public static void main(String args[]) {
            StudentInfo[] stu = new StudentInfo[5];
            Scanner sc = new Scanner(System.in);
            DataInputStream dis = null;
            DataOutputStream dos = null;
            try {
                // 创建文件输出流、缓冲输出流和数据输出流
                dos = new DataOutputStream(new BufferedOutputStream(
                                  new FileOutputStream("student.txt")));
                System.out.println("请输入学生的姓名、院系、年龄、成绩:");
                for (int i = 0; i < 3; i++) {
                    // 输入一个学生的数据,创建一个学生对象,将数据写入流中
                    stu[i] = new StudentInfo(sc.next(), sc.next(),
                                sc.nextInt(), sc.nextDouble());
                    dos.writeUTF(stu[i].name);      // 将姓名(字符串)写入流中
                    dos.writeUTF(stu[i].department);// 将院系(字符串)写入流中
                    dos.writeInt(stu[i].age);       // 将年龄(整型)写入流中
                    dos.writeDouble(stu[i].score); // 将成绩(实型)写入流中
                }
                dos.close();                        // 关闭流
            } catch (FileNotFoundException e) {
                System.out.print("文件打开错误");
            } catch (IOException e) {
                System.out.print("文件写入失败");
            }
            try {
                // 创建文件输入流、缓冲输入流和数据输入流
                dis = new DataInputStream(new BufferedInputStream(
                                  new FileInputStream("student.txt")));
                // 从流中读取数据,注意读取数据的顺序必须与之前写入的顺序一致。
                System.out.println("文件中的内容:");
                for (int i = 0; i < 3; i++) {
                    // 读取姓名(字符串)并显示
                    System.out.print(dis.readUTF() + "  ");
                    // 读取院系(字符串)并显示
                    System.out.print(dis.readUTF() + "  ");
                    // 读取年龄(整型)并显示
                    System.out.print(dis.readInt() + "  ");
                    // 读取成绩(实型)并显示
                    System.out.println(dis.readDouble());
                }
                dis.close();                    // 关闭流
            } catch (FileNotFoundException e) {
                System.out.print("文件打开错误");
            } catch (IOException e) {
                System.out.print("文件读取失败");
            }
        }
    }
```

程序运行结果为

```
请输入学生的姓名、院系、年龄、成绩:
王丽 计算机系 19 98
李强 机械工程系 18 75
江汉 建筑工程系 20 87
文件中的内容:
王丽 计算机系  19  98.0
李强 机械工程系  18  75.0
江汉 建筑工程系  20  87.0
```

说明：程序中综合应用了三种流，首先创建了文件流，在文件流的基础上创建缓冲流来提高文件读写效率，在缓冲流的基础上创建了数据流以方便各种数据类型的读写。

6.7 对象流与对象序列化

内存中的对象在程序运行结束时被清除，如果以后还要使用这个对象，就要将其保存起来。在[例 6-12]中使用数据流将学生对象的成员变量的值存入文件中，在需要的时候再读取进来。这种办法固然可行，但是需要将一个完整的对象拆分成多个数据项写入文件，如果成员变量是对象类型的话会更加复杂。实际上，Java 提供了 ObjectInputStream 类和 ObjectOutputStream 类来支持对象的输入和输出，称为对象流。

6.7.1 对象序列化与 Serializable 接口

对象序列化是指将一个对象的属性和方法转化为一种序列化的格式用于存储和传输。在需要的时候，再将对象重构出来，这个过程称为反序列化。若要对象能够进行序列化，其所属的类必须实现 Serializable 接口。Serializable 接口是一个空接口，不包含任何方法，实现这个接口只是一个标志，表示该类的对象可进行序列化。Serializable 接口在 java.io 包中，其定义为

```
public interface Serializable {
     // there's nothing in here!
}
```

一个类实现 Serializable 接口时，除了在类的首部加上“implements Serializable”，其他不用做任何改变，类的定义为

```
class MyClass implements Serializable {
     // 这里没有任何变化
}
```

这样一来，该类的对象就可以序列化了。对象序列化时，不保存对象的 transient 变量（临时变量）和 static 变量（静态变量）。

6.7.2 对象流（微课 9）

对象的序列化（输出）和反序列化（输入）通过对象流来实现，对象流属于装饰流。与数据流类似，对象输入流和对象输出流必须配合使用，因此，在本节中首先介绍对象输出流，然后再介绍对象输入流。

6.7.2.1 对象输出流 ObjectOutputStream 类

ObjectOutputStream 类是 OutputStream 类的子类，实现了 DataOutput 和

ObjectOutput 等接口。除了基本的输出字节和字节数组的方法之外，新增了很多方法，包括输出对象的方法、输出各种基本数据类型的方法以及输出字符串的方法等，如表6-18所示。

表 6-18 ObjectOutputStream 类的构造方法和常用方法

方法原型	说明
public ObjectOutputStream(OutputStream out) throws IOException	构造方法
public final void writeObject(Object obj) throws IOException	输出对象
public void writeBoolean(boolean v) throws IOException	输出 boolean 型数据
public void writeByte(int v) throws IOException	输出 byte 型数据
public void writeChar(int v) throws IOException	输出 char 型数据
public void writeInt(int v) throws IOException	输出 int 型数据
public void writeLong(long v) throws IOException	输出 long 型数据
public void writeFloat(float v) throws IOException	输出 float 型数据
public void writeDouble(double v) throws IOException	输出 double 型数据
public void writeUTF(String str) throws IOException	输出 UTF 格式的字符串

从表中可以看出，对象输出流除了可以输出对象以外，还可以输出各种基本类型的数据，在这方面与数据输出流的功能相同。不过在输入/输出基本类型数据的时候，对象输入流和对象输出流依然要配对使用。

例如，通过对象流将对象和基本类型数据写入文件，代码为

```
FileOutputStream fout = new FileOutputStream("data.txt");
// 以文件流为参数创建对象流
ObjectOutputStream oout = new ObjectOutputStream(fout);
oout.writeObject(new Date());                    // 向对象流中写入日期对象
oout.writeInt(123);                              // 向对象流中写入整数
oout.close();                                    // 关闭对象流
```

【例 6-13】 对象输出流应用示例。学生类包括姓名、院系、年龄和平均成绩四个成员变量。输入若干个学生的信息，采用对象流将学生信息存入文件。

分析：学生类的定义同前，包含四个成员变量和一个构造方法，为了能够进行序列化，学生类要实现 Serializable 接口。在主方法中输入学生数据，创建学生对象，然后将该对象写入流中。而使用数据流的话，4 个成员变量需要写 4 次，这是对象流比数据流优越的地方。为了以后读取方便，将对象写入文件之前，可以先将对象的数量写入文件。

```
import java.io.*;
import java.util.*;
class Student implements Serializable {              // 实现Serializable接口
      String name;
      String department;
      int age;
      double score;
      Student(String name, String department, int age, double score) {
          this.name = name;
          this.department = department;
          this.age = age;
```

```
            this.score = score;
        }
    }
    public class App6_13 {
        public static void main(String[] args) {
            ObjectOutputStream objectOutputStream;
            int count;
            Scanner sc = new Scanner(System.in);
            try {                                         // 创建文件流和对象流
                objectOutputStream = new ObjectOutputStream(
                                 new FileOutputStream ("student.txt"));
                System.out.println("请输入学生的人数:");
                count = sc.nextInt();                     // 输入学生的人数
                objectOutputStream.writeInt(count);       // 将学生数写入文件
                Student[] stu = new Student[count];       // 创建学生数组
                System.out.println("请输入学生的姓名、院系、年龄、成绩");
                for (int i = 0; i < count; i++) {
                    stu[i] = new Student(sc.next(), sc.next(),
                             sc.nextInt(), sc.nextDouble());
                    objectOutputStream.writeObject(stu[i]);// 将学生对象写入文件
                }
                objectOutputStream.close();               // 关闭流
            } catch (FileNotFoundException e) {
                System.out.print("文件打开错误");
            } catch (IOException e) {
                System.out.print("文件写入失败");
            }
        }
    }
```

程序运行结果为

```
请输入学生的姓名、院系、年龄、成绩:
王丽 计算机系 19 98
李强 机械工程系 18 75
江汉 建筑工程系 20 87
```

说明：在程序中，使用文件流和对象流将学生对象写入文件，一次写入一个对象，通过循环结构来写入多个对象。实际上，数组也是一个对象，可以整体写入文件中。对程序中输入对象数据并写入文件的代码进行修改。原有的代码为

```
for (int i = 0; i < count; i++) {
    stu[i] = new Student(sc.next(), sc.next(), sc.nextInt(), sc.nextDouble());
    objectOutputStream.writeObject(stu[i]);         // 将一个学生对象写入文件
}
```

修改后的代码为

```
for (int i = 0; i < count; i++) {
    stu[i] = new Student(sc.next(), sc.next(), sc.nextInt(), sc.nextDouble());
}
objectOutputStream.writeObject(stu);                 // 将学生数组一次性写入文件
```

这样无疑更加方便，注意从文件中读取数据时也是一次性将整个数组读取出来。

6.7.2.2 对象输入流 ObjectInputStream 类

ObjectIntputStream 类是 InputStream 类的子类，实现了 DataInput 和 ObjectInput 等接口，除了基本的读取一个字节和若干字节的 read()方法以外，还新增了很多方法，包括读取对象的方法、读取各种基本数据类型的方法以及读取字符串的方法等，如表 6-19 所示。

表 6-19 ObjectIntputStream 类的常用方法

方 法 原 型	说 明
public ObjectInputStream(InputStream in) throws IOException	构造方法
public final Object readObject() throws IOException, ClassNotFoundException	读取对象
public boolean readBoolean() throws IOException	读取 boolean 型数据
public byte readByte() throws IOException	读取 byte 型数据
public char readChar() throws IOException	读取 char 型数据
public int readInt() throws IOException	读取 int 型数据
public long readLong() throws IOException	读取 long 型数据
public float readFloat() throws IOException	读取 float 型数据
public double readDouble() throws IOException	读取 double 型数据
public String readUTF() throws IOException	读取 UTF 格式的字符串

需要注意的是，从对象流中读取对象时，返回值是 Object 类型，需要做类型转换。

使用对象流从文件中读取数据时，需要与之前写入的顺序一致，代码为

```
// 创建文件流
FileInputStream fileInputStream = new FileInputStream("data.txt");
// 创建对象流
ObjectInputStream ois = new ObjectInputStream(fileInputStream);
Date date = (Date)ois.readObject();              // 读取一个对象转换为 Date 类型
int i = ois.readInt();                           // 读取一个整数
```

【例 6-14】 对象输入流应用示例。从文件中读取学生对象并显示在屏幕上。

分析：写入学生对象时，一次写入一个对象，读取时也要一次读取一个对象。读取对象之前首先读取对象数量。学生类的定义与［例 6-13］相同，这里省略。

```
import java.io.*;
import java.util.*;
public class App6_14 {
    public static void main(String[] args) {
        int count;
        ObjectInputStream ois;
        try {
            // 创建文件流和对象流
            ois = new ObjectInputStream(new FileInputStream("student.txt"));
            count = ois.readInt();                         // 读取学生数
            Student[] stu = new Student[count];            // 创建学生数组
            for (int i = 0; i < count; i++) {
                stu[i] = (Student) ois.readObject();// 读取一个学生对象
                System.out.print(stu[i].name + " ");// 输出学生的数据
                System.out.print(stu[i].department + " ");
```

```
                    System.out.print(stu[i].age + " ");
                    System.out.println(stu[i].score + " ");
                }
                ois.close();
            } catch (FileNotFoundException e) {
                System.out.print("文件打开错误");
            } catch (IOException e) {
                System.out.print("文件读取失败");
            } catch (ClassNotFoundException e) {
                e.printStackTrace();
            }
        }
}
```

程序运行结果为

```
王丽 计算机系 19 98.0
李强 机械工程系 18 75.0
江汉 建筑工程系 20 87.0
```

说明：[例 6-13]中如果将整个数组一次性写入文件，那么读取时也要读取整个数组。对这部分代码进行修改，原有代码为

```
Student[] stu = new Student[count];                 // 创建学生数组
for (int i = 0; i < count; i++) {
      stu[i] = (Student) ois.readObject();          // 读取一个学生对象
      System.out.print(stu[i].name + " ");          // 输出学生的数据
      System.out.print(stu[i].department + " ");
      System.out.print(stu[i].age + " ");
      System.out.println(stu[i].score + " ");
}
```

修改后代码段为

```
Student[] stu =(Student[])ois.readObject();         // 一次读取一个数组
for (int i = 0; i < count; i++) {                   // 输出学生的数据
      System.out.print(stu.name + " ");
      System.out.print(stu.department + " ");
      System.out.print(stu.age + " ");
      System.out.println(stu.score + " ");
}
```

对象序列化后可能存放到磁盘上或者在网络上传输，这样会产生安全问题。一些保密数据，如银行卡号、密码等一般不希望被序列化，那么只需在这些成员变量声明时加上 transient 关键字，例如：

```
transient String password;
```

在对象序列化时，这些成员变量的值不会被保存，反序列化时，这些成员变量被赋予默认值。

6.7.3 Externalizable 接口

如果一个类实现了 Serializable 接口，那么在其对象序列化时，除了 transient 变量和 static 变量以外，其他成员变量都会被保存起来。如果要自行确定哪些变量要保存，以及具体的顺序，或者除了成员变量，还需要保存其他的数据，就要通过实现 Externalizable 接口来进行。

简单地说，实现 Externalizable 接口可以控制对象的读写。Externalizable 接口在 java.io 包中，其定义为

```
public interface Externalizable extends Serializable
```

接口中有两个方法 writeExternal()和 readExternal()，实现该接口的类必须实现这两个方法，这两个方法的定义如表 6-20 所示。

表 6-20 Externalizable 接口的方法

方 法 原 型	说 明
void writeExternal(ObjectOutput out) throws IOException	输出对象
void readExternal(ObjectInput in) throws IOException, ClassNotFoundException	输入对象

一个类实现 Externalizable 接口以后，当采用 ObjectOutputStream 流输出对象时，会自动调用 writeExternal()方法，按照方法规定的逻辑保存对象数据。当采用 ObjectInputStream 流输入对象时，会自动调用 readExternal()方法。

【例 6-15】 使用 Externalizable 接口控制对象的读写。

```
import java.io.*;
import java.util.*;
class UserInfo implements Externalizable {
      public String userName;                        // 用户名
      public String userPass;                        // 密码
      public int userAge;                            // 年龄
      public UserInfo() {                            // 构造方法
      }
      public UserInfo(String username, String userpass, int userage) {
          this.userName = username;
          this.userPass = userpass;
          this.userAge = userage;
      }
      // 当序列化对象时,writeExternal()方法被自动调用
      public void writeExternal(ObjectOutput out) throws IOException {
          Date date = new Date();
          out.writeObject(date);                     // 输出非自身的变量
          out.writeObject(userName);                 // 输出 userName 变量
          out.writeInt(userAge);                     // 输出 userAge 变量
      }
      // 当反序列化对象时,readExternal()方法被自动调用
      public void readExternal(ObjectInput in)
                        throws IOException, ClassNotFoundException {
          Date date = (Date)in.readObject();
          System.out.println(date);
          this.userName = (String)in.readObject();
          this.userAge = in.readInt();
      }
      public String toString() {                     // 输出对象信息
          return "用户名: " + this.userName + ",密码:" + this.userPass +
                                      ",年龄:" + this.userAge;
      }
}
```

```
public class App6_15 {
      public static void main(String[] args) {
           try {
                 System.out.println("开始序列化");
                 // 创建文件流和对象流,将对象输出到文件
                 ObjectOutputStream out = new ObjectOutputStream(
                                  new FileOutputStream("user.txt"));
                 UserInfo user = new UserInfo("李思", "123456", 20);
                 // 将 user 对象写入流中,会自动调用 writeExternal()方法
                 out.writeObject(user);
                 out.close();                                   // 关闭流
                 System.out.println("开始反序列化");
                 // 创建一个对象输入流,从文件读取对象
                 ObjectInputStream in = new ObjectInputStream(
                                     new FileInputStream ("user.txt"));
                 // 从文件中读取对象,会自动调用 readExternal()方法
                 UserInfo user1 = (UserInfo) (in.readObject());
                 System.out.println(user1.toString());
                 in.close();                                    // 关闭流
           } catch (Exception e) {
                 System.out.println(e.toString());
           }
      }
}
```

程序运行结果为

```
开始序列化
开始反序列化
Thu Feb 25 11:41:35 CST 2016
用户名: 李思,密码:null,年龄:20
```

从程序运行结果可以看出，实现 Externalizable 接口时能够自主定制对象序列化的过程，可以有选择地输出变量，也可以输出非对象自身的数据（date）。之前我们对敏感数据采用的方法是不输出，但不能解决根本问题，如果这些数据必须要保存的话，可以在 writeExternal()和 readExternal()方法中增加加密和解密的功能，既保存了数据，又能保证安全性，这也是 Externalizable 接口的方便之处。

6.8 标准输入/输出

当Java程序与外部设备进行数据交换时，需要先创建一个输入流或输出流，再进行数据的输入或输出。我们知道，计算机系统通常会有一个默认的标准输入设备和标准输出设备，一般而言，标准输入指的是键盘，标准输出指的是显示器屏幕。即从键盘输入数据，向屏幕输出数据。这两项操作使用非常频繁，为此而频频创建输入/输出流就太不方便了。因此，Java 预先定义了两个流对象分别与系统的标准输入和标准输出相连，它们是System.in 和 System.out。

System 类功能强大，利用它可以获得很多 Java 运行时的系统信息。System 类的属性和方法都是静态的，System.in 和 System.out 就是 System 类的两个静态属性，分别对应了系统的标准输入和标准输出。

System.in 是 InputStream 类的对象，当程序需要从键盘输入数据时，只需调用 System.in.read()方法即可。不过要注意，System.in 是字节流对象，只能输入字节类型的数据。System.out 是 PrintStream 类的对象，有两个方法 print()和 println()，可以输出各种类型的数据。标准输入/输出的使用前面已有介绍，这里不再赘述。

System 类中除了 in 和 out 两个属性以外，还有一个 error 属性。System.err 是标准错误输出流，它是 PrintStream 类的对象，有两个方法 print()和 println()，调用这两个方法可以在屏幕上输出错误信息或警示信息，如：

```
System.err.println("IOException");
```

6.9 桥　接　流

在流的嵌套中，各个流的性质必须相同，例如 InputStream 类型的流之间可以嵌套，Reader 类型的流之间可以嵌套，但是 InputStream 和 Reader 两个体系的流就无法嵌套，输出流也是如此。为解决这一问题，提供了两个类——InputStreamReader 和 OutputStreamWriter，用于实现字节流向字符流的转换，在字节流与字符流之间搭建了沟通的桥梁，这两个类被形象地称为“桥接流”。

1. 输入桥接流 InputStreamReader 类

该类实现将 InputStream 及其子类的对象转换为 Reader 体系类的对象，也就是将字节输入流转换为字符输入流。InputStreamReader 类常用的构造方法为

```
public InputStreamReader(InputStream in)
```

参数是一个字节输入流，将其转换为字符输入流。

2. 输出桥接流 OutputStreamWriter 类

该类实现将 OutputStream 及其子类的对象转换为 Writer 体系类的对象，也就是将字节输出流转换为字符输出流。OutputStreamReader 类常用的构造方法为

```
public OutputStreamWriter(OutputStream out)
```

参数是一个字节输出流，将其转换为字符输出流。

这两个桥接流将字节流转换为字符流，但是需要注意的是，字符流无法转换为字节流。

桥接流的应用很多，例如，标准输入 System.in 是字节流，只能输入字节类型的数据，使用起来不够方便，可以使用桥接流将其转换为字符流：

```
InputStreamReader inputStreamReader = new InputStreamReader(System.in);
```

这样的字符流效率较低，可以使用缓冲流来提高输入效率：

```
BufferedReader bufferedReader = new BufferedReader(inputStreamReader);
```

这样，就可以很方便地从键盘输入数据了。

【例 6-16】 桥接流应用示例，将标准输入转换为字符流后再进行数据的输入。

```
import java.io.*;
public class App6_16 {
    public static void main(String[] args) {
        try {
```

```
            // 将 System.in 转换成字符流
            InputStreamReader inputStreamReader =
                        new InputStreamReader (System.in);
            // 使用缓冲流提高输入效率
            BufferedReader bufferedReader =
                        new BufferedReader(inputStreamReader);
            System.out.println("请输入姓名:");
            String name = bufferedReader.readLine(); // 读取一行
            System.out.println("请输入年龄:");
            int age = Integer.parseInt(bufferedReader.readLine());
                                              // 读取一行,转换为整型
            System.out.println("您的姓名:" + name);
            System.out.println("您的年龄:" + age);
            bufferedReader.close();           // 关闭流
        } catch (IOException ioe) {
            System.out.println(ioe.toString());
        }
    }
}
```

程序运行结果为

```
请输入姓名:
程子昂
请输入年龄:
20
您的姓名:程子昂
您的年龄:20
```

6.10　流　的　关　闭

6.10.1　在 finally 块中关闭流

在完成了流的操作之后，必须调用 close()方法关闭流，释放系统资源。在前面的例子中，流的声明、创建以及关闭都是在 try 块中进行的，如果在执行过程中抛出异常，那么流的关闭语句有可能得不到执行，无法释放占用的资源。一种更好的方式是在 finally 块中关闭流，这样，无论是否抛出异常，流都会被关闭。采用这种方式时，需要注意以下几点：

（1）close()方法可能抛出异常，必须处理。

（2）流对象的声明不能在 try 块中进行，否则在 finally 块中无法访问流对象。

（3）如果流对象是局部变量，应该初始化为 null。

（4）由于在创建流对象时有可能抛出异常，创建失败，因此在调用 close()方法之前，应该判断流对象是否为 null，如果不为 null 才要关闭。

【例 6-17】 在 finally 块中关闭流示例。修改［例 6-16］中的程序。

```
import java.io.*;
public class App6_17 {
    public static void main(String[] args) {
        InputStreamReader inputStreamReader = null; // 桥接流的声明和初始化
        BufferedReader bufferedReader = null;       // 缓冲流的声明和初始化
```

```
            try {
                // 创建桥接流
                inputStreamReader = new InputStreamReader(System.in);
                // 创建缓冲流
                bufferedReader = new BufferedReader(inputStreamReader);
                System.out.println("请输入姓名:");
                String name = bufferedReader.readLine();
                System.out.println("请输入年龄:");
                int age = Integer.parseInt(bufferedReader.readLine());
                System.out.println("您的姓名:" + name);
                System.out.println("您的年龄:" + age);
            } catch (IOException ioe) {
                System.out.println(ioe.toString());
            } finally {                           // 在finally块中关闭流
                try {                             // 异常处理
                    bufferedReader.close();       // 关闭流
                } catch (IOException ioe) {
                    ioe.toString();
                }
            }
        }
    }
```

6.10.2 自动关闭流

在［例 6-17］的程序中，将关闭流的代码放在 finally 块中，程序显得有些冗长。从 Java 7 开始，提供了一种新形式的 try 语句（try-with-resources）来实现资源的自动关闭。try-with-resources 语句的形式为

```
try ( 资源的声明和创建 ){
    // 使用资源
}
```

关于 try-with-resources 语句的说明如下：

（1）在括号()内创建的资源对象在 try 块结束时会自动释放，不需要再显式调用 close()方法。

（2）在括号()内创建的资源对象是 try 块的局部变量，作用域只限于 try 块内部。

（3）与普通的 try 块一样，后面可以有 catch 块和 finally 块。

（4）只能用于实现了 java.lang.AutoCloseable 接口的那些资源。java.io.Closeable 接口继承了 AutoCloseable 接口。所有流类都实现了这两个接口，能够使用 try-with-resources 语句。

（5）在一个 try 块中可以管理多个资源，资源之间用分号隔开。

【例 6-18】 自动关闭流示例。将［例 6-16］中的程序修改为自动关闭流的形式。

```
import java.io.*;
public class App6_18 {
   public static void main(String[] args) {
      // 在try()内声明和创建流
      try ( InputStreamReader inputStreamReader = new InputStreamReader(System.in);
         BufferedReader bufferedReader = new BufferedReader(inputStream Reader)) {
            System.out.println("请输入姓名:");
            String name = bufferedReader.readLine();
            System.out.println("请输入年龄:");
```

```
                int age = Integer.parseInt(bufferedReader.readLine());
                System.out.println("您的姓名:" + name);
                System.out.println("您的年龄:" + age);
            } catch (IOException ioe) {
                System.out.println(ioe.toString());
            }
        }
    }
```

try-with-resources 语句不仅可以用于流的操作，也可以应用到数据库编程和网络编程中所涉及的资源，只要资源实现了 AutoCloseable 接口即可。与传统的显式关闭资源的方法相比，try-with-resources 语句更简洁、更健壮，建议在 JDK 7 以上的版本中使用这种方式。但是，Java 程序员还是应该熟悉传统的方法，以便可以维护原来的代码，同时某些时候可能需要使用之前的 JDK 版本，因此本书仍以传统方法为主来介绍。

本章小结

Java 语言将不同类型的输入、输出统一抽象为流，采用相同的方式来操作，从而大大降低了数据输入/输出的难度。按数据的传送方向将流分为输入流和输出流，按数据的处理单位将流分为字节流和字符流，按流是否能够独立使用，将流分为实体流和装饰流。

本章首先介绍了 InputStream、OutputStream、Reader 和 Writer 四个抽象类，它们是其他输入/输出类的父类。在此基础上，重点介绍了如何使用流技术对文件进行操作，包括基本的文件流及各种装饰流。使用缓冲流来提高读写的效率、使用数据流来读写基本类型的数据以及字符串、使用对象流实现对象的序列化及反序列化，使用桥接流将字节流转换为字符流。当然，这些装饰流的应用范围并不局限于文件的操作。

通过本章的学习，读者能够掌握 Java 程序与磁盘文件或其他设备的交互方法，针对特定应用的需要编写输入/输出程序。

一、简答题

1. 什么是流？流分为哪些类？
2. 使用流技术进行数据的输入输出时，步骤是什么？
3. Java 提供了丰富的基于流的 I/O 类，在这些类中，有哪四个类最为重要？为什么？
4. Java 提供了哪些对文件和目录操作的类？程序中对文件和目录能够进行哪些操作？
5. 分别说明 Java 中缓冲流、数据流和对象流的作用和特点。
6. 在 finally 块中关闭流有什么需要注意的问题？
7. 自动关闭资源的优点是什么？适用于什么情况？

二、编程题

1. 使用文件字节流实现文件的复制。
2. 编写程序，从键盘输入多行文本，将其保存到文本文件中。

3．分别采用字节流和字符流读取文本文件中的内容，并显示出来。

4．窗口中有一个文本区、两个按钮（“打开”按钮和“保存”按钮）。单击“打开”按钮时，读取文件的内容，显示在文本区中。修改后，单击“保存”按钮将文本区中的内容输出到文件中。要求使用字符流。

5．编写文件分割器程序，将一个文件分割成两个较小的文件，也能将两个文件合并成一个文件。

6．编写随机点名程序。先将学生姓名存入文本文件（手工操作），程序运行时，从文件读取全部学生姓名存入字符串数组中，然后产生一个随机数，以随机数为下标确定学生姓名。

7．学生信息包括姓名（字符串）、院系（字符串）、年龄（整型）和平均成绩（实型）。输入多名学生的信息，使用缓冲流将其保存到文件中，一条学生信息占一行，然后再从文件中读取并显示出来。

8．学生类的成员变量包括姓名、院系、年龄和平均成绩。输入多名学生的信息，创建学生对象，使用数据流将其保存到文件中，然后再从文件中读取并显示学生信息。

9．将第 8 题改为使用对象流将学生对象保存到文件中，然后再从文件中读取并显示学生信息。

10．完善［例 6-9］中的程序，实现“关闭”“保存”“退出”菜单项的功能，要求使用缓冲流。单击“保存”菜单项时，弹出文件保存对话框，将文本区的内容保存到文件中。单击“关闭”菜单项，弹出对话框询问是否要保存，如果要保存，则弹出文件保存对话框，将文本区中的内容保存到文件，并清空文本区。单击“退出”菜单项时结束程序运行。

11．对第 5 章中的通信录管理（编程题中的第 19 题）程序进行完善。

（1）程序运行时，首先从文件中读取通信录信息显示在表格中。

（2）增加“保存”按钮，单击该按钮时，将表格中的信息写入文件中。

要求分别用缓冲流、数据流和对象流实现。关闭流时使用自动关闭方式。

第7章 数据库编程

在软件开发中，大多数软件都会用到数据库。Java数据库应用编程技术使得任何使用Java语言开发的应用程序都可以访问数据库，获取数据、更新数据。在本章中，将介绍Java数据库连接应用编程接口JDBC的相关概念，结构化查询语言SQL，以及使用JDBC技术开发数据库应用程序的基本方法和过程。

7.1 数据库概念及SQL语句

7.1.1 数据库基本概念

数据库（DataBase）是长期储存在计算机内的、有组织的、可共享的、大量数据的集合。

数据库管理系统（DataBase Management System）是位于用户与操作系统之间的一层数据管理软件，用于科学地组织和存储数据、高效地获取和维护数据。通过数据库管理系统用户能方便地定义和操纵数据，并保证数据的安全性、完整性、多用户对数据的并发使用及发生故障后的系统恢复等。

关系数据库（Relational DataBase）是建立在关系模型基础上的数据库。关系模型是目前应用最广泛的数据库类型。关系模型的数据逻辑结构就是一张由行和列组成的二维表。表中的一行是一个元组，或称为记录，表中的一列为一个字段，或称为属性。表中某个或者某几个字段构成的字段组，如果它能唯一的确定一个记录，则称此字段或字段组为主键。表结构详细记录了表的所有字段、字段的类型、主键等信息，如图7-1所示。一个数据库通常包含一个或多个表，每个表都有一个名字标识（例如学生表、成绩表）。

主键

表结构 / 表记录

学号	姓名	性别	出生日期	籍贯	成绩
2016129001	张清玫	女	2001/10/9	山东	677
2016129002	李勇	男	1999/3/21	湖南	638
2016129003	刘逸	女	2000/10/27	江苏	680
2016129004	王晨	男	2000/2/17	北京	645

图7-1 学生基本信息表示意图

图7-1中给出的学生基本信息表包括六个字段，分别是学号、姓名、性别、出生日期、籍贯和成绩，其中主键是学号。表中包含四条记录，每一条记录对应一名学生的基本信息。

7.1.2 Access数据库管理系统（微课10）

本章将以关系数据库管理系统Access 2013为例，介绍数据库的基本操作以及Java访问数据库的技术。Access 2013是由微软发布的关系数据库管理系统，它是微软Office套件的一个成员。

数据库的基本操作包括数据库的创建、数据库表的创建、数据的添加、修改、删除和查询，下面以学生信息数据库为例来分别介绍。

1. 数据库的创建

启动 Access 2013，点击“文件”菜单，选择“新建”菜单项下的“空白桌面数据库”，设置好数据库名称和存储路径后，按“回车”键保存。创建成功后，系统自动生成一个扩展名为.accdb 的数据库文件。

2. 数据库表的创建与设计

（1）创建数据库表。创建好数据库后，系统会自动生成一个空表，表名默认为“表 1”。点击工具栏左上角“视图”中的“设计视图”，将表命名为“学生表”（存放学生基本信息），建好之后自动进入表结构设计界面，如图 7-2 所示。如果想为当前数据库继续添加新的数据表，在“创建”菜单下单击“表”即可。

（2）设计表结构。设计表结构是指设计表中包含的各个字段的字段名称和数据类型等。字段名称在满足标识符命名规则的基础上，最好具有明确的含义。数据类型从下拉列表中选择，Access 2013 支持的常用数据类型如表 7-1 所示。

表 7-1　　Access 常用的字段数据类型

数据类型	类型说明	存储大小
短文本	文本或文本和数字的组合，以及不需要进行计算的数字，例如电话号码	0～255 个字符
长文本	长文本或文本和数字的组合	0～1G 个字符
数字	用于数学计算的数值数据	1、2、4、8 或 16 个字节（默认为双精度实型，8 字节）
日期/时间	日期时间数据	8 字节
货币	货币数据	8 字节
自动编号	数字（自动增加）	4 字节或 16 字节
是/否	逻辑值：是/否，真/假，开/关	1 位（0 或 1）

1）短文本：最多存储 255 个字符，默认的长度是 50（存储 50 个字符），可通过设置“字段大小”属性来修改。

2）长文本：用于存储短文本类型存储不下的大量文本，最多可包含 1G 个字符。

3）数字：用来存储数值型数据，分为“字节”“整数”“长整数”“单精度数”“双精度数”“同步复制 ID”“小数”七种类型，默认为“双精度数”。

4）日期/时间：用来存储日期、时间或日期时间的组合数据，系统为其分配 8 字节的存储空间。日期/时间数据的表示方法有多种，如包含完整的日期和时间可表示为：2016-10-25 14:35:30；只包含日期：2016-10-25；简单日期：10-25（表示当年的 10 月 25 日）；只包含时间：14:35:30 等。

5）货币：是特殊的数字类型，相当于双精度类型。每个货币字段分配 8 字节的存储空间。系统将货币字段设置为 2 位小数，当输入的小数部分多于 2 位时，自动对数据进行四舍五入。人民币符号和千位处的逗号不需输入，会自动显示。

6）自动编号：每当向表中添加一条新记录时，都由 Access 自动为其指定唯一的顺序号

（每次递增 1）或随机数。自动编号一旦被指定，就会永久地与记录相关联，因此自动编号字段不能更新。如果删除了表中含有自动编号字段的记录，Access 并不会对自动编号字段重新编号。当添加新的记录时，Access 也不会重新使用被删除的自动编号值，而是按原有的递增规律进行赋值。

7）是/否：当字段只包含两个不同的可选值时，可将其定义为是/否字段。

Access 2013 中的其他数据类型及访问方式请查阅相关文档。

（3）学生表结构的设计。输入并设置学生表的各个字段，包括"学号""姓名""性别""出生日期""籍贯""成绩"等，如图 7-2 所示。

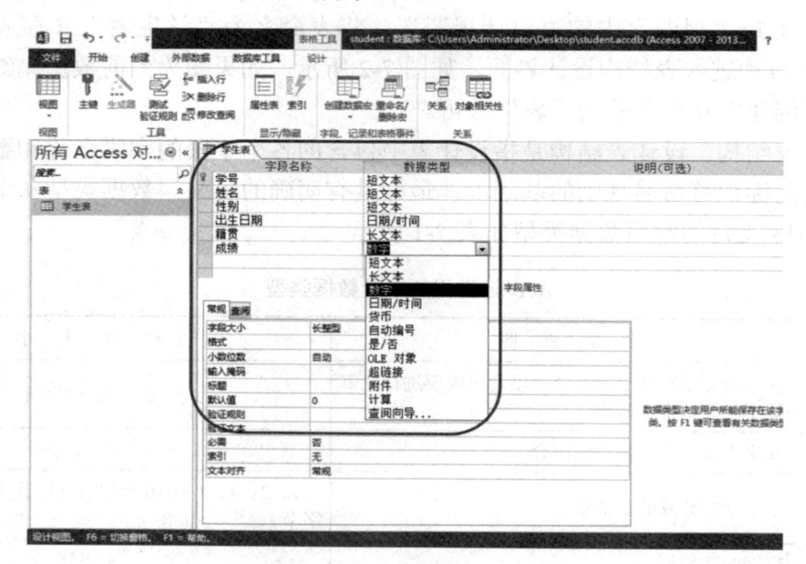

图 7-2　学生表结构设计界面

3. 数据的输入

表结构设计结束后，单击工具栏左上角"视图"中的"数据表视图"（见图 7-3）进入数据输入界面，如图 7-4 所示，可以输入数据记录了。这时如果单击"设计视图"会再次回到表结构设计界面。

图 7-3 "数据表视图"界面

图 7-4　数据输入界面

在建好的学生表上单击右键，弹出快捷菜单，选择“打开”命令也可以进入数据输入界面。到此，一个 Access2013 的数据库及其包含的一个数据库表就创建完成了。

4. 数据的修改

需要修改数据时，直接在相应单元格进行修改即可。

5. 数据的删除

需要删除数据时，首先选中要删除记录所在的行（可以通过单击该行行首的灰色方块进行这项操作），然后单击鼠标右键，弹出快捷菜单，选择“删除记录”菜单项即可。

对数据库表中数据的操作，除了添加、修改和删除之外，还有一个非常重要的操作就是查询。在 7.1.3 小节中将具体介绍关系数据库的查询语言 SQL，以及如何在 Access2013 中创建 SQL 查询。

7.1.3　SQL 简介

SQL 是 Structured Query Language（结构化查询语言）的缩写。它是关系数据库的标准查询语言，用于查询、更新和管理关系数据库。SQL 语言结构简洁，功能强大，简单易学。从 IBM 公司 1981 年推出以来，SQL 语言得到了广泛的应用，几乎所有主流的关系数据库管理系统都支持 SQL 语言作为查询语言。

SQL 集数据定义语言（Data Definition Language，DDL），数据操纵语言（Data Manipulation Language，DML），数据控制语言（Data Control Language，DCL）功能于一体，完成核心功能只用了 10 个动词，如表 7-2 所示。

表 7-2　SQL　命　令

SQL 功能	动　词	SQL 功能	动　词
数据定义	CREATE，DROP，ALTER	数据控制	GRANT，DENY，REVOKE
数据操纵	SELECT，INSERT，UPDATE，DELETE		

DDL 是 SQL 语言中负责数据结构定义与数据库对象定义的语言。DML 负责实现对数据库的基本操作，包括对表中数据的查询、插入、删除和修改。DCL 用来设置或者更改数据库用户或角色及其权限。

7.1.4　常用 SQL 语句

限于篇幅，本章只介绍最常用的数据操纵 DML 语言。DML 语言包括数据查询（SELECT）和数据更新（INSERT、UPDATE、DELETE）两大类操作。

7.1.4.1　数据查询

数据查询是指把数据库中的数据根据用户的需要提取出来，数据查询使用 SELECT 语句，查询的结果称为结果集。例如：

```
SELECT 学号,姓名,性别,出生日期,籍贯,成绩
FROM 学生表
WHERE 性别='男'
```

该查询是要从上一节中创建的“学生表”中，查找所有性别为“男”的学生信息。

在 Access2013 中创建 SQL 查询的步骤如下：

选择“创建”菜单下的“查询设计”，会弹出“显示表”对话框，单击“关闭”按钮。工具栏左上角就会出现“SQL 视图”，单击“SQL”就可以进入 SQL 查询界面，或单击“视图”

项选择“SQL 视图”项同样可以进入 SQL 查询界面，如图 7-5 所示。在该页面的中央工作区输入 SQL 语句，如图 7-6 所示，单击工具栏上的“！运行”项执行该 SQL 语句，结果如图 7-7 所示。

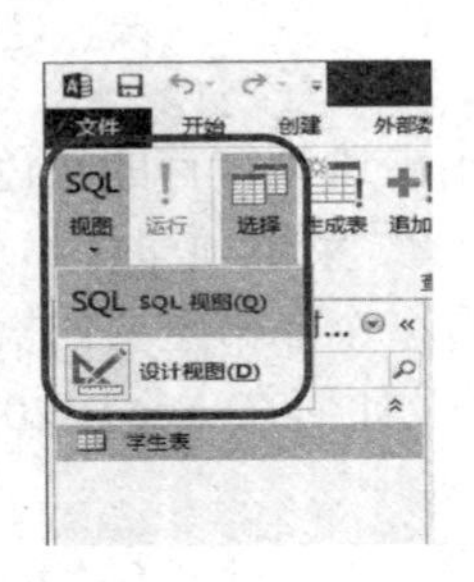

图 7-5　SQL 视图下拉菜单图

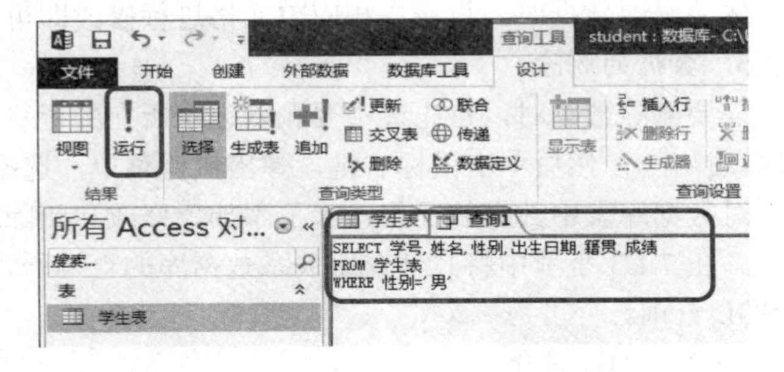

图 7-6　SQL 语句运行按钮

需要特别注意的是：所有 SQL 语句中的标点符号都应该是英文输入法下的半角字符。

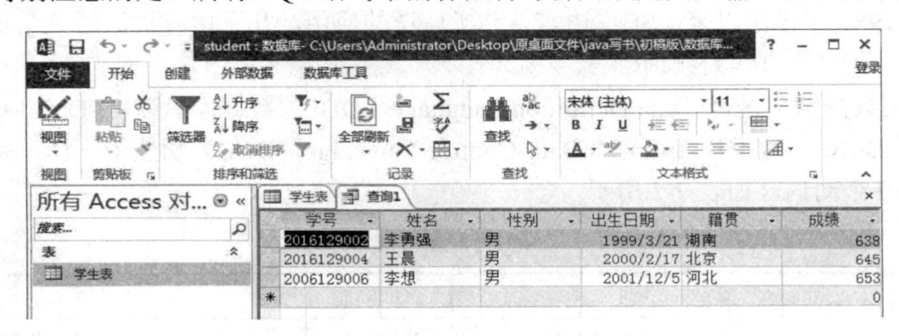

图 7-7　查询结果界面

在 Access2013 中，不只是查询语句，其他的 SQL 语句也可以采用上面的方法得以执行，这里不再赘述。接下来将重点介绍查询语句的语法格式。

SELECT 语句的一般格式为

```
SELECT [ALL|DISTINCT] <目标列表达式> [, <目标列表达式>] ……
FROM <表名或视图名>[, <表名或视图名> ] ……
[ WHERE <条件表达式> ]
[ GROUP BY <列名> [ HAVING <条件表达式> ] ]
[ ORDER BY <列名> [ ASC|DESC ] ]
```

功能：返回指定表中满足查询条件的记录。

说明：SELECT 语句由多个子句组成。其中，SELECT 子句指定要显示的字段列；FROM 子句指定查询对象，表或视图（视图是一个虚拟表，请参见数据库原理相关书籍）；WHERE 子句指定查询条件；GROUP BY 子句将查询结果按指定列的值进行分组，列值相等的记录为一组；HAVING 短语筛选出满足指定条件的组；ORDER BY 子句将查询结果按指定列值的升序或降序排列。WHERE、GROUP BY、HAVING、ORDER BY 子句都可以省略。

在本书中仅介绍单表查询的情况。单表查询是指查询仅涉及一个表，是最简单的查询操作。

（1）选择表中的若干列。选择字段列的两种方式：

1）在 SELECT 关键字后面列出相关列名。

2）将<目标列表达式>指定为*，这时列出的是所有字段列。

例如，查询全体学生信息：

```
SELECT 学号,姓名,性别,出生日期,籍贯,成绩
FROM 学生表
```

或

```
SELECT *
FROM 学生表
```

（2）选择表中的若干记录。查询满足条件的记录可以通过 WHERE 子句实现。WHERE 查询条件及运算符参见表 7-3。

表 7-3　　WHERE 查询条件及运算符

查询条件	运　算　符	查询条件	运　算　符
比　较	=，>，<，>=，<=，!=，<>，!>（不大于），!<（不小于）；NOT+上述比较运算符	空　值	IS NULL，IS NOT NULL
确定范围	BETWEEN AND，NOT BETWEEN AND	多重条件（逻辑运算）	AND，OR，NOT
确定集合	IN，NOT IN		
字符匹配	LIKE，NOT LIKE		

下面对六种查询条件分别进行介绍。

1）比较。设定所要查询比较的条件。

例如，查询北京市全体学生的名单：

```
SELECT 姓名
FROM 学生表
WHERE 籍贯 = '北京'
```

说明：在 SQL 语句中出现的字符串常量需要用单引号或双引号括起来，如'北京'或"北京"。单引号和双引号必须是英文输入法下的半角字符。

2）确定范围。设定所要查询的范围。

例如，查询成绩在 650～700 分（包括 650 分和 700 分）之间的学生的姓名、籍贯和成绩：

```
SELECT 姓名,籍贯,成绩
FROM 学生表
WHERE 成绩 BETWEEN 650 AND 700
```

如果要查询成绩不在 650～700 分之间的学生，将上面语句中的 BETWEEN 改成 NOT BETWEEN 即可。

3）确定集合。设定所要查询的集合，将该集合内满足条件的记录返回。

例如，查询京津冀籍的学生的姓名和性别：

```
SELECT 姓名,性别
FROM 学生表
WHERE 籍贯 IN('北京','天津','河北')
```

如果要查询非京津冀籍的学生，将上面语句中的 IN 改成 NOT IN 即可。

4）字符匹配。

[NOT] LIKE '<匹配串>' [ESCAPE ' <换码字符>']

设定需要特殊查询的字符串。

①匹配串为固定字符串。例如，查询学号为 2016129003 的学生的详细情况：

```
SELECT * FROM 学生表
WHERE 学号 LIKE '2016129003'
等价于:
SELECT * FROM 学生表
WHERE 学号= '2016129003'
```

②匹配串为非固定字符串。例如，查询所有姓刘的学生的姓名、学号和性别：

```
SELECT  姓名,学号,性别
FROM 学生表
WHERE 姓名 LIKE '刘%'
```

通配符“%” （百分号）：代表任意长度（长度可以为 0）的字符串。例如，a%b 表示以 a 开头，以 b 结尾的任意长度的字符串。如 acb，addgb，ab 等都满足该匹配串。

例如，查询姓"欧阳"的且全名为三个汉字的学生的姓名：

```
SELECT 姓名
FROM 学生表
WHERE 姓名 LIKE '欧阳_'
```

通配符“_”（下划线）：代表任意单个字符。例如，a_b 表示以 a 开头，以 b 结尾的长度为 3 的字符串，如 acb，aFb 等都满足该匹配串。前面讲述的是标准 SQL 语言中关于通配符的规定，在具体的关系数据库管理系统中，关于通配符的使用可能有所不同。在 Access 中，以通配符“?”表示任一字符，“*”表示零个或多个字符，“#”表示任何一个数字。

5）涉及空值的查询。设定查询字段为空或非空。

例如，某些学生选修课程后没有参加考试，所以有选课记录但没有考试成绩。查询缺少成绩的学生的学号和相应的课程号。

```
SELECT 学号,课程号
FROM 选课表
WHERE 成绩 IS NULL
```

注意：这里的“IS”不能用“=”代替。

如果要查询成绩不为空的记录，将上面语句中的 IS 改成 NOT IS 即可。

6）多重条件查询（逻辑运算）。用逻辑运算符 AND 或 OR 来联结多个查询条件。AND 的优先级高于 OR，可以用括号改变优先级。

例如，查询分数在 600 分以下山东籍的学生姓名。

```
SELECT 姓名
FROM 学生表
WHERE 籍贯= '山东' AND 成绩< 600
```

7.1.4.2 数据更新

数据更新包括插入数据、修改数据、删除数据三个方面。

（1）插入数据。

格式：**INSERT INTO <表名> [(<字段列 1>[,<字段列 2 >……)]**
VALUES (<常量 1> [,<常量 2>] ……)

功能：将新记录插入到指定表末尾，其中新记录的字段列 1 的值为常量 1，字段列 2 的值为常量 2，依次类推。

说明：VALUES 子句提供的值必须与 INTO 子句匹配，包括值的个数和值的类型；INTO 子句中的字段列的顺序可与表定义中的顺序不一致；INTO 子句可以指定部分字段列，对于没有指定的字段列，新记录将在这些列上取空值。（注意：如果在表定义的时候，说明了 NOT NULL 的字段列不能取空值，否则会出错）；如果 INTO 子句没有指定任何字段列名，则新记录必须在每个字段列上都有值，且 VALUES 子句中列出的值的顺序与表定义时字段列的顺序要一致。

将一个新的学生信息（学号：2016129011；姓名：陈冬；性别：男；出生日期：2000/11/21；籍贯：山东；成绩：690）插入到学生表中。

```
INSERT INTO 学生表( 学号,姓名,性别, 出生日期,籍贯,成绩 )
VALUES ( '2016129011', '陈冬', '男', '2000/11/21', '山东',690 )
```

（2）修改数据。

格式：**UPDATE <表名>**
SET <列名> = <表达式>[,<列名>=<表达式>]……
[WHERE <条件>]

功能：修改指定表中满足 WHERE 子句条件的记录中指定列的值。

说明：SET 子句指定要修改的列，以及修改后的取值；WHERE 子句指定要修改的记录，缺省时表示要修改表中的所有记录。

例如，将学号为“2016129003”的学生的成绩改为 672。

```
UPDATE 学生表
SET 成绩 = 672
WHERE Sno = '2016129003'
```

（3）删除数据。

格式：**DELETE FROM <表名>**
[WHERE <条件>]

功能：删除指定表中满足 WHERE 子句条件的记录。

说明：WHERE 子句指定要删除的记录，缺省时表示要删除表中的全部记录。

例如，删除学号为 2016129004 的学生记录。

```
DELETE FROM 学生表
WHERE Sno = '2016129004'
```

除了上述数据操纵 DML 语言中的查询、增加、修改、删除语句外，SQL 语言中的 DDL 语句、DCL 语句也可以直接运行在 Access2013 中（或其他关系数据库中）。Java 的数据库访问技术可以向不同的关系数据库传送 SQL 语句，在 7.2 节中将具体介绍 Java 访问数据库技术。

7.2 Java 访问数据库技术

Java 语言通过 JDBC 为应用程序提供统一接口来访问和操纵各种数据库。JDBC 是应用程序与数据库进行通信的中介，应用程序通过 JDBC API 可以向数据库传送 SQL 语句并获取 SQL 语句执行的结果。

7.2.1 JDBC 概述

Java 访问数据库的标准 API 称为 JDBC，它是一个注册术语，并不是首字母的缩写词，但常被认为表示 Java 数据库连接（Java Database Connectivity）。JDBC 由一组用 Java 语言编写的类与接口组成，这些类和接口包含在 java.sql 和 javax.sql 两个包中。使用 JDBC 技术使得程序能够将 SQL 语句传送给几乎任何一种数据库管理系统。通过执行 SQL 语句可以对数据库中的数据进行添加、删除、修改操作，还可以获取查询结果。

图 7-8 展示了 Java 应用程序、JDBC API、JDBC 驱动程序和数据库之间的关系。JDBC 使开发人员可以使用纯 Java 语言编写完整的数据库应用程序，也可以通过 JDBC－ODBC 桥来将 JDBC API 转换成 ODBC API（ODBC，Open Database Connectivity，是微软公司提供的一组对数据库访问的标准 API），进而通过 ODBC 来存取数据库。

JDBC 和 ODBC 都是应用程序与数据库系统进行交互的工具，只是它们的开发商不同而已。两者都建立了相关规范，并提供了一组对数据库访问的标准应用程序编程接口。JDBC 及 ODBC 技术不支持应用程序直接访问数据库管理系统，所有的数据库操作由对应的数据库系统的 JDBC 或 ODBC 驱动程序来完成，应用程序只与 JDBC 或 ODBC 进行交互，因此可以以统一的方式对各种数据库进行处理。

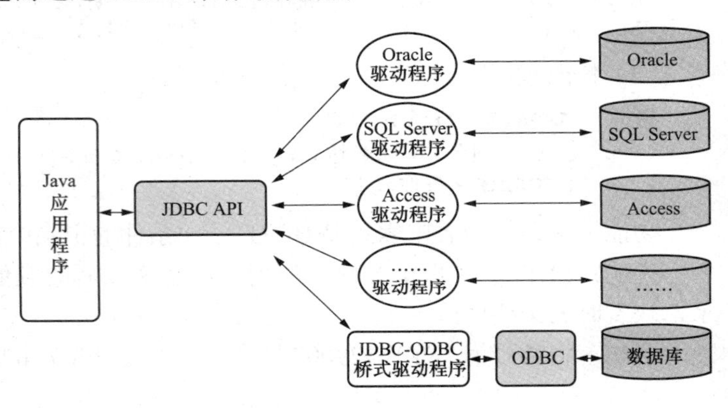

图 7-8 Java 数据库连接方式

JDBC-ODBC 桥是利用现有的 ODBC，将 JDBC 的调用转换为 ODBC 的调用，使 Java 应用可以访问所有支持 ODBC 的数据库管理系统。但这会造成 Java 应用具有平台相关性、安全性降低及可移植性差等局限。有些数据库管理系统（如 Access）的 JDBC-ODBC 驱动程序已经捆绑在了 JDK8 以下的版本中，这省去了下载驱动程序的麻烦。但 JDBC-ODBC 桥被认为是一个过渡的、不建议使用的产品，因此 JDBC-ODBC 驱动在 JDK8 中进行了删除，JDK 8 所支持的是纯 Java 驱动的 JDBC 4.1。

7.2.2 使用 JDBC 开发数据库应用程序（微课 11）

在 JDBC 中，所有的驱动程序接口都在 JDBC API 中，例如 Connection 接口、Statement 接口、ResultSet 接口等，这些接口的实现由不同的数据库厂商提供。程序员在进行 Java 数据库应用程序开发时，只要加载了数据库驱动程序就可以使用接口中的方法，而不用自己去实现这些接口。数据库驱动程序实际上就是提供了这些接口的实现类，程序中加载数据库驱动程序的过程就是在为这些接口指定实现类。管理这些驱动程序的工作由 Java 的 DriverManage 类完成，它的作用就是将 JDBC 中声明的接口对应到驱动程序提供的实现类上。使用 JDBC 开发数据库应用程序涉及几个常用接口和类，如表 7-4 所示。

表 7-4　**JDBC API 中的常用接口或类**

接 口 或 类	说　　明
DriverManager	此类用于加载和卸载各种驱动程序并建立与数据库的连接
DataSource(Javax.sql 包中)	此接口作为 DriverManager 的替代项，DataSource 对象是获取连接的首选方法
Connection	此接口表示与特定数据库的连接
PreparedStatement	此接口用于执行预编译的 SQL 语句
Statement	此接口用于执行 SQL 语句
ResultSet	此接口表示查询得到的数据结果集

JDBC 的主要功能包括：创建与数据库的连接、发送 SQL 语句到关系数据库中、处理数据并返回结果。利用 JDBC 开发数据库应用程序的一般步骤如下。

1. *建立数据库连接*

建立数据库连接分为两步：首先加载相应数据库的 JDBC 驱动程序，然后建立连接。

（1）加载 JDBC 驱动程序。在连接到特定数据库之前，首先应加载相应的驱动程序，使用 Class.forName()方法来显式加载，其方法原型为

```
public static Class <?>forName(String ClassName)throws ClassNotFoundException
```

forName()方法是 Class 类（在 java.lang 包中）的静态方法，作用是返回与带有给定字符串名的类或接口相关联的 Class 对象。参数 ClassName 可以是以字符串形式表达的需要加载的各类 JDBC 驱动程序的类名。该方法会抛出 ClassNotFoundException 异常，必须进行处理。表 7-5 列出了 JDBC 的常见驱动程序类。

表 7-5　**JDBC 常见驱动程序类**

数　据　库	驱 动 程 序 类
Access	com.hxtt.sql.access.AccessDriver
SQL Server	com.microsoft.sqlserver.jdbc.SQLServerDriver
MySQL	com.mysql.jdbc.Driver
Oracle	oracle.jdbc.driver.OracleDriver

以 Access 为例，需要先下载所需版本的 Java AccessJDBC 数据驱动包（如：Access_JDBC40.jar），然后通过 `Class.forName("com.hxtt.sql.access.AccessDriver");`语句加载 Access JDBC 驱动。有关 jar 包的导入问题参见 7.3.1 节。

SQL Server 的驱动程序包含在 sqljdbc4.jar 文件中；MySQL 的驱动程序包含在文件 mysql-connector-java.jar 中；Oracle JDBC 驱动程序包含在 ojdbc6.jar 中。以上各驱动文件均适用于 JDK 6 以上版本，这些 jar 文件也会随着数据库管理系统及 JDK 版本升级做相应的升级变化，具体可以到各个数据库官方网站去查询下载。另外，为了正常使用各个驱动程序文件，还需将 jar 文件添加到 ClassPath 路径中，可以通过环境变量设置，也可以通过 DOS 命令来进行设置。

（2）建立数据库连接。建立连接时需要提供 JDBC 连接的 URL。URL 定义了连接数据库时的协议、子协议、数据源标识，格式为

协议:子协议:数据源标识

“协议”在 JDBC 中总是以 jdbc 开始；“子协议”是 JDBC-ODBC 桥连接的驱动程序或是数据库管理系统名称；“数据源标识”标记数据库来源的地址与连接端口。

表 7-6 列出了常用数据库的 URL。

表 7-6 JDBC 常 用 URL

数 据 库	URL 模 式
Access	jdbc: Access: ///DatebasePath
SQL Server	jdbc: sqlserver: //hostname: port; DatabaseName=dbname
MySQL	jdbc: mysql: //hostname/dbname
Oracle	jdbc: oracle: thin: @hostname: port: oracleDBSID

DatebasePath 为数据库所在路径，hostname 为数据库所在的主机名，port 为数据库监听连接请求的端口号，dbname 或 oracleDBSID 为具体的数据源。

要连接数据库，还需要向 DriverManager 类请求获得 Connection 对象，该对象代表一个数据库的连接。调用 DriverManager 类的静态方法 getConnection()能够获得 Connection 对象，并建立 JDBC 驱动程序到指定数据库的 URL 连接。getConnection()方法的原型为

```
public static Connection getConnection(String url,String username,String password)throws SQLException
```

参数 username 和 password 为所连接数据源的用户名和密码。该方法会抛出 SQLException 异常，必须进行处理。具体语句为

```
Connection conn = DriverManager.getConnection(url,username,password);
```

以 Access 为例，建立数据库连接的代码为

```
Class.forName("com.hxtt.sql.access.AccessDriver");     //加载 Access 驱动类
String url = "jdbc:Access:///c:/test.accdb";
// 建立连接
Connection  conn = DriverManager.getConnection(url, "username", "password");
```

如果需要由用户指定所打开的数据库文件，可以定义一个 String 类型的字符串（如 fileName），来存放需打开的数据库文件名称，将上述代码段中的 url 字符串设置为"jdbc: Access: ///"和 fileName 两段字符串的拼接即可，即 `String url = "jdbc:Access:///" + fileName;`。

以 SQL Server 为例，建立数据库连接的代码为

```
// 加载 SQL Server 驱动类
Class.forName("com.microsoft.sqlserver.jdbc.SQLServerDriver");
String url = "jdbc:sqlserver://localhost:1432;databaseName=test;IntegratedSecurity=True";
Connection con = DriverManager.getConnection(url);
```

其中，localhost 表示本地主机，如果要数据库位于远程计算机上，可以用 IP 地址表示；localhost: 冒号后的数字代表计算机的端口号；databaseName 为所访问的数据库名称。

以 MySQL 为例，建立数据库连接的代码为

```
Class.forName("com.mysql.jdbc.Driver") ;              // 加载 MySql 驱动类
String url = "jdbc:mysql://localhost:3306/test" ;
String username = "root" ;                            // 用户名和密码都是 root
String password = "root" ;
Connection conn = DriverManager.getConnection(url , username , password ) ;
```

2. 执行 SQL 语句

（1）创建 Statement 语句对象。Statement 接口是 Java 执行数据库操作的一个重要接口，用于在已经建立数据库连接的基础上，向数据库发送要执行的 SQL 语句。创建 Statement 对象需要调用 Connection 对象的 creatStatement()方法，具体语句为

```
Statement stmt = conn.creatStatement();
```

此处的 conn 对象已经在上一步中创建。

（2）执行 SQL 语句。创建 Statement 对象后，就可以调用 Statement 接口的成员方法来执行 SQL 语句，Statement 接口的常用方法如表 7-7 所示。其中，executeQuery()方法用来执行 SQL 查询语句，查询结果为 ResultSet 对象；executeUpdate()方法用来执行 SQL 更新语句或数据定义语句；execute()方法既可以用来执行 SQL 查询语句，也可以执行 SQL 更新语句或数据定义语句。

表 7-7　Statement 接口的常用方法

方法原型	说明
public ResultSet executeQuery (String sql) throws SQLException	执行 SQL 查询语句，并将结果封装在结果集 ResultSet 对象中返回
public int executeUpdate(String sql) throws SQLException	执行 SQL 更新语句或 DDL 语句。返回值是受影响的记录行数
public boolean execute(String sql) throws SQLException	执行 SQL 语句。返回值表示 SQL 语句执行成功与否。需要使用 getResultSet()或 getUpdateCount()方法来获取结果
public void close() throws SQLException	释放 Statement 对象，关闭相应资源

示例代码为

```
String  sql = "SELECT * FROM 学生表";     // SQL 语句字符串
ResultSet rs = stmt.executeQuery(sql) ; // 调用 executeQuery()方法执行查询语句
sql="DELETE  FROM 学生表 WHERE 姓名 = '刘逸'";
int rows = stmt.executeUpdate(sql) ;    // 调用 executeUpdate()方法执行删除语句
boolean flag = stmt.execute(sql) ;      // 调用 execute()方法可执行任何 SQL 语句
```

在上述代码中，参数 sql 是以字符串形式表达的 SQL 语句。

3. 处理结果集

执行 SQL 查询语句时，返回的查询结果称为结果集，结果集类似于数据表，也以行、列的形式表现。结果集用 ResultSet 对象来表示，ResultSet 是一个接口，它定义了处理结果集的若干方法。ResultSet 有一个指针，用于指向结果集的某一行（称为当前行），它的初始位置在第一行的前面。

ResultSet 中的 next()方法用于将指针移动到下一行，其方法原型为

```
boolean next() throws SQLException
```

第一次执行 next()方法后，指针指向第一行，再次执行 next()方法后，指针指向第二行，

以此类推。该方法的返回值为逻辑值，若为真，表示指针指向新的当前行，若为假，表示已无数据可读。可以采用循环结构对结果集的数据进行读取，形式为

```
while ( rs.next() ) {
    // 读取数据
}
```

ResultSet 定义了一组 getXXX()方法用于从当前行中读取数据，例如：

int getInt(String columnLabel) throws SQLException

该方法用于读取整型数据，并返回读到的整数，方法的参数是数据表的字段名。

不同的数据类型需要使用不同的 getXXX()方法，如表 7-8 所示。

表 7-8　　Access 常用数据类型与结果集读取方法对应表

Access 数据类型	对应结果集常用读取方法
短文本	getString() / getObject() / ……
长文本	getString() / getObject() / ……
数字	getShort() / getInt()/getDouble() / getFloat()/ getObject() / getString()/ ……
日期时间	getDate() / getTime() / getObject() / getString()/ ……
货币	getDouble()/getFloat() / getObject() / getString()/ ……
自动编号	getString() / getObject() /getInt()/ ……
是否	getBoolean() / getObject() / getString()/ ……

从表 7-8 可以看出，每种数据类型都对应多种读取方法。任何数据类型都可以通过 getObject()方法读取，该方法的作用是将当前行中指定列的值作为 Java 语言中的 Object 对象获取。另外，绝大多数的数据类型都支持使用 getString()方法来读取，返回结果为 String 类型。对于“数字”型的数据，可根据其类型的不同，如整数(短整数、长整数等)、实数(单精度实数、双精度实数)，可使用相应的 getShort、getInt()、getFloat()或 getDouble()方法来读取。

使用 getXXX()方法读取结果集的数据时，需要指明要读的字段，以参数的形式给出。一种是以字段名为参数，格式是 getXXX(String colName)；另一种是以字段的序号为参数，格式是 getXXX(int colIndex)，序号从 1 开始递增。读取结果集数据的示例代码为

```
ResultSet rs = stmt.executeQuery("SELECT * FROM 学生表");
while(rs.next()){                             // 采用循环结构依次读取各行
      String id = rs.getString("学号");       // 读取学号字段,用字段名表示
      String name = rs.getString(2);          // 读取第 2 个字段,用序号表示
      ……                                      // 读取其他字段
}
```

通过 Statement 对象 stmt 执行数据库查询语句，生成 ResultSet 对象 rs。最初，指针被置于结果集的第一行之前，通过 rs.next()方法将指针移动到第一行，读取该行的各个字段的数据后，再次执行 rs.next()方法，指针指向第二行……当指向最后一行时，再执行 rs.next()方法就会返回 false，循环结束。

4. 关闭数据库连接

在数据库所有操作都完成后，要将数据库访问过程中建立的各个对象按顺序关闭，以释

放 JDBC 资源。关闭顺序和声明顺序相反：①关闭 ResultSet 结果集对象；②关闭 Statement 语句对象；③关闭 Connection 连接对象。为了防止各个对象被重复关闭或者各个对象未创建成功就去关闭的现象出现，在关闭前应先判断对象是否为 null，只有不为 null 时才需要关闭。

```
try {
      if (rs != null)
            rs.close();                         //关闭 ResultSet 结果集对象
      if (stmt != null)
            stmt.close();                       //关闭 Statement 语句对象
      if (conn != null)
            conn.close();                       //关闭 JDBC 与数据库的连接
} catch (SQLException e) {
      e.printStackTrace();
}
```

处理完查询后，最好马上关闭 Resultset 对象，尽管 Statement 对象关闭时会自动关闭 Resultset 对象，但主动关闭 Resultset 对象的好处是可以及时释放内存。未关闭的 Resultset 对象会占用内存（有可能小，也有可能大，这取决于 Resultset 对象的大小），直到 Statement 对象关闭时这部分内存才会被释放。同样的，Connection 对象调用关闭方法的时候，Statement 对象也会自动关闭，但也存在内存占用问题，因此建议采用上述办法依次关闭数据库访问过程中建立的各个对象。

此外，JDK 7 后的 Connection、Statement、ResultSet、PreparedStatement 接口都实现了自动释放资源接口 AutoCloseable，因此也可以使用 try-with-resources 结构（参见 6.10.2 节）来自动关闭数据库资源。可以在 try 关键字和开头括号之间初始化括号内的资源，Java 将自动关闭它们。

【例 7-1】 查询 7.1.2 节中创建的“学生表”中的所有记录，并将查询结果输出到控制台。

分析：首先通过 Connection 对象建立数据库连接，然后通过 Statement 对象执行 SQL 查询语句，最后通过循环来处理 ResultSet 查询结果集对象的每条记录。

```
import java.sql.*;
import javax.swing.JOptionPane;
public class App7_1 {
     public static void main(String[] args) {
         Connection conn = null;
         Statement stmt = null;
         ResultSet rs = null;
         try {
              Class.forName("com.hxtt.sql.access.AccessDriver");
              String url = "jdbc:Access:///d:/student.accdb";
              conn = DriverManager.getConnection(url, "", "");
              stmt = conn.createStatement();
              rs = stmt.executeQuery("select * from 学生表");
              while (rs.next()) {
                   System.out.print(rs.getString("姓名") + " ");
                   System.out.println(rs.getString("性别"));
              }
         } catch (ClassNotFoundException e) {
              JOptionPane.showMessageDialog(null, e.getMessage());
              e.printStackTrace();
```

```
        } catch (SQLException e) {
            JOptionPane.showMessageDialog(null, e.getMessage());
            e.printStackTrace();
        } finally {
            try {
                if (rs != null)
                    rs.close();
                if (stmt != null)
                    stmt.close();
                if (conn != null)
                    conn.close();
            } catch (SQLException e) {
                JOptionPane.showMessageDialog(null, e.getMessage());
                e.printStackTrace();
            }
        }
    }
}
```

程序运行结果为

王晨 男
刘逸 女
李勇 男
张清玫 女

7.2.3 SQL 字符串拼接

在进行数据库的操作时，SQL 语句中的一些条件常常在程序执行时才能确定下来，如根据用户的输入来查询数据库，进而判断是否满足一些特定条件。此时需要特别注意 SQL 字符串的拼接问题，拼接错误会导致数据库操作错误。

现以用户登录程序为例来说明 SQL 字符串拼接的一些注意事项。用户信息存于 user.accdb 数据库中的 user 表，表结构及数据记录如表 7-9 所示。

表 7-9 **user 表**

用户名（短文本）	密码（短文本）	用户名（短文本）	密码（短文本）
Linda	123456	Cherrie	112233
Eric	654321	Alisa	332211

【例 7-2】 从键盘输入用户名和密码，查询 user 表，判断是否为合法用户。

分析：假设从键盘输入的用户名为“Linda”，密码为“123456”，需要执行的 SQL 语句应为

```
SELECT * FROM user
WHERE 用户名='Linda'AND 密码='123456'
```

这里的“Linda”和“123456”是用户通过键盘输入的，这两项输入内容在编程阶段无法确定。因此，需要将输入的用户名和密码分别存放在两个字符串变量中（suser 和 spwd），通过 suser 和 spwd 两个变量替代上述 SQL 语句中的“Linda”和“123456”，这需要将这两个变量和 SQL 语句的其他部分拼接起来形成完整的 SQL 语句。Java 语言的“+”运算符有字符串连接的功能。将本例中 SQL 语句字符串分为 5 段，除 suser 和 spwd 外每段都用双引号括住，

用4个“+”运算符进行连接，最终拼接成完整的可执行SQL语句。

①SELECT * FROM user WHERE 用户名='
② suser
③' AND 密码='
④spwd
⑤'

注意：字符型字段的值要加单引号。拼接后的完整SQL字符串为

String ssql=" SELECT * FROM user WHERE 用户名='"+suser+"' AND 密码='"+spwd+"'";

在程序运行时，会将suser和spwd替换成输入的字符串，组成完整的SQL语句。

完整程序代码为

```
import java.sql.*;
import javax.swing.JOptionPane;
import java.io.*;
public class App7_2 {
     public static void main(String[] args) {
          Connection conn = null;
          Statement stmt = null;
          ResultSet rs = null;
          try {
               String suser, spwd;
               InputStreamReader isr = new InputStreamReader(System.in);
               BufferedReader br = new BufferedReader(isr);
               System.out.print("请输入用户名：");
               suser = br.readLine();                  // 输入用户名
               System.out.print("请输入密码：");
               spwd = br.readLine();                   // 输入密码
               // 加载驱动
               Class.forName("com.hxtt.sql.access.AccessDriver");
               String url = "jdbc:Access:///d:/user.accdb";
               // 建立数据库连接
               conn = DriverManager.getConnection(url, "", "");
               stmt = conn.createStatement();         // 创建stmt对象
               // 字符串拼接
               String ssql = "select * from user where 用户名='"+suser+
                             "' and 密码='"+spwd+"'";
               rs = stmt.executeQuery(ssql);          // 执行SQL语句
               if (rs.next()) {
                     System.out.println(rs.getString(1));
                     System.out.println(rs.getString(2));
                     System.out.println("成功登录");
               } else
                     System.out.println("用户名或密码错误");
          } catch (IOException ioe) {
               ioe.printStackTrace();
          } catch (Exception e) {
               System.out.println("找不到驱动程序类,加载驱动失败！");
               e.printStackTrace();
          } finally {
               try {
                   if (rs != null)
```

```
                        rs.close();
                    if (stmt != null)
                        stmt.close();
                    if (conn != null)
                        conn.close();
                } catch (SQLException e) {
                    JOptionPane.showMessageDialog(null, e.getMessage());
                    e.printStackTrace();
                }

            }
        }
}
```

程序运行结果为

```
请输入用户名：Linda
请输入密码：123456
Linda
123456
成功登录
```

7.2.4 使用 JTable 表格显示数据库查询结果

在实际的数据库应用程序设计中，数据库的操作结果常常需要通过表格 JTable 来呈现。

【例 7-3】 应用 JTable 显示 user 表中用户名及密码信息。

分析：本例将 user 表的信息（见表 7-9）显示在 JTable 组件中。数据库表中的信息常常较多，所以表格组件需要和滚动面板结合起来使用。通过 ResultSet 对象的 getXXX()方法（如本例中的 rs.getString（1）），将当前记录的字段依次添加到向量对象 vrow 中，再将 vrow 添加到向量 vdata 中，循环执行，直到将查询结果全部存放到向量 vdata 中，然后以 vdata 为参数构造 DefaultTableModel 对象，进而创建 JTable 表格对象，将所有用户登录信息显示出来。

```
import javax.swing.*;
import javax.swing.table.*;
import java.sql.*;
import java.util.Vector;
public class App7_3 {
    JFrame frame;
    DefaultTableModel tableModel;
    JTable table;
    Vector vdata = new Vector();
    Vector vcolumn = new Vector();
    Connection conn = null;
    Statement stmt = null;
    ResultSet rs = null;
    public App7_3() {
        try {
            Class.forName("com.hxtt.sql.access.AccessDriver");
            String url = "jdbc:Access:///d:/user.accdb";
            conn = DriverManager.getConnection(url, "", "");
            stmt = conn.createStatement();
            rs = stmt.executeQuery("select * from user");
            while (rs.next()) {
                Vector vrow = new Vector();
                // 将当前记录行的第一列字段值填入向量
```

```
                vrow.add(rs.getString(1));
                // 将当前记录行的第二列字段值填入向量
                vrow.add(rs.getString(2));
                vdata.add(vrow);    // 将整行记录添加到 vdata 中
            }
            vcolumn.add("用户名");    // 设置字段标题
            vcolumn.add("密码");
            tableModel = new DefaultTableModel(vdata, vcolumn);
            table = new JTable(tableModel);
            JScrollPane sp = new JScrollPane(table);
            frame = new JFrame();
            frame.setSize(300, 200);
            frame.add(sp);
            frame.setVisible(true);
        } catch (ClassNotFoundException e) {
            e.printStackTrace();
        } catch (SQLException e) {
            e.printStackTrace();
        } finally {
            try {
                if (rs != null)
                    rs.close();
                if (stmt != null)
                    stmt.close();
                if (conn != null)
                    conn.close();
            } catch (SQLException e) {
                JOptionPane.showMessageDialog(null, e.getMessage());
                e.printStackTrace();
            }
        }
    }
    public static void main(String[] args) throws Exception {
        new App7_3();
    }
}
```

程序运行结果如图 7-9 所示。

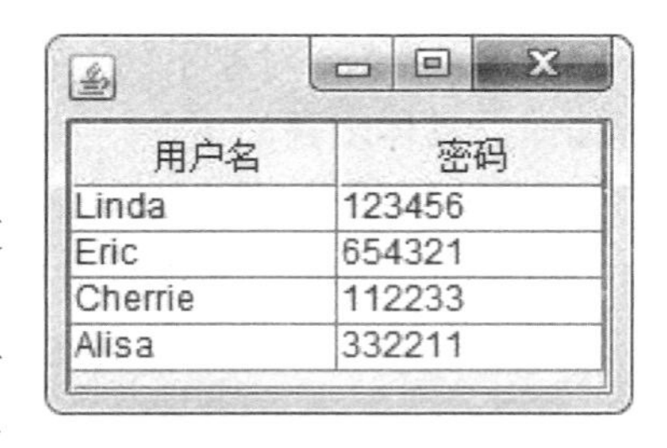

用户名	密码
Linda	123456
Eric	654321
Cherrie	112233
Alisa	332211

图 7-9 ［例 7-3］运行结果图

说明：本例简化了异常处理，请读者自行完善。

7.2.5 预编译语句接口 PreparedStatement

JDBC 提供了一些高级的特性，如预编译语句、存储过程、事务等。本节将介绍预编译语句的使用。

在［例 7-2］中采用字符串拼接的方法来解决用户输入信息在编程阶段不能确定的问题，无论是可读性还是可维护性都较差。除此之外，还存在潜在的安全性问题。若将［例 7-2］中的拼接语句 `String ssql=" SELECT * FROM user WHERE 用户名='"+suser+"' AND 密码='"+spwd+"'";` 中的 spwd 通过输入赋值为“`' OR'1'='1`”，则这条 SQL 语句将变为：

```
SELECT * FROM user
WHERE 用户名='****'AND 密码=''OR'1'='1'
```

WHERE 条件中的“****”代表用户输入的任意信息。由于用户恶意加入“`'OR'1'='1`”，使得 WHERE 后的条件限定变为永真条件（'1'='1'永真）失去意义。预编译语句中的 SQL 语句不再采用拼接方式，而是采用占位符“?”的方式书写SQL语句，很好地解决了上述问题。同时，预编译语句 PreparedStatement 接口继承了 Statement 接口，支持带有参数的 SQL 语句，可以对同一条 SQL 语句进行参数替换从而多次使用。由于 PreparedStatement 对象已预编译过，所以其执行速度快于 Statement 对象，效率更高。因此，对于那些执行多次的 SQL 语句最好通过 PreparedStatement 对象来执行，以提高效率。

作为 Statement 的子类，PreparedStatement 接口除了继承 Statement 接口的所有功能外，还重载了 execute()、executeQuery()和 executeUpdate()三种方法，使之不再需要参数。PreparedStatement 接口的常用方法如表 7-10 所示。

表 7-10　PreparedStatement 接口的常用方法

方法原型	说明
public ResultSet executeQuery() throws SQLException	执行 SQL 查询语句，并将结果封装在结果集 ResultSet 对象中返回
public int executeUpdate() throws SQLException	执行 SQL 更新语句或 DDL 语句。返回值是受影响的记录行数
public boolean execute() throws SQLException	执行 SQL 语句。返回值表示 SQL 语句执行成功与否
public void setInt(int parameterIndex, int x) throws SQLException	将指定的参数设置为给定的 Java int 值。当驱动程序将其发送到数据库时，将其转换为 SQL INTEGER 值
publicvoid setFloat(int parameterIndex, float x) throws SQLException	将指定的参数设置为给定的 Java float 值。当驱动程序将其发送到数据库时，将其转换为 SQL REAL 值
public void setString(int parameterIndex, String x) throws SQLException	将指定的参数设置为给定的 Java String 值。在将其发送到数据库时，驱动程序将其转换为 SQL VARCHAR 或 LONG VARCHAR 值(取决于参数的大小相对于驱动程序对 VARCHAR 值的限制)
public void setDate(int parameterIndex, Date x) throws SQLException	使用运行应用程序的虚拟机的默认时区将指定的参数设置为给定的 java.sql.Date 值。驱动程序在将其发送到数据库时将其转换为 SQL DATE 值
public void setTime(int parameterIndex, Time x) throws SQLException	将指定的参数设置为给定的 java.sql.Time 值。当驱动程序将其发送到数据库时，将其转换为 SQL TIME 值
public void setObject(int parameterIndex, Object x) throws SQLException	使用给定对象设置指定参数的值

与 Statement 对象不同，在创建 PreparedStatement 对象时需要指定 SQL 语句，并预先进行编译。具体步骤如下。

（1）预编译语句的创建。使用 Connection 接口的 preparedStatement()方法创建 PreparedStatement 对象，其语句为

```
PreparedStatement pstmt = conn.prepareStatement("INSERT INTO USER VALUES (?,?)");
```

conn 为事先建立好的 Connection 对象，这条 INSERT 语句有两个“?”用作参数的占位符，它们表示要插入 user 表中的一条记录的 user 和 password 的值。

（2）预编译语句参数值的设置。若语句中含有参数则在执行语句时，需要给定参数的值。PreparedStatement 接口提供了一系列 setXxx()方法完成此操作（参见表 7-10），其中的“Xxx”是参数的数据类型。所有的 SQL 数据类型都有一个相应的 setXxx()方法：

```
void setXxx(int paramIndex,Xxx value)
```

paramIndex 代表参数的位置，顺序从 1 开始，value 代表对应的值。

如：pstmt.setString(1,"Lily");
　　pstmt.setInt(2,12345);

（3）执行预编译语句。给定参数的值以后，可以调用 executeUpdate()方法执行对表数据的增加、删除、修改等更新语句，调用 executeQuery()方法执行查询语句。

executeUpdate()方法和 executeQuery()方法与定义在 Statement 接口中的同名方法类似，只是它们没有参数，因为在创建 PreparedStatement 对象时，已经在其方法中指定了 SQL 语句。

如：pstmt.executeUpdate();
　　pstmt.executeQuery();

【例 7-4】 用户信息表添加示例，实现向 user 表中添加多条新用户信息的功能。

分析：添加多条信息时，需要对同一条插入语句多次使用，使用 PreparedStatement 对象来执行插入，可以提高效率。

```
import java.sql.*;
import java.util.InputMismatchException;
import java.util.Scanner;
import javax.swing.JOptionPane;
public class App7_4 {
    public static void main(String[] args) {
        String name = null;
        String sex = null;
        Connection conn = null;
        PreparedStatement pstmt = null;
        try {
            Class.forName("com.hxtt.sql.access.AccessDriver");
            String url = "jdbc:Access:///d:/user.accdb";
            conn = DriverManager.getConnection(url, "", "");
            Scanner sc = new Scanner(System.in);
            // 创建预编译语句
            pstmt = conn.prepareStatement("insert into user values (?,?)");
            while (true) {
                System.out.println("请输入用户名：");
                String user = sc.next();
                System.out.println("请输入密码：");
                int password = sc.nextInt();
                pstmt.setString(1, user);          // 设置第一个参数的值
                pstmt.setInt(2, password);         // 设置第二个参数的值
                pstmt.executeUpdate();
                JOptionPane.showMessageDialog(null, "数据插入成功！");
                System.out.println("是否继续输入：Y/N");
                String flag = sc.next();
                if (flag.equals("n")||flag.equals("N")) {
                    sc.close();
                    break;
                }
            }
        } catch (InputMismatchException e) {      //输入数据类型不匹配异常
            System.out.println("输入数据有误");
        } catch (ClassNotFoundException e) {
            JOptionPane.showMessageDialog(null, e.getMessage());
        } catch (SQLException e) {
            JOptionPane.showMessageDialog(null, e.getMessage());
```

```
            } finally {
                try {
                    if (pstmt != null)
                        pstmt.close();
                    if (conn != null)
                        conn.close();
                } catch (SQLException e){
                    JOptionPane.showMessageDialog(null, e.getMessage());
                }
            }
        }
    }
```

说明：记录添加成功后，可以通过查看数据库中的 user 表来检验添加结果，也可以编写代码将查询结果显示到控制台或 JTable 表格中。读者可自行完善。

7.3 Java 数据库应用程序开发

7.3.1 在 Eclipse 中导入 jar 文件

在使用 Eclipse 做 Java 程序开发时，经常要引用第三方 jar 文件。在进行数据库的连接和访问时要用到数据库驱动程序文件（通常为 jar 文件），所以需要将这些驱动程序文件导入到 Eclipse 里。本节以 Access 数据库驱动程序文件 Access_JDBC40.jar 为例来说明导入过程，导入其他 jar 文件的过程也是如此。方法步骤如下。

（1）打开 Eclipse 后，在需要导入 Access_JDBC40.jar 文件的项目上单击右键，然后依次选择 New→Folder 命令，为驱动文件创建文件夹。在弹出的 New Folder 窗口中，输入文件夹的名称，按照惯例，通常命名为“lib”，单击 finish 按钮完成。这样，就在项目下创建了一个名称为 lib 的文件夹，如图 7-10 所示。

（2）使用 Ctrl+C 键复制 Access_JDBC40.jar 驱动程序文件，选中 lib 文件夹，按 Ctrl+V 键粘贴，把 jar 文件粘贴到 lib 文件夹中，如图 7-11 所示。

（3）在 Access_JDBC40.jar 文件上单击右键，依次选择 Build Path→Add To Build Path 命令。出现如图 7-12 所示情况时，就表示 jar 文件导入成功了，接下来就可以在 Eclipse 开发的程序中使用该 jar 文件了。

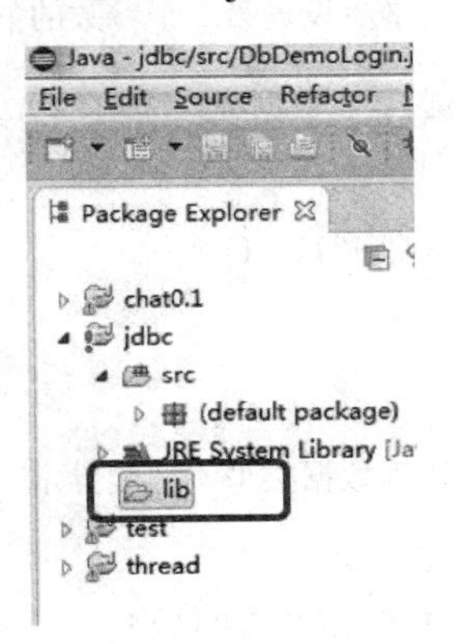

图 7-10 创建的 lib 文件夹

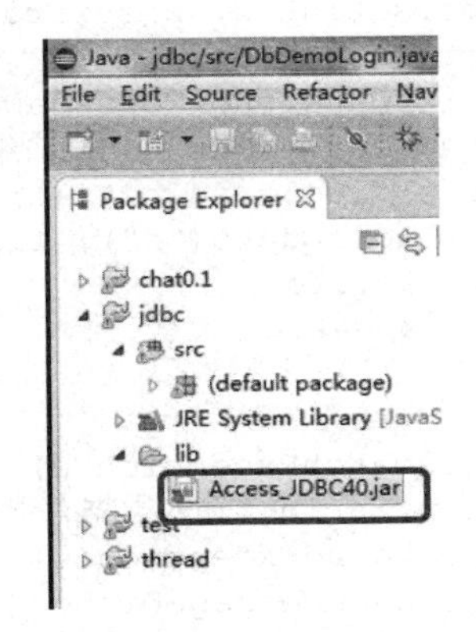

图 7-11 添加 Access_JDBC40.jar 驱动文件

图 7-12 Build Path 过程图

7.3.2 应用示例

【例 7-5】 编程实现学生信息管理，主要功能包括学生信息的“增、删、改、查”。学生的基本信息保存在数据库 student.accdb 的 stu 表中。表结构如表 7-11 所示。

表 7-11 stu 表结构

字段名称	数据类型	字段名称	数据类型
学号	短文本	性别	短文本
姓名	短文本	出生日期	日期/时间

启动“学生信息管理”程序后，可将 stu 表中的数据显示在 JTable 表格组件中，如图 7-13 所示。

单击“增加”按钮可以添加一条记录到数据库表中，并同时显示在 JTable 组件中。

选中要修改的记录行，可以将选中行的记录显示在界面下方相应的文本框及组合框中，将需修改的记录修改完后，单击“修改”按钮，可提交修改结果至数据库。

单击“删除”按钮可以删除选中行的记录。

在界面下方的文本框中输入相关信息后，单击“查询”按钮可以查找所需记录。

单击“显示全部”按钮，将在 JTable 组件中显示数据库表中的现有的所有数据。

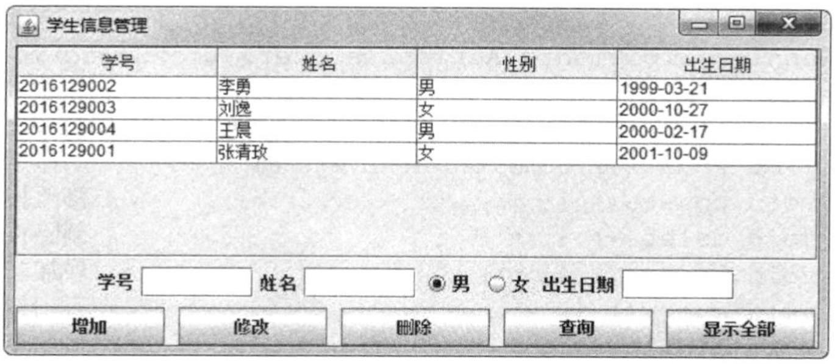

图 7-13 学生信息管理界面图

分析：将数据库的所有操作封装为数据库操作类 AccessDBOperation 类，用于处理数据库的连接、查询、更新及关闭操作。将界面的布局构建封装为界面类 StuManageGUI 类，包含主要组件的创建、布局及事件监听注册等功能。将按钮及表格的动作事件封装为事件处理类 EventHandler 类，对“增加”“修改”“删除”“查询”“显示全部”按钮的动作事件及单击选中表格中一行的事件进行处理。App7_5 类为主类，包含创建界面对象的主方法。

程序框架（各个类的主要成员变量和方法首部）如下。

```
class AccessDBOperation {                                  /*  数据库操作类  */
    public static Connection conn = null;
    public static Statement stmt = null;
    public static ResultSet rs = null;
    public static Connection connect() {……}               // 连接数据库
    public static void update(String sql) {……}            // 更新数据
    public static ResultSet query(String sql) {……}        //查询数据
    public static void close() {……}                       // 关闭数据库
}
```

```
class StuManageGUI {                                    /*  界面类*/
    public JFrame frame = null;                         // 框架组件
    public JTable jTable = null;                        // 表格组件
    public DefaultTableModel dtm = null;                // 表格模型
    public JScrollPane jScrollPane = null;              // 滚动面板
    public JButton jButtonInsert = null;                // 增加按钮
    public JButton jButtonUpdate = null;                // 修改按钮
    public JButton jButtonDelete = null;                // 删除按钮
    public JButton jButtonSearch = null;                // 查询按钮
    public JButton jButtonDisplay = null;               // 显示全部按钮
    public JTextField jTextFieldId = null;              // 学号文本框
    public JTextField jTextFieldName = null;            // 姓名文本框
    public JTextField jTextFieldBir = null;             // 出生日期文本框
    public JRadioButton jRadioButtonMale = null;        // 性别单选框
    public JRadioButton jRadioButtonFemale = null;// 性别单选框
    ……                                                  // 用于布局等的其他组件
    public StuManageGUI() {                             // 构造方法
        …… // 创建组件并布局、组件事件注册
        …… // 建立数据库连接,显示学生表全部信息;退出时关闭数据库连接
    }
}

/*  事件处理类*/
class EventHandler implements ActionListener, ListSelectionListener {
    StuManageGUI smg;                                   // 界面对象
    public EventHandler(StuManageGUI smg) {……}//构造方法,通过参数传递界面对象
    public void actionPerformed(ActionEvent e) {……} // 动作事件处理
    public void update() {……}                          // 修改按钮事件处理
    public void delete() {……}                          // 删除按钮事件处理
    public void insert() {……}                          // 增加按钮事件处理
    public void query() {……}                           // 查询按钮事件处理
    public void displayAll() {……}                      // 显示全部按钮事件处理
    public void valueChanged(ListSelectionEvent e) {……}
                                                        // 选取表格数据事件处理
    public void clear() {……}                           // 清空文本框
}
public class App7_5 {                                   /* 主类 */
    public static void main(String[] args) {
        new StuManageGUI();
    }
}
```

因为篇幅所限，下面只给出 AccessDBOperation 类及 EventHandler 类的“增加”和“查询”按钮事件处理的核心代码，完整的程序编码请读者从本书配套资料中下载。

AccessDBOperation 数据库操作类的代码为

```
class AccessDBOperation {                               /* 数据库操作类 */
    public static Connection conn = null;
    public static Statement stmt = null;
    public static ResultSet rs = null;
    public static Connection connect() {                // 连接数据库
```

```
        try {
            Class.forName("com.hxtt.sql.access.AccessDriver");
            String url = "jdbc:Access:///d:/student.accdb";
            Connection conn = DriverManager.getConnection(url, "", "");
            return conn;
        } catch (ClassNotFoundException e) {
            JOptionPane.showMessageDialog(null, e.getMessage());
            e.printStackTrace();
        } catch (SQLException e) {
            JOptionPane.showMessageDialog(null, e.getMessage());
            e.printStackTrace();
        } catch (Exception e1) {
            e1.printStackTrace();
        }
        return null;
    }
    public static void update(String sql) {              // 更新数据
        try {
            conn = connect();
            stmt = conn.createStatement();
            stmt.executeUpdate(sql);
        } catch (SQLException e) {
            JOptionPane.showMessageDialog(null, e.getMessage());
            e.printStackTrace();
        } catch (Exception e1) {
            e1.printStackTrace();
        }
    }
    public static ResultSet query(String sql) {          // 查询数据
        try {
            conn = connect();
            stmt = conn.createStatement();
            rs = stmt.executeQuery(sql);
        } catch (SQLException e) {
            JOptionPane.showMessageDialog(null, e.getMessage());
            e.printStackTrace();
        }
        return rs;
    }
    public static void close() {                         // 关闭数据库连接
        try {
            if (rs != null)
                rs.close();
            if (stmt != null)
                stmt.close();
            if (conn != null)
                conn.close();
        } catch (SQLException e) {
            JOptionPane.showMessageDialog(null, e.getMessage());
            e.printStackTrace();
        }
    }
}
```

EventHandler 类的 insert()方法的代码为

```
public void insert() {
          String id = smg.jTextFieldId.getText();
          String name = smg.jTextFieldName.getText();
          String sex = "";
          if (smg.jRadioButtonMale.isSelected())
               sex = "男";
          else
               sex = "女";
          String bir = smg.jTextFieldBir.getText();
          if (id.length() < 1) {                              // 判断学号是否为空
               JOptionPane.showMessageDialog(null, "请输入学号");
          } else {                                            // 判断学号是否重复
               String sqlQ = "select * from 学生表  where 学号='" + id + "'";
               try {
                    ResultSet rs = AccessDBOperation.query(sqlQ);
                    if (rs.next()) {                          // 学号重复
                         JOptionPane.showMessageDialog(null, "已经存在的学号");
                    } else {                                  // 插入数据
                         String sqlU = "insert into 学生表(学号,姓名,性别,出生日期)
                                   values('" + id + "','" + name +
                                   "','" + sex + "','"+ bir + "')'";
                         // 执行数据更新语句
                         AccessDBOperation.update(sqlU);
                         //将插入的数据追加显示在表格中
                         Vector<String> row = new Vector<String>();
                         row.add(id);
                         row.add(name);
                         row.add(sex);
                         row.add(bir);
                         smg.dtm.addRow(row);
                         clear();
                    }
               } catch (SQLException e1) {
                    e1.printStackTrace();
               } catch (Exception e1) {
                    e1.printStackTrace();
               }
          }

}
```

EventHandler 类的 query()方法的代码为

```
public void query() {
          String id = smg.jTextFieldId.getText();
          String name = smg.jTextFieldName.getText();
          String sex = "";
          if (smg.jRadioButtonMale.isSelected())
               sex = "男";
          else
               sex = "女";
          String bir = smg.jTextFieldBir.getText();
```

```
            String sqlQ = "";
            //模糊查询
            if (bir.equals("")) {                    // 判断查询条件“出生日期”是否有值
                sqlQ = "select * from 学生表 where 学号 like '%" + id + "%' and
                  姓名 like '%" + name + "%' and 性别 like '%" + sex + "%'";
            } else {
                sqlQ = "select * from 学生表 where 学号 like '%" + id + "%' and
                  姓名 like '%"+ name + "%' and 性别 like '%" + sex+ "%' and
                  出生日期='" + bir + "'";
            }
            try {                                    // 显示查询结果
                Vector<String> vector = new Vector<String>();
                vector.add("学号");
                vector.add("姓名");
                vector.add("性别");
                vector.add("出生日期");
                Vector<Vector<String>> data = new Vector<Vector<String>>();
                ResultSet rs = AccessDBOperation.query(sqlQ);
                while (rs.next()) {
                    String r_id = rs.getString("学号");
                    String r_name = rs.getString("姓名");
                    String r_sex = rs.getString("性别");
                    String r_bir = rs.getString("出生日期");
                    if (r_bir != null)
                        r_bir = r_bir.substring(0, 10);
                    Vector<String> row = new Vector<String>();
                    row.add(r_id);
                    row.add(r_name);
                    row.add(r_sex);
                    row.add(r_bir);
                    data.add(row);
                }
                smg.dtm.setDataVector(data, vector);
                clear();
                if (rs != null)
                    rs.close();
            } catch (SQLException e1) {
                e1.printStackTrace();
            } catch (Exception e) {
                e.printStackTrace();
            }
    }
```

说明：为支持模糊查询，WHERE 查询条件的字符匹配中使用“LIKE”来支持对非固定字符串的匹配。由于查询条件“出生日期”为日期型，与其他条件不同，不能用模糊查询的方式进行查询，因此在 SQL 字符串拼接之前，先判断其是否有值，然后分别处理。

本章小结

本章主要介绍了结构化查询语言 SQL 语言中的数据操纵语言、Access 数据库的创建及使用、Java 访问数据库的 JDBC 技术及如何在 Eclipse 中导入数据库驱动程序。通过本章的学习，读者能够使用 Java 来开发简单的数据库应用程序。

一、简答题

address 表的数据如表 7-12 所示，按要求写出 SQL 语句。

表 7-12　address 表

Name	Pwd	Email	Birthday
张三	123456	zhangsan@126.com	20001012
李四	888888	lisi@sohu.com	19991224

（1）将记录（小赵，111111，xiaozhao@163.com，19990608）用 SQL 语句添加至 address 表中。

（2）用 SQL 语句把“张三”的密码修改为“666666”。

（3）写出删除姓名为“李四”的全部记录的 SQL 语句。

（4）写出查询姓名为“王五”的全部记录的 SQL 语句。

二、编程题

1．编写程序实现以下操作。数据库文件 stuInfo.accdb 中的一个表是 table1。table1 表中有姓名、性别和年龄三个字段，最初该表只有三条记录，要求编程向 table1 表中增加两条新记录。

2．编程实现连接 stuInfo 数据库，并实现以下操作：

（1）在建好的学生表中实现从字符界面下输入相关数据，插入到数据库的表中。

（2）从字符界面下输入一个整数 n，将所有学生年龄增加 n 岁。

（3）删除所有男生的记录。

3．编程实现以下操作。图 7-14 中的数据信息保存在 book 表中，在 Access 中建立该表，输入相关信息，并使用 JTable 表格显示该表的所有数据信息，如图 7-14 所示。

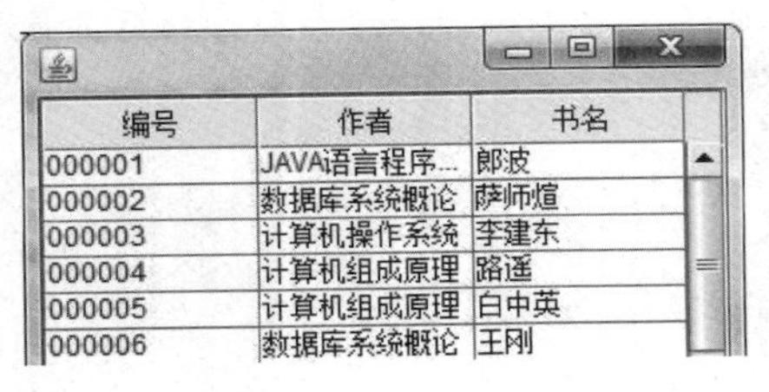

编号	作者	书名
000001	JAVA语言程序...	郎波
000002	数据库系统概论	萨师煊
000003	计算机操作系统	李建东
000004	计算机组成原理	路遥
000005	计算机组成原理	白中英
000006	数据库系统概论	王刚

图 7-14　图书信息

4．编程实现向 stuInfo 数据库中的 table1 表中插入多条新记录。要求使用预编译语句接口 PreparedStatement 来实现。

5．编程实现［例 7-5］所有功能。

第8章 多线程编程

多线程是指从软件上实现多个线程并发执行的技术，用来实现资源共享、提高程序的执行效率。Java语言对多线程提供了广泛的支持，本章主要讨论Java多线程机制的基本概念，线程的创建、调度、同步控制及线程之间的通信等。

8.1 线程的概念

在日常生活中，我们每天的各项活动都充满了“线程”。比如，早上要煮一杯咖啡，在这个过程中实际执行了很多更小的任务。首先需要烧水，在等待水加热沸腾时，可以把咖啡豆倒入研磨机研磨。在研磨的过程中，可以从冰箱拿出奶油，准备好一个杯子，倒入奶油和白糖，用小勺慢慢搅拌均匀。当这些准备完毕，水也烧开了。将水倒入压榨机中，分离出咖啡渣。这时，手机来电，我们可以边接听电话，边将黑咖啡倒入准备好的甜奶油杯中。这样，一杯现磨的咖啡就准备好了。

在煮咖啡的过程中，完成了多项任务，每项任务都有特定的开始、结束和执行过程，而且有些任务是同时进行的。生活中的事务可以并行执行，在软件中就体现为多线程，也就是在一个应用程序中，有多个程序段同时执行。

8.1.1 程序、进程、多任务与线程

1. 程序（Program）

程序是指令、数据及其组织形式的描述，也就是存储在磁盘或其他存储设备中的含有指令和数据的文件，是一段静态的代码。

2. 进程（Process）

进程是受操作系统管理的基本运行单元，是程序的一次动态执行过程，是系统进行资源分配和调度的基本单位，它对应了从代码加载、执行到执行完毕的整个过程，即进程的创建、运行到消亡的过程。从某种程度上说，进程是正在运行的程序的实例，是一个动态概念。

3. 多任务（Multi Task）

在一个系统中可以同时运行多个程序，即有多个独立运行的任务，每个任务对应一个进程，例如，在编辑、打印文档的同时播放音乐。多任务操作系统（如Windows系统）可以最大限度地利用系统资源。

4. 线程（Thread）

线程是由进程创建的比进程更小的执行单位，它有开始、中间和结束部分，有时被称为轻量级进程（Lightweight Process，LWP）。一个进程可以拥有多个线程，线程是在进程中独立运行的子任务。比如，QQ.exe运行时就有很多个子任务在同时运行（好友视频线程、下载文件线程、传输数据线程、发送表情线程等），每一项任务都有对应的线程在后台默默地执行。与进程不同，线程不能作为具体可执行的命令体存在。也就是说，最终用户不能直接执行线程，线程只能运行在进程中。

同时执行一个以上的线程，称为多线程。多线程可以同步完成多项任务，提高资源使用效率，从而提高系统的效率。图 8-1 展示了单线程程序和多线程程序在运行时的不同。

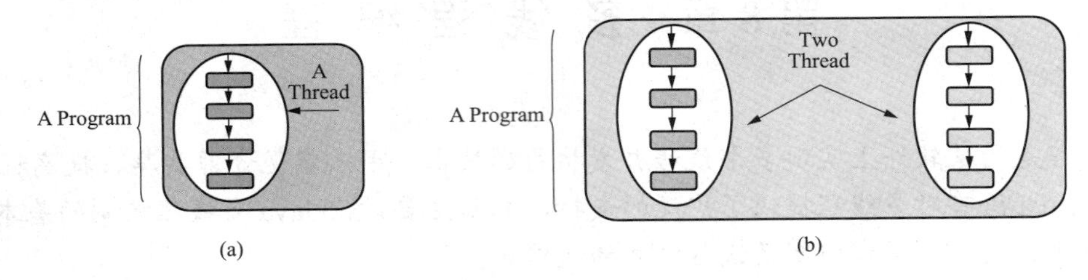

图 8-1 单线程程序与多线程程序运行比较

（a）单线程程序；（b）多线程程序

在 Java 语言中，可以在一个程序中并发启动多个线程，这些线程可以在多处理器系统上运行，以提高效率。当然这些线程也可以运行在单处理器系统中，此时，多个线程共享 CPU 时间片，由操作系统负责调度及分配资源给它们。一般情况下，即使是在单处理器系统中，多线程的程序运行速度也比单线程程序更快。多线程程序的运行情况示意图如图 8-2 所示。

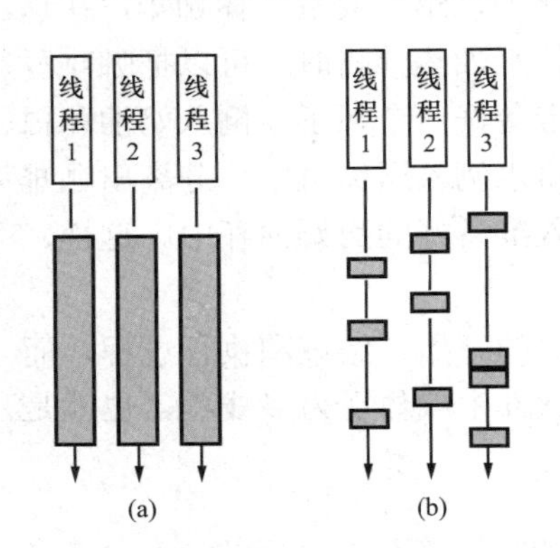

图 8-2 多线程程序运行情况示意图

（a）多个线程运行在多处理器上；

（b）多个线程共享单个处理器

8.1.2 线程的状态与生命周期

线程具有完整的生命周期，在它的生命周期中，有多种状态。线程的状态表示线程正在进行的活动以及在这段时间内线程能完成的任务。线程的状态涵盖了线程从新建到运行，最后到结束的整个生命周期。

在 Java 1.4 及以下的版本中，每个线程都具有新建、就绪、阻塞、终止四种状态。在 Java 5.0 及以上版本中，线程的状态被扩充为新建、就绪、阻塞、等待、定时等待、终止六种。线程的状态以枚举类型的形式定义在 java.lang.Thread 类中，其代码为

```
public enum State {
    NEW,                        // 新建状态
    RUNNABLE,                   // 就绪状态
    BLOCKED,                    // 阻塞状态
    WAITING,                    // 等待状态
    TIMED_WAITING,              // 定时等待状态
    TERMINATED;                 // 终止状态
}
```

线程各个状态的含义及状态之间的转换关系如图 8-3 所示，详细介绍如下。

NEW（新建状态）：当创建一个新的线程时，它就处于新建状态。处于新建状态的线程只能启动或终止，调用除这两种方法以外的其他方法都会失败并且会引起非法状态异常 IllegalThreadStateException（在其他状态下，若所调用的方法与状态不符，也会引起非法状态异常）。

RUNNABLE（就绪状态）：当线程处于新建状态时，可以调用 start()方法来启动它，为其分配运行所需的系统资源，使得该线程处于就绪状态（RUNNABLE，也称可运行状态），此

时它已经具备了执行的条件，一旦获得处理器资源，便进入运行状态（RUNNING），开始执行 run()方法中的线程代码。

注意，“就绪状态”并不是“运行状态”。因为线程可能在此刻并未真正运行。很多计算机都是单处理器的，要在同一时刻运行所有的处于就绪状态的线程是不可能的，即使是多处理器也做不到。系统必须通过调度来保证这些线程共享处理器。系统通过调度选中一个处于 RUNNABLE 状态的线程，使其获得 CPU 资源并转为运行状态。

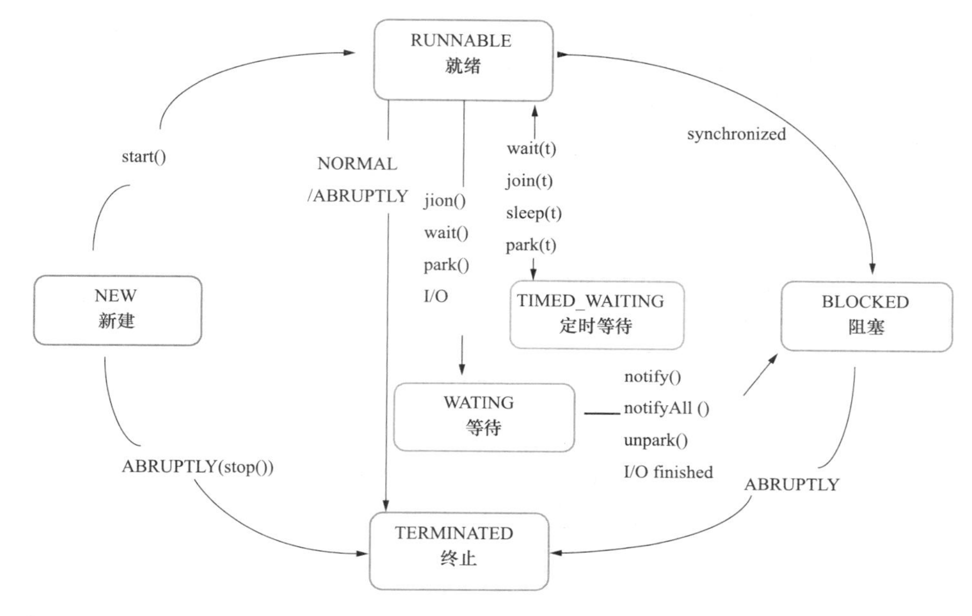

图 8-3　线程状态转换图

BLOCKED（阻塞状态）：一个正在运行的线程因某种原因不能继续运行时，进入阻塞状态。比如：线程放弃 CPU 使用权，休眠 *n* 毫秒时就进入了阻塞状态。

WAITING（等待状态）：进入该状态表示当前线程需要等待其他线程做出一些特定动作（通知或中断）。当前线程调用了 wait()、join()或者 park()三个方法中的任意一个方法，正在等待另外一个线程执行某个操作。比如一个线程调用了某个对象的 wait()方法，正在等待其他线程调用这个对象的 notify()或者 notifyAll()方法来唤醒它；或者一个线程调用了另一个线程的 join()方法，正在等待这个线程运行结束。

TIMED_WAITING（定时等待状态）：当前线程调用了 wait(time)、join(time)等方法，进入等待状态，与 WAITING 状态不同的是，它有一个最大等待时间，即使等待的条件仍然没有满足，只要到了这个时间它就会自动醒来，即自行返回。

TERMINATED（终止状态）：表示当前线程已经执行完毕。线程的终止一般可通过两种方法实现：自然撤销或是被停止。自然撤销是指线程执行完 run()方法中的全部代码，从该方法中退出，进入 TERMINATED 状态。另一种情况是 run()方法在运行过程中抛出了一个异常，而这个异常没有被程序捕获，导致这个线程异常终止，进入 TERMINATED 状态。除此之外，Java 还提供了一种终止线程的 stop()方法，但由于这个方法存在不安全性，在 JDK1.2 后被废弃。

8.1.3 多线程程序与单线程程序比较

每个 Java 应用程序都有一个默认的主线程（main()方法），若要实现多线程，必须在主线程中创建新的线程对象。Java 语言使用 Thread 类及其子类的对象来表示线程。Thread 对象中包含着一个特殊的方法——run()方法，我们需要将线程所需执行的任务代码放在该方法中，这些内容将在 8.2 节详细阐述。本小节通过两个程序的运行过程和运行结果的对比分析，讨论多线程程序和单线程程序的区别。

【例 8-1】 多线程程序示例。

分析：程序中的 Mythread 类是 Thread 类的子类，它的对象代表一个线程。创建 Mythread 类的对象 r 后，通过调用 start()方法启动该线程，开始执行 run()方法中的代码。此时就有两个线程对象（main 和 r）同时在运行了。

```
public class App8_1 {
     public static void main(String args[]) {
          Mythread r = new Mythread();      // 创建线程对象 r
          r.start();                        // 启动线程 r
          for (int i = 0; i < 5; i++) {
               System.out.println("主线程:------" + i);
          }
     }
}
class Mythread extends Thread {      // 通过继承 Thread 类来创建线程类 Mythread
     public void run() {             // 覆盖线程体 run()方法
          for (int i = 0; i < 5; i++) {
               System.out.println("Mythread 线程:" + i);
          }
     }
}
```

程序可能的运行结果之一为

```
主线程:------0
Mythread 线程:0
主线程:------1
Mythread 线程:1
Mythread 线程:2
Mythread 线程:3
Mythread 线程:4
主线程:------2
主线程:------3
主线程:------4
```

说明：从程序的运行轨迹（见图 8-4）及运行结果看，两个线程对象 main 和 r 在某时刻开始同时在执行，它们轮流占用 CPU 资源，交替执行。需要说明的是，多线程程序的运行结果一般不是唯一的，每次运行的结果都可能不同，这取决于操作系统的调度。

【例 8-2】 单线程程序示例。

将［例 8-1］程序中的 `r.start();`语句改为 `r.run();`，由主线程来调用 run()方法。Mythread 类内容不变。程序修改为

```
public class App8_2{
     public static void main(String args[]) {
     Mythread r = new Mythread ();
     r.run();                              // 调用 run()方法
     for(int i = 0; i < 5; i++) {
          System.out.println("主线程:------" + i);
     }
     }
}
```

程序运行结果为

```
Mythread线程:0
Mythread线程:1
Mythread线程:2
Mythread线程:3
Mythread线程:4
主线程:------0
主线程:------1
主线程:------2
主线程:------3
主线程:------4
```

说明：修改之后的程序变成了普通的方法调用，由 main()方法调用 run()方法，其运行轨迹如图 8-5 所示。首先执行 main()方法，执行到`r.run();`语句时，转而执行 run()方法，必须等 run()方法执行结束后，才可继续执行 main()方法中剩余的代码。在该程序中虽然有两个方法(main()、run())被调用执行，但它们必须按照调用顺序依次执行。这种情况下，程序是单线程程序，运行结果唯一。因此，通过 start()方法启动线程与直接调用 run()方法有本质的不同。

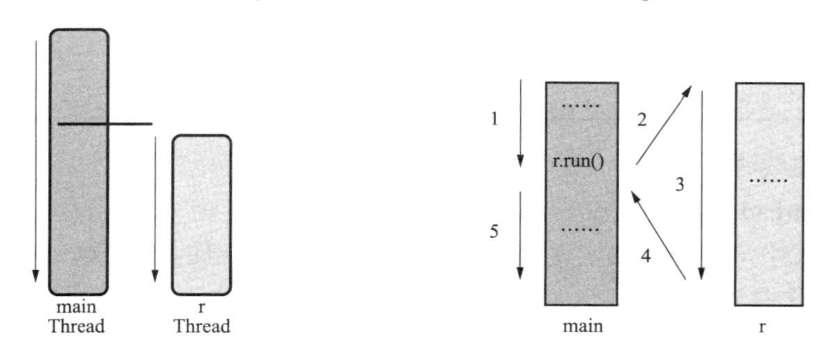

图 8-4 ［例 8-1］运行轨迹图　　图 8-5 ［例 8-2］运行轨迹图

8.2 实现多线程的方式

Java 中提供了 Thread 类和 Runnable 接口用于实现多线程应用。在本节中，将学习如何使用这两种方式来创建多线程程序。

8.2.1 Runnable 接口和 Thread 类

Java 实现线程的方式有两种：继承 Thread 类或实现 Runnable 接口。Thread 类和 Runnable 接口都定义在 java.lang 包中。

Runnable 接口中只定义了一个方法 run()，实现 Runnable 接口的类必须实现这个方法，将线程要执行的具体操作代码写入其中，因此也将 run()方法称为线程体（Thread Body）。run()方法是线程执行的起点，线程启动后，由系统自动调度执行该方法，就像 main()方法是应用程序的执行起点，由系统自动调用执行一样。

Thread 类实现了 Runnable 接口，Thread 类包含多个构造方法及对线程进行控制的各种方法。无论使用哪一种实现线程的方法，都要用到 Thread 类，这是因为 Runnable 接口中只有 run()方法，缺少控制线程的相关方法，如启动线程的 start()方法等。Thread 类的成员变量如表 8-1 所示，部分构造方法及成员方法如表 8-2 所示。

表 8-1 Thread 类的成员变量

成员名称	说明	成员名称	说明
static int MAX_PRIORITY	线程的最高优先级	static int NORM_PRIORITY	线程的默认优先级
static int MIN_PRIORITY	线程的最低优先级		

表 8-2 Thread 类常用的构造方法和成员方法

方 法 原 型	说 明
public Thread()	创建一个空线程对象
public Thread(String name)	创建一个名为 name 的线程对象
public Thread(Runnable task)	为指定任务创建一个线程对象，参数 task 对象的 run()方法将被该线程对象调用，作为其执行代码
public Thread(Runnable task, String name)	功能同上，参数 task 对象的 run()方法将被该线程对象调用，作为其执行代码；参数 name 指定了线程名称
public void start()	启动线程，使该线程由新建状态转变为就绪状态
public void run()	线程应执行的代码放在该方法中
public static Thread currentThread()	返回对当前正在执行的线程对象的引用

8.2.2 创建线程的方式

1. 继承 Thread 类创建线程

在这种方式中，用户需要定义 Thread 类的子类作为自己的线程类，并在该类中覆盖 run()方法。run()方法是线程的主体，包含了线程启动后将要执行的代码。用户线程类的程序框架为

```
class ThreadTest extends Thread {            // 继承 Thread 类
     public void run() {                     // 覆盖 run()方法
          // 线程要执行的代码
     }
}
```

定义了线程类之后，就可以创建线程类的对象并启动该线程对象。需要注意的是，启动线程是调用 start()方法，而不是调用 run()方法。创建并启动线程对象的代码为

```
ThreadTest tt = new ThreadTest();            // 创建一个线程对象
tt.start();                                  // 启动线程
```

2. 实现 Runnable 接口创建线程

通过实现 Runnable 接口来创建线程时，需要定义一个类，该类实现 Runnable 接口，并

实现其中的run()方法。程序框架为

```
class RunnableTest implements Runnable {          // 实现Runnable接口
    public void run() {                           // 实现run()方法
        // 线程要执行的代码
    }
}
```

同样，run()方法中定义了线程要执行的任务。需要说明的是，上面定义的 RunnableTest 类只有一个 run()方法。该类的对象只是一个线程体对象，而不是线程对象，缺少线程控制的方法，如 start()方法。因此，需要以这个线程体对象为参数来创建一个 Thread 对象，再调用 start()方法启动线程。代码为

```
RunnableTest rt = new RunnableTest ();            // 创建一个线程体对象 rt
Thread t = new Thread(rt);                        // 以 rt 为参数创建线程对象 t
t.start();                                        // 启动线程 t
```

创建线程的两种方式的比较：

（1）继承 Thread 类创建线程的方式，程序更简单直接，但由于 Java 只支持单继承，因而存在局限性。

（2）实现 Runnable 接口创建线程的方式，程序稍复杂，但可以避免多重继承的问题。此外，这种方式使得代码和数据资源相对独立，更适合多个线程处理同一数据资源的情况。这是因为在实现 Runable 接口创建线程时，需要用到 Thread 类的构造方法，只要通过构造方法传递相同的 Runnable 实例（线程体），就可以实现资源共享（参见［例 8-4］~［例 8-6］）。

8.2.3　多线程程序示例

【例 8-3】 分别采用继承 Thread 类和实现 Runnable 接口的方式创建多线程程序，在控制台输出当前系统时间。

分析：MyThreadA 类通过继承 Thread 类的方法创建线程。MyThreadA 类中覆盖了父类的 run()方法，在该方法内部创建日期类对象，并将该对象具体内容输出到控制台上。MyThreadB 通过实现 Runnable 接口的方法创建线程，需要实现 Runnable 接口中的 run()方法，功能同 MyThreadA 类中的 run()方法。App8_3 类为主类，创建线程对象并启动它。

```
import java.util.Date;
class MyThreadA extends Thread {                          // 继承Thread类
    private Date runtime;
    public void run() {
        System.out.println("ThreadA 开始.");
        this.runtime = new Date();                        // 创建日期类对象
        // 将日期类对象的具体信息输出至控制台
        System.out.println("ThreadA:当前系统时间为-- " + runtime.toString());
        System.out.println("ThreadA 结束.");
    }
}
class MyThreadB implements Runnable {                     // 实现Runnable接口
    private Date runtime;
    public void run() {
        System.out.println("ThreadB 开始.");
        this.runtime = new Date();
        System.out.println("ThreadB:当前系统时间为--" + runtime.toString());
```

```
            System.out.println("ThreadB 结束.");
        }
    }
public class App8_3 {
    public static void main(String[] args) {
        Thread threada = new MyThreadA();         // 继承 Thread 类创建线程
        // 用实现了 Runnable 接口的 ThreadB 类对象,创建线程 threadb
        Thread threadb = new Thread( new MyThreadB() );
        threada.start();                          // 启动线程 threada
        threadb.start();                          // 启动线程 threadb
    }
}
```

程序可能的运行结果之一为

```
ThreadA 开始.
ThreadB 开始.
ThreadB:当前系统时间为-- Tue Aug 16 10:40:25 CST 2016
ThreadB 结束.
ThreadA:当前系统时间为--Tue Aug 16 10:40:25 CST 2016
ThreadA 结束.
```

说明：在 main()方法中分别创建了线程对象 threada 和 threadb 后，通过各自的 start()方法启动两个线程对象。上述程序运行结果的执行过程是：threada 占有 CPU 资源后，执行了输出语句“System.out.println("ThreadA 开始.");”在控制台输出“ThreadA 开始”此时，操作系统将 CPU 资源分配给 threadb，threadb 得以执行。直至该对象线程体要执行的任务全部执行完毕，操作系统才重新将 CPU 资源分配给 threada，继续执行直至结束。

为了使读者更清晰的了解多线程程序的创建方式、执行过程及可能遇到的问题，本章以一个简易的售票系统为例来进行阐述，先从一个不完善的例子起步，逐步修正错误，最终实现基本的功能需求。

【例 8-4】 编程模拟演出售票系统。通过 3 个售票点发售某场演出的 50 张票，每个售票点用 1 个线程来表示。

分析：采用继承 Thread 类的方式来创建线程子类 BookTickets。用整数 1～50 表示 50 张演出票，成员变量 tickets 表示演出票，初值为 50。在 run()方法中模拟售票操作，如果余票大于 0，就可以售出一张票，将进行售票的线程对象信息输出到控制台上，并且将票数减 1。

```
public class App8_4 {
    public static void main(String args[]) {
        BookTickets t = new BookTickets();
        // 运行时会抛出 java.lang.IllegalThreadStateException 异常
        t.start();
        t.start();
        t.start();
    }
}
class BookTickets extends Thread {
    private int tickets = 50;
    public void run() {
        while (tickets > 0)
        System.out.println(Thread.currentThread().getName()+
```

```
                "sells ticket " + tickets--);
        }
    }
```

程序的部分运行结果为

```
Exception in thread "main" java.lang.IllegalThreadStateException
    at java.lang.Thread.start(Thread.java:705)
    at tt.App8_4.main(App8_4.java:6)
Thread-0sells ticket 50
Thread-0sells ticket 49
Thread-0sells ticket 48
……
Thread-0sells ticket 3
Thread-0sells ticket 2
Thread-0sells ticket 1
```

说明：程序中创建了 BookTickets 类的对象 t，然后三次调用了 start()方法。第一次调用时，线程 t 转为就绪状态，第二次调用时会抛出 java.lang.IllegalThreadStateException 异常（指示线程没有处于请求操作所要求的适当状态时抛出的异常）。这是因为同一个线程，只能启动（调用 start()方法）一次。无论调用多少遍 start()方法，结果都只能启动了 1 个线程。若要实现三个线程同时售票，就要创建三个线程对象。

【例 8-5】 售票线程示例。在上例的基础上，修改程序创建三个售票线程对象。

```
public class App8_5 {
    public static void main(String args[]) {
        new BookTickets().start();
        new BookTickets().start();
        new BookTickets().start();
    }
}
class BookTickets extends Thread {
    private int tickets = 50;
    public void run() {
        while (tickets > 0)
            System.out.println(Thread.currentThread().getName()+
                "sells ticket " + tickets--);
    }
}
```

程序某次运行的部分结果为

```
Thread-0sells ticket 50
Thread-1sells ticket 50
Thread-1sells ticket 49
Thread-0sells ticket 49
Thread-1sells ticket 48
Thread-2sells ticket 50
Thread-1sells ticket 47
Thread-1sells ticket 46
……
```

说明：可以看到每个票号都被打印了 3 遍，即每个线程都卖了 50 张票。这是因为 tickets 是 BookTickets 类的成员变量，该类的每个对象都拥有这个变量，即每个对象都有 50 张票（三个对象共有 150 张票），每个线程在独立处理自己的 50 张票。实际上，我们要求三个线程共同发售 50 张票，也就是只能创建 1 个资源对象（该对象中包含要发售的 50 张票），但同时要创建多个线程去处理这个资源对象，并且每个线程上所运行的是相同的代码。这可以通过实现 Runnable 接口的方法来实现，参见［例 8-6］。

【例 8-6】 售票线程示例。采用实现 Runnable 接口的方式创建售票线程。

```
public class App8_6 {
    public static void main(String args[]) {
        BookTickets bt = new BookTickets();    // 创建线程体对象
        new Thread(bt).start();                // 以线程体对象为参数创建线程对象
        new Thread(bt).start();
        new Thread(bt).start();
    }
}
class BookTickets implements Runnable {
    private int tickets = 50;
    public void run() {
        while (tickets > 0)
            System.out.println(Thread.currentThread().getName()+
                "sells ticket " + tickets--);
    }
}
```

程序某次运行部分结果为

```
Thread-0sells ticket 50
Thread-0sells ticket 49
Thread-2sells ticket 48
……
Thread-0sells ticket 3
Thread-1sells ticket 2
Thread-2sells ticket 1
```

说明：程序中创建了一个 BookTickets 类的对象 bt（线程体对象），它包含了成员变量 tickets，值为 50。然后以 bt 为参数创建了三个线程对象，这三个线程对象调用同一个对象（bt）中的 run()方法，访问同一个对象中的 tickets 变量，解决了［例 8-5］中的问题。

如果现实问题中要求必须创建多个线程来执行同一任务，而且这多个线程之间还将共享同一个资源（如上例中的票源），那么就可以使用实现 Runnable 接口的方式来创建多线程程序。这种方式不仅有利于程序的健壮性，使代码能够被多个线程共享，而且代码和数据资源相对独立，从而特别适合多个具有相同代码的线程去处理同一资源的情况。这样一来，线程、代码和数据资源三者有效分离，很好地体现了面向对象程序设计的思想。因此，大多数的多线程程序都是通过实现 Runnable 接口的方式来完成的。

8.3　线程控制的基本方法

一个程序可以包含多个线程，这些线程被启动之后，一般由系统进行调度。如果要对线程的运行进行适当干预，让它们按照一定顺序或者有条件的去执行，这时可以使用线程控制的各种方法来实现。

8.3.1 线程的优先级

Java 给每个线程指定一个优先级，优先级从低到高共分 10 级，以整数 1～10 表示，1 级最低、10 级最高，默认优先级为 5 级。Thread 类有 3 个有关线程优先级的静态常量：MIN_PRIORITY（最低优先级），MAX_PRIORITY（最高优先级），NORM_PRIORITY（默认优先级）。可以通过 getPriority()方法来获得线程的优先级，通过 setPriority()方法来设定线程的优先级。优先级高的线程理论上可以获得比优先级低的线程更多的执行机会。

对于一个新建的线程，系统会遵循如下原则为其指定优先级：①新建线程将继承创建它的父线程的优先级，父线程指的是创建该线程对象语句所在的线程；②一般情况下，主线程（main 线程）具有默认优先级。

【例 8-7】 线程优先级示例。

```
public class App8_7 {
    public static void main(String[] args) {
        Thread t1 = new Thread(new MyThreadA());
        Thread t2 = new Thread(new MyThreadB());
        t1.setPriority(Thread.NORM_PRIORITY + 4);     // 设置 t1 的优先级
        t1.start();
        t2.start();
    }
}
class MyThreadA implements Runnable {
    public void run() {
        for (int i = 0; i < 100; i++) {
            System.out.println("ThreadA 线程: " + i);
        }
    }
}

class MyThreadB implements Runnable {
    public void run() {
        for (int i = 0; i < 100; i++) {
            System.out.println("------ThreadB 线程: " + i);
        }
    }
}
```

说明：程序中创建了两个线程对象 t1 和 t2，并设置了 t1 的优先级，这样一来，t1 的优先级高于 t2。理论上，t1 线程享有更多的执行机会，因此应当首先执行完毕。但是由于线程的优先级不同于线程调度的优先级（多个线程在一个处理器上运行时，处理器以某种顺序运行多个线程，称为线程的调度），每个系统都有自己的线程调度机制，优先级高的线程比优先级低的线程得到执行机会的概率相对高一些，但不是绝对的，有时候优先级低的线程可能会先执行。正因为如此，本例未给出程序运行结果。

Java 的 setPriority()方法只是应用于局部的优先级。这是一种良好的保护方式，用户不会希望一些重要的线程被其他随机的用户线程通过设定优先级所抢占。因此，在编程时不要假定高优先级的线程一定先于低优先级的线程执行，不要有事务逻辑依赖于线程优先级，否则可能产生意外结果，即不要依赖线程的优先级来设计对调度敏感的算法。

8.3.2 线程的基本控制

表 8-3 介绍了 Thread 类中线程控制的常用方法。

表 8-3 **Thread 类中线程控制的常用方法**

方法原型	说明
public final void join() throws InterruptedException	暂停当前运行的线程，等待调用该方法的线程结束后再继续执行本线程
public static void sleep(long mills) throws InterruptedException	使线程休眠指定时间，mills 以毫秒为单位
public static Thread currentThread()	返回当前正在运行的线程对象
public final String getName()	返回线程的名称
public final int getPriority()	返回线程的优先级
public final int setPriority(int newPriority)	设置线程优先级（范围从 1～10）

1. sleep()方法

如果线程在执行一些操作之后，需要暂停一段时间后再继续运行，可以调用 sleep()方法来实现。此时，线程转为 TIMED_WAITING 定时等待状态。休眠时间由 sleep()方法的参数决定，单位为毫秒，休眠时间结束后，线程将进入 RUNNABLE 就绪状态，等待系统调度。

sleep()方法是 Thread 类的静态方法，直接通过类名调用即可。sleep()方法可能抛出 InterruptedException 异常，必须处理，代码为

```
try{
        sleep(1000);                                  // 线程休眠 1 秒钟
} catch (InterruptedException e) {
        ……
}
```

【例 8-8】 sleep()方法应用示例。

分析：本例通过 java.util 包中的 Calendar 类来显示系统时间，线程每休眠 1000 毫秒后再恢复运行，刷新显示时间。

```
import java.awt.*;
import javax.swing.*;
import java.util.Calendar;
public class App8_8 {
     public static void main(String args[]) {
         JFrame f = new JFrame("Watch");
         // 创建标签,标签上的文本居中显示
         JLabel jl = new JLabel("",JLabel.CENTER);
         f.add(jl);
         f.setSize(180, 70);
         f.setVisible(true);
         while (true) {
              Calendar c = Calendar.getInstance();         // 创建 Calendar 对象
              // 获得当前系统时间后显示到标签上,时间的格式设置为“时:分:秒”
              jl.setText( c.get(Calendar.HOUR_OF_DAY) + ":"
                   + c.get(Calendar.MINUTE) + ":" + c.get(Calendar.SECOND));
              try {
                   Thread.sleep(1000);                      // 线程休眠 1 秒钟
              } catch (InterruptedException e) {
                   e.printStackTrace();
```

```
            }
        }
    }
}
```

程序运行结果如图 8-6 所示。

说明：程序运行时，可以看到每隔一秒钟标签的文本被重新设置，模仿时钟每秒的动态变化。sleep()方法在这里的作用有两个，一是确定标签文本的刷新频率，二是在其休眠期间线程释放 CPU 的使用权，系统可以执行其他线程，提高运行效率。

图 8-6 ［例 8-8］运行效果图

2. join()方法

join()方法的作用是暂停当前线程的执行，等待另一个线程结束之后再继续执行。join()方法有 3 种形式：

（1）public final void join() throws InterruptedException：如果当前线程调用 t.join()，则当前线程将等待，直到线程 t 结束后再继续执行。

（2）public final void join(long mills) throws InterruptedException：如果当前线程调用 t.join（m），则当前线程将等待线程 t 结束或最多等待 m 毫秒后继续执行。

（3）public final void join(long mills, int nanos) throws InterruptedException：如果当前线程调用 t.join(m,n)，则当前线程需等待 t 结束，或最多等待 m 毫秒加 n 纳秒后继续执行。

join()方法会抛出 InterruptedException 异常，必须进行处理。

【例 8-9】 join()方法应用示例。

```
public class App8_9 {
    public static void main(String[] args) {
        Runner r = new Runner();
        Thread t = new Thread(r);
        t.start();
        try {
            t.join();                       // 主线程中断执行，直到线程 t 执行完毕
        } catch (InterruptedException e) {
            e.printStackTrace();
        }
        for (int i = 0; i < 4; i++) {
            System.out.println("主线程: " + i);
        }
    }
}
class Runner implements Runnable {
    public void run() {
        for (int i = 0; i < 4; i++)
            System.out.println("子线程: " + i);
    }
}
```

程序运行结果为

```
子线程: 0
子线程: 1
子线程: 2
```

```
子线程: 3
主线程: 0
主线程: 1
主线程: 2
主线程: 3
```

说明：主线程执行到 t.join()；这条语句时暂停执行，等待 t 线程执行完毕以后，才恢复执行。因此运行结果中首先输出“子线程：0、子线程：1……”，再输出“主线程：0、主线程：1……”。程序运行结果唯一。

8.3.3 线程的终止

线程除正常运行结束外，还可以通过其他方法使其停止运行。使用 stop()方法可以强行终止线程，但该方法容易造成数据信息的不一致。假如一个方法正在将钱从一个账户转移到另一个账户，在取款之后存款之前被 stop()方法强行停止了，就会造成账户数据的错误。当一个线程要终止另一个线程时，它无法知道何时调用 stop()方法是安全的，所以这个方法已经被弃用了。

更好的方法是使用退出标志来终止线程，设置一个 boolean 类型的标志变量，通过给这个变量赋值为 true 或 false 来控制线程是否结束，如［例 8-10］所示。

【例 8-10】 线程终止示例。

```
import java.util.Date;
class MyThread implements Runnable {
     private boolean flag = true;           // 设置标志变量
     public void run() {
          while (flag) {
               System.out.println("当前系统时间为--" + new Date().toString());
               try {
                    Thread.sleep(1000);     // 线程休眠 1 秒钟
               } catch (InterruptedException e) {
                    e.printStackTrace();
               }
          }
     }
     public void stopRunning() {
          flag = false;                     // 通过为 flag 变量赋值来终止线程
     }
}
public class App8_10 {
     public static void main(String[] args) {
          MyThread r = new MyThread();
          Thread t = new Thread(r);
          t.start();                        // 启动线程
          System.out.println("线程启动!");
          try {
               Thread.sleep(5000);          // 休眠 5 秒钟
          } catch (InterruptedException e) {
               e.printStackTrace();
          }
          r.stopRunning();                  // 终止线程
          System.out.println("线程结束!");
     }
```

```
}
```

程序运行结果为

```
线程启动!
当前系统时间为--Tue Aug 16 11:13:14 CST 2016
当前系统时间为--Tue Aug 16 11:13:15 CST 2016
当前系统时间为--Tue Aug 16 11:13:16 CST 2016
当前系统时间为--Tue Aug 16 11:13:17 CST 2016
当前系统时间为--Tue Aug 16 11:13:18 CST 2016
线程结束!
```

说明：在 main()方法中启动线程 t 后，主线程与 t 线程共同竞争 CPU 资源，在主线程获得 CPU 的资源后，调用 sleep()方法休眠 5 秒钟，此时 t 线程一直占用 CPU，每输出一次系统时间后，就调用 sleep()方法休眠 1 秒钟。5 秒钟以后，主线程恢复执行，调用 stopRunning()方法终止了线程 t 的执行。本例运行结果不唯一。

采用这种终止线程的方法比 stop()方法要好，stop()方法将终止所有未结束的方法，包括 run()方法。当一个线程停止时，它会立即释放它所持有的对象锁（对象锁的相关概念参见 8.4 节）。会造成数据信息不一致的情况。如果采用［例 8-10］这种方式，我们可以在 stopRunning()中进行资源释放及各种条件的检测后，再修改标志变量 flag，使线程能够安全平稳地结束。

8.4 线程的同步机制

线程的同步机制是保证多线程安全访问竞争资源的一种手段。在多线程程序中，当多个线程并发执行时，虽然各个线程中语句的执行顺序是确定的，但线程的相对执行顺序却是不确定的。在有些情况下，这种不确定性会使共享资源的一致性遭到破坏。因此，当一个线程对共享资源进行操作时，应使之成为一个“原子操作”，即在没有完成相关操作之前，不允许被其他线程打断，否则，就会破坏数据的完整性，这就是线程的同步。

8.4.1 同步的概念

在给出“同步”机制的具体示例前，先介绍几个与同步机制相关的重要概念。

并发：在同一时间段内有多个线程处于“就绪状态”，不过在任一个时间节点上只有一个线程在处理器上运行。

临界资源：多个线程共享的资源或数据称为临界资源或同步资源。

临界区：访问临界资源的代码段称为临界区，也称临界代码区。

对象锁：对临界资源对象进行加锁，对象锁是独占排他的。

原子操作：不可分割的一段代码，不会被调度机制所打断的操作。原子操作可以是一个操作步骤，也可以是多个操作步骤，其顺序不可以打乱，也不可以只执行部分操作。

同步：同步就是协同步调，统一配合共同完成任务。一个线程在执行某个功能调用时，在没有得到返回结果之前，这个线程会一直等待下去，直到收到返回结果才会继续执行下去。

异步：线程不需要等方法执行返回，就继续执行下面的操作语句。当有消息返回时，系统会通知线程进行处理，这样可以提高执行的效率。现实世界本质上是异步的，每个对象同时在活动，互相通知对方感兴趣的消息，各自处理自己的消息。

【例 8-11】 银行账户存款示例，模拟多个终端向同一账户同时存款的功能。

分析：Bank 类为银行类，成员变量 account 表示账户存款数额，成员方法 save()进行存款操作。MyThread 类是存款线程类，App8_11 为主类。本例未考虑同步控制。

```
class Bank {
    private int account = 100;
    public int getAccount() {
        return account;
    }
    public void save(int money) {          // save()方法会产生同步问题
        account += money;
        System.out.println(Thread.currentThread().getName() + "存入 10 元,"
                           + "账户余额为:" + this.getAccount());
    }
}
class MyThread implements Runnable {
    private Bank bank;
    public MyThread(Bank bank) {
        this.bank = bank;
    }
    public void run() {
        for (int i = 0; i < 10; i++) {
            bank.save(10);
        }
    }
}
public class App8_11 {
    public static void main(String[] args) {
        Bank bank = new Bank();
        MyThread new_thread = new MyThread(bank);
        Thread thread0 = new Thread(new_thread);
        Thread thread1 = new Thread(new_thread);
        thread0.start();
        thread1.start();
    }
}
```

程序的某次运行结果为

```
Thread-0 存入 10 元,账户余额为:120
Thread-1 存入 10 元,账户余额为:120
Thread-0 存入 10 元,账户余额为:130
Thread-1 存入 10 元,账户余额为:140
Thread-0 存入 10 元,账户余额为:150
Thread-0 存入 10 元,账户余额为:170
……
```

说明：从此次运行结果可以看到账户余额出现了异常情况，这是因为［例 8-11］中除主线程外还启动了两个线程 thread0 和 thread1，这两个线程可能同时访问并修改同一个临界资源 account。假设 thread0 正在运行，调用 save()方法，存入 10 元，执行“`account += money;`”语句，account 被修改为 110 元。此时因为一些原因，thread0 线程退出了运行，thread1 开始运行，也存入了 10 元，account 被修改为 120 元。这时，thread0 恢复运行，执行 thread0 线程中还未执行的输出语句：“`System.out.println(Thread.currentThread().getName() + "存入 10`

元,"+ "账户余额为:" + this.getAccount());”，显示当前的 account 值为 120 元，thread0 结束运行。此时，thread1 继续执行尚未执行的输出语句，显示当前的 account 值也为 120 元，导致结果异常。运行结果的其他错误行的原因与上述情况类似。

之前所介绍的线程示例程序中，每个线程都包含了运行时所需要的数据或方法，这样的线程在运行时，因不需要外部的数据或方法，所以就不必关心其他线程的状态或行为。当应用问题功能增强、关系复杂，存在多个线程之间共享某些数据时，若线程仍采用以往的方式执行，则会带来不安全性或者产生错误的结果。解决这一问题的关键是当一个线程对临界资源进行操作时，应使之成为“原子操作”，也就是说在未完成相关操作前，不允许其他线程中断它，否则就会破坏数据的一致性，这就是线程的同步。

8.4.2 同步的实现方式（微课 12）

在 Java 语言中，对临界资源操作的并发控制采用加锁技术。用关键字 synchronized 为临界资源加锁来保证线程对其操作的完整性。这个锁使得各个线程对临界资源是互斥操作的，称为互斥锁。

互斥锁的使用使得线程在执行时，必须获取对象的锁，当一个线程握有对象的锁，如果它不释放，其他线程即使获得执行权也无法执行。互斥锁可以保证在多线程运行环境中，当多个线程同时访问临界资源时，以同步机制保护数据，确保不存在两个以上的线程同时修改它，避免程序产生错误结果。

临界代码区可以是一个方法或是一个语句块，用 synchronized 关键字标识，表示必须互斥使用。这两种情况分别称为同步方法和同步语句块。换句话说，synchronized 关键字可应用在方法级别（粗粒度锁）或者是代码块级别（细粒度锁）。

1. 同步方法

给一个方法增加 synchronized 修饰符后，它就成为同步方法，其格式为

```
public synchronized void aMethod() {
        ......
}
```

执行同步方法时，首先要获得当前对象的互斥锁，然后执行方法体；如果无法获得互斥锁，就进入等待状态。也就是说任意时刻只允许一个线程在执行同步方法。假如一个对象有多个被 synchronized 修饰的同步方法（除了同步方法外，它可能还有一些没被 synchronized 修饰的普通方法），当线程执行到一个对象的任意一个同步方法时，这个对象的所有同步方法都被锁定了。在此期间，其他线程不能访问这个对象的任何一个同步方法，直到这个线程执行完它所调用的那个同步方法并从中退出后，释放了该对象的同步锁，这时其他线程才可以访问这些同步方法。但是需要注意的是：在一个对象被某个线程锁定后，其他线程可以访问该对象的非同步方法。此外，调用 sleep()方法并不会释放锁，即使当前线程调用 sleep()方法让出了 CPU 资源，其他线程也无法访问临界资源。

2. 同步语句块

同步语句块的形式虽然与同步方法不同，但是原理和效果是一致的。同步语句块是通过锁定指定的对象而不仅仅是 this 对象，来对语句块中包含的代码进行同步；而同步方法锁定的对象是同步方法所属的主体对象自身，是对这个方法里的代码进行同步。同步语句块的格式为

```
synchronized (对象 obj) {
      临界代码段
}
```

其中,“对象 obj”是多个线程共享的对象，任意时刻只允许一个线程对“对象 obj”进行操作，它在此同步块中被加锁。

对于作为同步锁的对象并没有什么特别要求，任意一个对象都可以，但必须是对象。如果一个对象既有同步方法，又有同步块，那么当其中任意一个同步方法或者同步块被某个线程执行时，这个对象就被锁定了，其他线程无法在此时访问这个对象的同步方法，也不能执行同步块。也就是说，线程在执行同步方法或同步语句块时具有排它性。当一个类中有多个同步方法或同步语句块时，如果它们要访问同一个临界资源，那么这些同步方法及同步语句块之间具有相互制约的关系。

为解决［例 8-11］中程序的问题，将 Bank 类的 save()方法定义为同步方法，其余不变，代码为

```
class Bank {
      private int account = 100;
      public int getAccount() {
            return account;
      }
      public void synchronized save(int money) {         // 同步方法
            account += money;
            System.out.println(Thread.currentThread().getName()+"存入 10
                                    元,"+"账户余额为:"+ this.getAccount());
      }
}
```

将 save()方法定义为同步方法以后，当一个线程访问并修改 account 时，其他线程不能对其进行访问及修改，这样就防止了［例 8-11］中多个线程同时向账户 account 中存钱时出现的异常情况。除了这种办法，还可以通过同步语句块来实现对临界资源的锁定，将 save()方法改写为如下方式

```
public void save(int money) {
      synchronized (this) {                                   // 同步语句块
            account += money;
            System.out.println(Thread.currentThread().getName()+"存入 10
                                    元,"+"账户余额为:"+ this.getAccount());
      }
}
```

这样就锁定了访问 save()方法的当前对象，其他线程无法在此时访问这个对象的同步语句块，避免了异常访问的情况出现。在这个例子中同步语句块与同步方法的作用相同。如果存款方法中还有一些其他不涉及修改临界资源 account 账户对象的操作（如显示开户行基本信息、显示当前系统时间等），建议采用同步语句块的操作，仅对修改账户余额和显示余额这部分原子操作加锁，这样可以降低锁的粒度。

修改后的程序运行正常，问题得到了解决。

【例 8-12】 售票线程示例。利用同步机制进一步完善售票程序。

分析：虽然［例 8-6］解决了 3 个线程共同售卖 50 张票的问题，但若在实际的售票环境

下使用，仍然不能得到正确的结果。对［例 8-6］中的 BookTickets 类的 run()方法进行修改，其余不变。在卖票之前随机休眠一段时间来模拟真实售票时在选定演出票与付款之间存在时间延迟的情况：

```
public void run() {
     while (tickets > 0) {
            try {
                 // 随机休眠一段时间
                 Thread.sleep((int) (Math.random() * 1000));
            } catch (Exception e) {
                  e.printStackTrace();
            }
            System.out.println(Thread.currentThread().getName() +
            "sells ticket " + tickets);
            tickets--;
     }
}
```

程序运行后，屏幕上打出的最后几行结果为

```
Thread-1sells ticket 1
Thread-2sells ticket 0
Thread-1sells ticket -1
Thread-0sells ticket -2
```

说明：从程序运行结果可以看到演出票打印出负数，显然是错误的。这是因为如果售票时需要耗时去支付或者沟通票务情况时，其他售票线程就有可能修改票务信息，破坏了数据的完整性。假设线程 1 正在运行，首先判断 tickets>0 是否成立，此时如果 tickets 为 1，售票条件满足，但马上又因为一些原因线程 1 退出了运行。这时，线程 2 开始运行，售出最后的一张票，tickets 减为 0，线程 2 结束运行。线程 1 继续运行，因为刚才已经检查过售票条件，因此不再检查，直接售票，在屏幕上输出售卖 0 号票的信息。同理，也会出现售卖负数票的情况。为了解决这个问题，需要使用同步机制，对临界资源加锁，将操作临界资源的代码定义为同步方法或同步语句块，如［例 8-13］所示。

【例 8-13】 售票线程示例。

```
public class App8_13 {
     public static void main(String args[]) {
          BookTickets bt = new BookTickets();
          new Thread(bt).start();
          new Thread(bt).start();
          new Thread(bt).start();
     }
}
class BookTickets implements Runnable {
     private int tickets = 50;
     public void run() {
          while (true) {
               try {
                    Thread.sleep(1000);     // 线程休眠 1 秒钟，以模拟真实情况
               } catch (Exception e) {
                   e.printStackTrace();
               }
```

```
                    synchronized (this)          // 同步语句块
                    {
                        if (tickets > 0) {
                            System.out.println(Thread.currentThread().getName()+
                                                     "sells ticket "+ tickets);
                            tickets--;
                        } else
                            System.exit(0);
                    }
                }
            }
        }
```

说明：通过修改，问题得到了解决。读者需要注意以下几点：

（1）如果将 synchronized 加在 run()方法前，将 run()方法变成一个同步方法，意味着只有等待一个线程全部执行完才会执行其他线程，这会导致只有一个线程售完所有演出票。这是因为 3 个线程共同调用 run()方法，如果将它设置为同步方法，那么任一时刻只能有一个线程执行 run()，其他线程被阻塞。如果将 synchronized 放在 while 循环前，是同步 while 循环这部分代码块，也会如此，原因同上。

（2）参见［例 8-12］的 run()方法，在 while（tickets>0）的循环体中，如果将 synchronized 放在输出语句和 `ticket--;`语句前，虽然也是同步语句块，但是这样会导致可能出现输出 –1，–2 这样的负数演出票信息。原因同［例 8-11］。所以将 while 的条件改为 true，将 `if(tickets > 0)`条件判断移到输出语句和 `ticket--;`语句之前，然后进行语句块的同步。这是因为在进行 `if(tickets > 0)`判断和执行输出和票数减 1 操作之间有可能会被别的线程打断，使得结果出现错误，所以需要使之成为“原子操作”。

（3）临界代码中的共享变量 tickets 应该设为私有（private）成员变量。否则，其他类的方法可能直接访问和操作该共享变量，这样 synchronized 的保护就失去意义。另一方面还需要保证所有对临界代码中涉及的共享变量（如 tickets）的访问与操作均应被 synchronized 保护。假如此时还有其他非同步方法，在这些方法中可以修改这些共享变量（如对 tickets 进行赋值或其他修改），那么同样不能保证数据一致性。

（4）使用 synchronized 进行同步，保证了线程的安全性，但却降低了运行效率。因此，从提高并发度的角度来说，synchronized 的粒度越细越好。

8.4.3 死锁

多线程在使用互斥机制实现同步的同时，存在“死锁”的可能。如果程序中的多个线程互相等待对方持有的资源，而在得到对方资源之前都不会释放自己的资源，从而导致所有线程都无法继续执行的情况就是死锁（deadlock）。死锁经常发生在多个线程共享资源的时候。

程序中必须同时满足以下四个条件才会引发死锁：

（1）互斥（Mutual exclusion）：线程所使用的资源中至少有一个是不能共享的，它在同一时刻只能由一个线程使用。

（2）持有与等待（Hold and wait）：至少有一个线程已经持有了资源，并且正在等待获取其他的线程所持有的资源。

（3）非抢占式（No pre-emption）：如果一个线程已经持有了某个资源，那么在这个线程释放这个资源之前，别的线程不能把它抢夺过去使用。

（4）循环等待（Circular wait）：假设有N个线程在运行，第一个线程持有了一个资源，并且正在等待获取第二个线程持有的资源，而第二个线程正在等待获取第三个线程持有的资源，依次类推，第N个线程正在等待获取第一个线程持有的资源，由此形成一个循环等待。

解决死锁问题的方法有多种，如使用等待/通知机制（参见8.5.1小节）。相关原理在操作系统调度中有具体介绍，本书不做深入探讨。

8.5 线程之间的通信

很多情况下线程之间需要协同配合来完成任务，这就需要在线程间建立沟通渠道，通过线程间的“对话”来解决同步问题。例如，当某个线程进入synchronized同步语句块后，临界资源的当前状态并不满足要求，需要等待其他线程将临界资源改变为它所需要的状态后才能继续执行。但此时它已经持有了该对象的锁，其他线程无法对临界资源进行操作，两个线程处于僵持状态。如果该线程能够主动放弃对象的锁，并通知其他线程可以运行，就能够解决这个问题，这就要用到线程间的通信机制。

8.5.1 等待/通知机制

等待/通知机制在现实生活中很常见。例如在商品买卖的过程中，销售商需要“等待”生产商生产好商品后才能“通知”消费者前来购买。同样，如果生产的产品已经满仓，销售商也需要“等待”消费者消费了商品后才能“通知”生产商重新生产产品。映射到代码上，如果通过循环语句来轮询检测一个条件是否成立，若轮询时间间隔过小，会浪费CPU的资源；若轮询间隔过大，则有可能会取不到想要的数据。因此，需要有一种机制来减少对CPU资源的浪费，而且还可以实现在多个线程之间通信，这就是wait（等待）/notify（通知/唤醒）机制，即条件不成立时进入“等待”状态，条件成立后重新被“通知”执行相关操作。

java.lang.Object类中定义的几个常用方法wait()、notify()和notifyAll()方法为线程的通信提供了有效手段。各方法原型如表8-4所示。这些方法只能在synchronized修饰的方法或语句块内被调用。

表8-4　　线程通信的主要方法

方法原型	说明
public final void wait() throws InterruptedException	使调用wait()方法的线程变为阻塞状态，主动释放对象的互斥锁，并进入该互斥锁的等待队列，直至其他线程调用notify()或notifyAll()方法
public final void wait(long mills) throws InterruptedException	超时等待mills毫秒，如果没有唤醒通知，就超时返回
public final void wait(long mills, int nanos) throws InterruptedException	超时等待mills毫秒，nanos纳秒，若无通知，超时返回
public void notify()	唤醒一个等待该对象互斥锁的线程
public void notifyAll()	唤醒正在等待该对象互斥锁的所有线程

1. *wait()方法*

wait()方法的作用是使当前线程等待，直到另一个线程调用此对象的notify()方法或notifyAll()方法。使用wait()方法时，必须先获取对象锁，如果此时临界资源状态不满足特定条件，那么调用该对象的wait()方法。这时，对象锁被自动释放。需要注意的是，wait()方法必须在一个同步方法或同步语句块中被调用，并且该同步方法或同步语句块锁住了临界资源对象，否则，会抛出 IllegalMonitorStateException 异常。

wait()方法和 sleep()方法都能使线程进入阻塞状态，但是 wait()在放弃 CPU 资源的同时交出了临界资源的控制权，而 sleep()方法却一直占用着临界资源。从 wait()方法返回的前提是重新获得了调用对象的锁。下面是使用 wait()方法的典型模式：

```
synchronized (obj) {
      while(<临界资源状态不满足>)
            obj.wait();
      // 正常操作
}
```

说明：

（1）通常使用循环模式来调用 wait()方法。因为在多线程环境中，临界资源对象的状态随时可能改变。当一个线程被唤醒后，并不一定立即恢复运行，还须等到这个线程获得了对象锁及 CPU 资源后才能继续运行，但可能此时对象的状态已经发生了变化，因此被唤醒后需要再次测试等待的条件是否成立。

（2）调用 obj 的 wait()方法（或者 notify()方法、notifyAll()方法）之前，必须获得 obj 对象锁，也就是必须写在 synchronized(obj) {……} 代码段内。

2. notify()方法

notify()方法的作用是唤醒一个等待队列中的线程。如果有多个线程阻塞在等待队列中，将会随机唤醒其中一个线程。需要注意的是，与 wait()方法不同，notify()方法必须执行完其所在的 synchronized 同步方法或同步语句块才释放对象锁。如果 notify()方法的调用次数小于等待中的线程的数量，会出现部分线程无法被唤醒的情况。

3. notifyAll()

notifyAll()方法的作用是唤醒同步队列中的所有线程。被唤醒的线程需要重新获得对象锁，并等待系统调度。

综上，wait/notify 机制有效避免了一个对象被多个线程同时访问而产生的一系列问题。当临界资源的状态不满足当前线程运行的要求时，可以调用 wait()方法进行等待，暂时释放临界资源对象的锁，并将当前线程置于对象锁的等待序列中，为其他线程让行。其他线程获得对象锁以后，执行相应的操作，然后通过 notify()或者 notifyAll()来唤醒等待队列中的线程恢复运行。

8.5.2 生产者/消费者问题

生产者/消费者问题是多线程同步的经典案例。该问题描述了两个共享固定大小缓冲区的线程——即所谓的“生产者”和“消费者”在实际运行时发生的问题。生产者生成一定量的数据放到缓冲区中，然后重复此过程。与此同时，消费者在缓冲区中不断消耗这些数据。这个问题的关键就是要保证生产者不会在缓冲区满时加入数据，消费者也不会在缓冲区空时消耗数据。

【例 8-14】 生产者/消费者问题示例。

分析：Bread 类为生产者需要生产的产品“面包”类。GoodsStack 类为生产者和消费者共同参与生产消费的场所，类似于商店。生产者生产出的产品运往商店，消费者从商店购买产品。GoodsStack 类的 arrbd 数组，用来存放生产出的“面包”。生产者通过 push()方法将生产的“面包”放入arrbd数组。消费者通过pop()方法来“消费”一个“面包”。Producer类为生产者，生产者往往不止一家，所以使用多线程。Consumer类为消费者，同样以多线程来模拟多个消费者的情况。App8_14类为主类，用以启动多个生产者和消费者线程。

```
class Bread {
    int id;
    Bread(int id) {                              // 构造方法
        this.id = id;
    }
}
class GoodsStack {
    int index = 0;
    Bread[] arrbd = new Bread[3];
    public synchronized void push(Bread bd) {    // 生产面包的方法
        while (index == arrbd.length) {          // 判断数组是否已满
            try {
                this.wait();        // 满时等待,不再生产面包,并释放对象锁
            } catch (InterruptedException e) {
                e.printStackTrace();
            }
        }
        arrbd[index] = bd;                       // 将bd存入数组
        index++;                                 // 数组元素个数加1
        System.out.println("生产者" + Thread.currentThread().getName() +
                       "新生产了面包。"+ "当前面包数为:" + this.index);
        this.notify();                           // 唤醒等待线程
    }
    public synchronized Bread pop() {            // 消费面包的方法
        while (index == 0) {                     // 判断数组是否为空
        try {
            this.wait();                         // 空时等待,不再消费面包
        } catch (InterruptedException e) {
            e.printStackTrace();
        }
    }
    index--;
    System.out.println("消费者" + Thread.currentThread().getName() +
                   "消费了面包。"+ "当前面包数为:" + this.index);
    this.notify();                               // 唤醒等待线程
    return arrbd[index];                         // 取出元素
    }
}
class Producer implements Runnable {
    GoodsStack gs = null;
    Producer(GoodsStack gs) {
        this.gs = gs;
    }
    public void run() {
        for (int i = 0; i < 6; i++) {
            Bread bd = new Bread(i);             // 创建Bread对象
```

```
                gs.push(bd);      // 将 Bread 对象 bd 放入临界资源 GoodsStack 对象 gs 中
                try {
                    // 随机休眠一段时间
                    Thread.sleep((int) (Math.random() * 200));
                } catch (InterruptedException e) {
                    e.printStackTrace();
                }
            }
        }
}
class Consumer implements Runnable {
    GoodsStack gs = null;
    Consumer(GoodsStack gs) {
        this.gs = gs;
    }
    public void run() {
        for (int i = 0; i < 12; i++) {
            Bread bd = gs.pop();      // 从临界资源 GoodsStack 对象 gs 中取出元素
            try {
                // 随机休眠一段时间
                Thread.sleep((int) (Math.random() * 1000));
            } catch (InterruptedException e) {
                e.printStackTrace();
            }
        }
    }
}
public class App8_14 {
    public static void main(String[] args) {
        GoodsStack gs = new GoodsStack();
        Producer p = new Producer(gs);
        Consumer c = new Consumer(gs);
        new Thread(p).start();        // 启动生产者线程
        new Thread(p).start();        // 启动消费者线程 1
        new Thread(c).start();        // 启动消费者线程 2
    }
}
```

程序可能的运行结果之一为

```
生产者 Thread-0 新生产了面包。当前面包数为:1
生产者 Thread-0 新生产了面包。当前面包数为:2
消费者 Thread-2 消费了面包。当前面包数为:1
生产者 Thread-0 新生产了面包。当前面包数为:2
……
生产者 Thread-0 新生产了面包。当前面包数为:3
消费者 Thread-1 消费了面包。当前面包数为:2
消费者 Thread-1 消费了面包。当前面包数为:1
消费者 Thread-2 消费了面包。当前面包数为:0
```

说明：

（1）上例中生产者通过 push()方法生产面包之前，需要测试 arrbd 数组是否已经放满

(index == arrbd.length)。如果已满，则需要调用 wait()方法，等待消费者消费过后再去生产。因为不能确切知道消费者什么时间去消费，故使用循环结构来测试等待条件 while (index == arrbd.length)是否改变，如果没有则一直等待。只有被唤醒后才能恢复执行下去，此时一定是有消费者进行了消费行为，数组不再充满，因此可以再次生产面包了。生产完面包后，调用 notify()方法唤醒等待中的其他线程。消费者通过 pop()方法，从 arrbd 数组中取走“面包”。同样，在从数组中取“面包”之前，需要测试 arrbd 数组是否为空（index == 0)。如果为空，同样需要调用 wait()方法，等待生产者生产出“面包”之后再去消费。

（2）Producer 类的 run()方法中，假设每个生产者可以生产 i 个“面包”，每生产出一个面包 Bread bd = new Bread(i);就将面包放入商店 gs.push(bd);并反馈最新的面包总数。为保证“放入面包”和“反馈面包总数”这两条操作不被别的线程打扰，出现不同步的情况，使用 synchronized 同步语句块的办法。

（3）Consumer 类为消费者，基本原理与生产者类似。

（4）在此例中一共启动了两个生产者线程和一个消费者线程。假设每个生产者最多可生产 6 个面包，当生产的“面包”全部消费完毕后程序终止运行，所以在消费者的 run()方法中，循环次数设为 12 次。这样可以启动数个消费者线程及其两倍的生产者线程来模拟运行。

（5）如果将 push()方法中的 while (index == arrbd.length)换为 if (index == arrbd.length)，当启动的线程较多时运行会出错。例如，启动 200 个生产线程和 100 个消费线程来测试时，会出现数组越界异常，代码为

```
for(int i = 0;i < 100;i++){
      new Thread(p).start();
      new Thread(p).start();
      new Thread(c).start();
}
```

这是因为，如果当两个线程因为数组已满调用 wait()方法，进入等待队列，释放对数组的访问修改锁。如果这时有一个消费者线程“获得锁”，并消费了一个“面包”，用 notifyAll ()方法唤醒了等待队列的两个生产者线程。当唤醒线程时，它们并不一定马上就能执行，像其他线程一样，需要等待 CPU 来调度，需要与其他线程竞争所需要获得的锁。假设其中一个生产者线程获得了锁，开始恢复执行，因为之前已经使用 if 条件进行了条件测试，所以只执行一次。因此，当第一个生产者线程执行 wait()后的代码开始生产面包，也就是将数组元素个数加 1；结束后另外一个生产者线程，也开始生产面包，因为不再重新判断条件，就会出现数组溢出问题。

如果使用 notify()方法来唤醒线程仍然会有问题。比如线程在执行 wait()时，如果发生了 InterruptedException 异常被打断，此时可以正常跳出 if 条件，消费者线程有可能被错误地唤醒。因此，在线程被唤醒前要持续检查条件是否被满足，典型的应用形式就是采用循环结构。

（6）如果注释掉任何一句 this.notify();语句，将会发生死锁情况。如注释掉 push()方法中的 this.notify();这条语句。这是因为，当生产者线程生产满后，却没有唤醒消费者线程去消费，生产者线程因为缓冲区已满所以需要等待，而此时消费者线程也在一直等待生产者线程的唤醒通知，从而造成死锁。因此，wait()方法和 notify()方法或 notifyAll()方法必须是成对出现的。

8.6 定时器类 Timer 的应用

在应用开发中，经常需要一些周期性的操作，例如每隔 1 秒钟刷新一次显示的时间，每隔 10 分钟读取一次数据库中的数据等。对于这样的操作最方便高效的实现方式就是使用 java.util.Timer 工具类。

8.6.1 Timer 类的使用

Timer 是一个实用工具类，用于实现在某个时间或某一段时间后安排执行某项任务。该任务可能被安排执行一次，或者定期重复执行。使用 Timer 类可以极大地简化程序。在 Java 中，Timer 类对象用于安排在后台线程中执行任务，即在主线程之外起一个单独的线程执行指定的计划任务。

Timer 类需要和 TimerTask 类配合使用。可以将 Timer 类看成是一个定时器，TimerTask 类表示可以被 Timer 调度执行的任务，即 TimerTask 类用于实现由 Timer 安排的一次或重复执行的某个任务。用户可以继承该类以便创建自己的 TimerTask 对象。一个 Timer 对象可以调度任意多个 TimerTask 对象，它会将 TimerTask 对象存储在一个队列中，顺序调度。Timer 对象可以持续将任务添加到队列，一旦有任务结束，它就会通知队列，启动执行另一个任务。Timer 类使用对象的 wait()和 notify()方法来调度任务。Timer 类的应用步骤如下。

1. 创建定时器对象

```
Timer timer = new Timer();
```

创建一个 Timer 对象 timer，接下来还需要为该对象安排任务。

2. 创建任务对象

在安排任务之前，需要先创建任务对象。我们可以通过继承 TimerTask 类来实现。java.util.TimerTask 是一个抽象类，它实现了 Runnable 接口，具备了多线程的能力。继承 TimerTask 类时需要实现其中的 run()方法来指定具体的任务，例如：

```
class MyTimerTask extends TimerTask {
      public void run(){
            System.out.println("Time's up!");
      }
}
```

接下来就可以创建 MyTimerTask 类的对象，安排给创建好的 Timer 对象了。

3. 安排任务

通过调用 Timer 对象的 schedule()方法来安排任务，使得该任务在指定时间运行一次或者延时之后运行。需完成的任务对象通过 schedule()方法参数中的 TimerTask 对象传递。关于 schedule()方法的介绍如表 8-5 所示。当使用 Timer 调度任务时，必须确保时间间隔超过正常程序运行时间，否则任务队列的大小将持续增长，最终程序将无法停止。

表 8-5 schedule 方法

方法原型	说明
schedule(TimerTask task, long delay)	安排一个任务，等待 delay 毫秒后执行

续表

方法原型	说明
schedule(TimerTask task, long delay, long period)	安排一个任务，等待 delay 毫秒后执行，每隔 period 毫秒再执行（反复执行同一任务）
schedule(TimerTask task, Date firstTime, long period)	安排一个任务，等待 firstTime 时间开始执行，每隔 period 毫秒再执行（反复执行同一任务）

如：

```
java.util.Date time = new java.util.Date();
MyTimerTask mtt = new MyTimerTask();
timer.schedule(mtt, 2000);        // 启动定时任务mtt,过2秒钟后执行1次,然后退出
timer.schedule(mtt, 2000,5000);  // 从现在起过2秒钟以后,每隔5秒钟执行1次任务mtt
timer.schedule(mtt, time, 2000); // 在time指定时间执行1次,然后每隔2秒钟执行1次任务
```

4. 终止定时器

任务完成后，可以调用 Timer 类的 cancel()方法来终止定时器线程。

如：`timer.cancel();`

Timer 类的 cancel()方法用于终止定时器，并丢弃待调度的其他任务。但是，它不会干扰当前执行的任务，直至任务执行结束。

例如，当在控制台输入字符‘e’时，使 timer 定时器终止工作，可采用下面的方式。

```
while(true){                                // 循环执行任务,直至从控制台输入'e'
    try{
        int in = System.in.read();
        if(in == 'e'){
            timer.cancel();                 // 终止定时器线程
                break;
        }
    } catch (IOException e){
        e.printStackTrace();
    }
}
```

8.6.2 Timer 调度示例

【例 8-15】 使用 Timer 类和 TimerTask 类编写时钟程序。

```
import java.util.Calendar;
import java.util.Timer;
import java.util.TimerTask;
import java.awt.event.*;
import javax.swing.*;
class WatchGUI {                                          // 时钟界面类
    JFrame f = null;
    JLabel jl = null;                                     // 用以显示时间
    public WatchGUI(String s) {
        f = new JFrame(s);
        jl = new JLabel("",JLabel.CENTER);
        f.addWindowListener(new WindowAdapter() {         // 窗口关闭事件处理
            public void windowClosing(WindowEvent e) {
                System.exit(0);
```

```
                }
            });
        }
}
class MyTask1 extends TimerTask {                                   // 任务类
     String s;
     WatchGUI wg;
     public MyTask1(WatchGUI wg) {
          this.wg = wg;
     }
     public void run() {                                            // 显示系统时间
          Calendar c = Calendar.getInstance();
          s = new String( c.get(Calendar.HOUR_OF_DAY) + ":" +
                   c.get(Calendar.MINUTE) + ":"+ c.get(Calendar.SECOND));
          wg.jl.setText(s);
          wg.f.add(wg.jl);
          wg.f.setSize(180, 70);
          wg.f.setVisible(true);
     }
}
public class App8_15 {
     public static void main(String[] args) throws InterruptedException {
          Timer timer = new Timer();                             // 创建定时器对象
          WatchGUI wg = new WatchGUI("Watch");                   // 创建时钟界面对象
          MyTask1 myTask = new MyTask1(wg);                      // 创建任务对象
          // 安排任务，等待 0 秒钟后执行，每隔 1 秒钟再执行
          timer.schedule(myTask, 0, 1000);
     }
}
```

说明：程序的运行效果同 [例 8-8] 完全一样。定时器每隔 1 秒钟显示一次系统时间。请读者对比体会两种实现方式的不同。

本章小结

本章主要介绍了线程的基本概念、状态及生命周期，使用 Thread 类和 Runnable 接口创建多线程程序的方法，线程的控制及通信的基本方法。通过本章的学习，读者能够掌握如何编写多线程程序，从而提高计算机资源利用效率。

习　题

一、简答题

1．进程和线程之间有什么不同？

2．多线程编程的好处是什么？

3．在单处理器系统中，多个线程是如何运行的？

4．线程的生命周期内包括哪些状态？各个状态之间是如何进行转换的？

5．Java 的线程调度策略是什么？

6．Java 如何实现多线程同步？

7．什么是死锁？如何避免？

8．sleep()方法 和 wait()方法有什么区别？

二、编程题

1．创建两个线程的实例，分别将一个数组从小到大和从大到小进行排列，并输出结果。

2．编写一个多线程程序，创建四个线程实例，其中有两个线程需要对变量 i 进行加 1 操作，另外两个线程对该变量进行减 1 操作，输出结果。

3．编程模拟银行存款操作。假设有两名储户，分 5 次往指定账号上存入 1000 元钱，计算总额。

4．编程模拟路口交通信号灯示意界面图（可以左转、直行）。设计一个交通信号灯类，包含的成员变量有：位置、颜色（红、黄、绿）、显式时间（秒）；成员方法：切换信号灯。创建并启动两个线程（东西、南北向）同时运行。

5．编程创建窗口界面，一个窗口中包含两个面板 p1 和 p2。p1 中的颜色在黑白间切换；p2 中的底色在红绿间切换。

6．使用 Timer 类和 TimerTask 类编程实现每隔 5 秒钟在控制台输出一次系统时间，如果在控制台输入字符‘e’，则终止计时器类对象。

第9章 网 络 编 程

网络应用是Java语言取得成功的领域之一。Java提供了丰富的网络编程类库，使得用户可以方便地完成网络应用程序的开发。本章将首先介绍网络编程相关的基本概念，然后进一步介绍如何编写连接网络服务的Java程序，重点介绍基于连接的Socket网络通信程序设计。

9.1 网络通信基础

计算机网络就是利用通信线路连接起来的、相互独立的计算机集合。网络编程的实质就是两个或多个设备之间的数据传输。

9.1.1 基本概念

1. TCP/IP 协议

网络通信协议是计算机间进行通信所遵循的各种规则集合。Internet 的网络通信协议是一种四层协议模型，称为 TCP/IP 协议，它与 OSI（Open System Interconnection Reference Model）参考模型的对应关系如图 9-1 所示。Java 语言提供了支持网络编程的类库，程序员在编写网络应用程序时，只需要了解和使用 Java 提供的相关 API，而不必关心传输层中 TCP 与 UDP 的实现细节，并且所编写的应用程序独立于底层平台。

OSI参考模型	TCP/IP模型
应用层	应用层 Telnet、SMTP、FTP、DNS
表示层	
会话层	传输层 TCP、UDP协议
传输层	
网络层	网络层 IP协议
数据链路层	链路层
物理层	

图 9-1 两种模型的对应关系

在 TCP/IP 参考模型中网络层主要负责网络主机的定位，通过 IP 地址可以唯一地确定 Internet 上的一台主机。传输层提供面向连接的可靠（TCP）的或面向无连接的非可靠（UDP）的数据传输机制，这是网络编程的主要对象。

2. IP 地址

互联网中的每一台计算机都必须通过某种标识来区分它们，这就是 IP 地址。IP 地址是一种在 Internet 上给主机编址的方式，也称为网际协议地址。常见的 IP 地址，分为 IPv4 与 IPv6 两大类。IPv4 规定 IP 地址长度为 32 位，即有 $2^{32}-1$ 个 IP 地址，随着互联网的迅速发展，IPv4 定义的有限地址空间将被耗尽。IPv6 规定 IP 地址长度为 128 位，极大地扩展了地址空间。本书以目前使用较多的 32 位 IP 地址为例来介绍，IP 地址由 4 个 0～255 的数字组成，如 192.168.0.8。Java 语言提供了 InetAddress 类表示 IP 地址，有关 InetAddress 类的使用将在 9.1.3 小节中介绍。

由于 IP 地址不容易记忆，为了方便使用，又有了域名（Domain Name）的概念，例如 sohu.com、baidu.com 等。在网络中传输数据时，都是以 IP 地址作为地址标识，所以在传输数据之前需要将域名转换为 IP 地址，这个过程叫做域名解析，实现这种功能的服务器称之为 DNS 服务器。网络上的计算机还可以根据主机名来识别，主机名就是计算机的名字，由 DNS 服务器映射到 IP 地址。

本地计算机可以用主机名 localhost 或者 IP 地址 127.0.0.1 来标识，两者是等价的。

3. 端口（port）

一台计算机上可能同时运行多个网络应用程序，IP 地址只能确保把数据送到指定的计算机，但不能保证把这些数据传递给指定的网络程序。为了解决这个问题，引入了端口（port）的概念。端口用一个 16 位的数字来表示，范围是 0～65 535，其中 0～1023 的端口号保留给预定义的服务，如 http 使用 80 端口。因此，用户的应用程序要选择大于 1023 的端口号，以防发生冲突。端口不是计算机上的一个物理实体，而是一种软件抽象。在同一台计算机中每个程序对应唯一的端口。

在进行网络通信时，首先通过 IP 地址查找到这台计算机，然后通过端口找到计算机上的一个应用程序，然后就可以进行数据交换了。网络通信其实是在网络应用程序端口之间进行的。

4. TCP

TCP 是 Transmission Control Protocol 的简称，是传输层的常用协议。TCP 协议是一种面向连接的保证可靠传输的协议。通过 TCP 协议传输，得到的是一个顺序的无差错的数据流。Java 中 TCP 协议相关类有 Socket、ServerSocket 等。

5. UDP

UDP 是 User Datagram Protocol 的简称，也是传输层的常用协议。UDP 协议与 TCP 协议不同，它是一种无连接的协议，它从一台计算机发送独立的数据包（称为数据报），每个数据报包括完整的源地址或目的地址，它在网络上以任何可能的路径传往目的地，因此能否到达目的地，到达目的地的时间以及内容的正确性都是不能保证的。对于不需要高可靠性的数据传输，它可以提高传输速度。另外，有些应用必须使用 UDP，例如测试网络连接的 ping 命令，该命令通过统计两个主机间发送数据报的丢失或乱序情况确定连接的状态。Java 中 UDP 协议相关类有 DatagramPacket、DatagramSocket、MulticastSocket 等。

6. URL

URL（Uniform Resource Locator）统一资源定位符，表示 Internet 上某一资源的地址。简单地说，URL 就是 Web 地址，俗称“网址”。URL 由协议名和资源名组成，其形式为

```
protocol://resourceName
```

协议名（protocol）指明获取资源所使用的传输协议，如 http、ftp、gopher、file 等。

资源名（resourceName）是资源的完整地址，包括主机名、端口号、文件名或文件内部的一个引用，其形式为

```
Hostname:port/filename#reference
```

Hostname 是指存放资源的合法的主机域名或 IP 地址。port 指端口号，为可选项，省略时使用默认端口，各种传输协议都有默认的端口号，如 http 的默认端口为 80。filename#reference 为文件目录和特殊参数的可选项。

一个 URL 并不一定包含资源名中所有的内容，如 http://www.oracle.com/us/sun/index. html。

Java 提供了使用 URL 访问网络资源的 URL 类，使得用户不需要考虑 URL 中标识的各种协议的处理过程，就可以直接获得 URL 资源信息。

9.1.2　Java 语言网络通信的支持机制

作为一门成功的网络编程语言，Java 为用户提供了十分完善的网络功能。它可以获取网络上的各种资源、与服务器建立连接和通信、传输数据等。Java 语言的网络功能分为三类：

（1）URL。利用 URL 类提供的方法，直接读取网络中的数据，或者将本地数据传送到网络的另一端。

（2）Socket。Socket 是两个程序通过网络进行通信的一种方式，在 TCP/IP 协议下的客户/服务器软件通常使用 Socket 来进行信息交流，这种工作方式类似于两个人打电话。

（3）DataGram。Datagram 是一种面向非连接的、以数据报方式工作的通信方式，适用于网络状况不稳定下的数据传输和访问。这种工作方式类似于发送短信。

Java 中，用于访问网络资源的大部分类位于 Java.net 包中，如表 9-1 所示。

表 9-1　　Java.net 包中主要的类

面向的层		类　名
面向 IP 层的类		InetAddress
面向应用层的类		URL、URLConnection
面向传输层的类	TCP 协议相关类	Socket、ServerSocket
	UDP 协议相关类	DatagramPacket、DatagramSocket、MulticastSocket

9.1.3　InetAddress 类的使用

InetAddress 类用来区分计算机网络中的不同结点，即不同的计算机，并对其寻址。InetAddress 对象包含了 IP 地址、主机名等信息。InetAddress 类没有构造方法，无法直接实例化，只能通过该类中的若干静态方法来获得实例。表 9-2 给出了 InetAddress 类的常用方法。

表 9-2　　InetAddress 类的常用方法

方法原型	说　明
public static InetAddress getByName(String host) throws UnknownHostException	返回指定主机的 IP 地址对象
public static InetAddress getLocalHost() throws UnknownHostException	返回本地主机的 IP 地址对象
public String getHostName()	返回此 InetAddress 对象的主机名称

可以使用静态方法 getByName()通过主机名或 IP 地址来创建一个 InetAddress 的实例。如：

```
InetAddress address=InetAddress.getByName("www.baidu.com");
```

【例 9-1】 利用 InetAddress 类获取计算机的主机名和 IP 地址。

```
import java.net.*;                                      // 导入 java.net 包
public class App9_1 {
    public static void main(String[] args) {
        try {
              // 获得本地主机的 IP 地址
              InetAddress add1 = InetAddress.getLocalHost();
```

```
            System.out.println("当前本地主机:" + add1);
            // 通过 DNS 域名解析,获得相应服务器的主机地址
            InetAddress add2 = InetAddress.getByName("www.163.com");
            System.out.println("网易服务器主机:" + add2);
            // 根据字符串形式的 IP 地址获得相应的主机地址
            InetAddress add3 = InetAddress.getByName("192.168.0.22");
            System.out.println("IP 地址为 192.168.0.22 的主机:" + add3);
        } catch (UnknownHostException uhe) { uhe.printStackTrace(); }
    }
}
```

程序运行结果为

```
当前本地主机:VSYN4V2P9K0AGXH/192.168.1.12
网易服务器主机:www.163.com/117.131.204.190
IP 地址为 192.168.0.22 的主机:/192.168.0.22
```

9.1.4 URL 类的使用

为了表示 URL 地址，java.net 包中定义了 URL 类，用 URL 对象来表示 URL 地址。使用 URL 类可以方便地访问网络资源。URL 类的构造方法及常用方法如表 9-3、表 9-4 所示。

表 9-3　　URL 类的常用构造方法

方 法 原 型	说　　明
public URL(String spec) throws MalformedURLException	以字符串形式创建一个 URL 对象
public URL(URL context, String spec) throws MalformedURLException	通过解析指定上下文中的给定规范来创建 URL
public URL(String protocol, String host, int port, String file) throws MalformedURLException	从指定的协议、主机、端口号和文件创建一个 URL 对象
public URL(String protocol, String host, String file) throws MalformedURLException	从指定的协议名称，主机名和文件名创建 URL。使用指定协议的默认端口

参数 spec 是由协议名、主机名、端口号、文件名组成的字符串；参数 context 是已建立的 URL 对象；参数 protocol 是协议名；参数 host 是主机名；参数 file 是文件名；对数 port 是端口号。URL 类的构造方法都抛出 MalformedURLException 异常，用于处理创建 URL 对象时可能产生的异常。如在规范字符串中找不到指定协议，或者无法解析字符串。

表 9-4　　URL 类的常用方法

方 法 原 型	说　　明
public int getPort()	获取 URL 的端口号
public int getDefaultPort()	获取与当前 URL 关联的协议的默认端口号
public String getProtocol()	获取 URL 的协议名称
public String getHost()	获取 URL 的主机名
public String getFile()	获取 URL 的文件名
public final InputStream openStream() throws IOException	打开与当前 URL 的连接，返回输入流 InputStream 对象
public final Object getContent() throws IOException	获取 URL 的内容

一个 URL 对象中包括各种属性，可以通过表 9-4 中的方法获取相应属性。一个 URL 对象对应一个网址，生成 URL 对象后就可以调用 URL 对象的 openStream()方法读取网址中的信息。调用 openStream()方法获取的是一个 InputSream 输入流对象，通过 read()方法只能从这个输入流中逐个字节读取数据，也就是从 URL 网址中逐个字节读取信息。

【例 9-2】 利用 URL 类访问网上资源，获取网址 www.sina.com.cn 的主页内容。

分析：在类 App9_2 中的 display()方法中创建 URL 对象 url，指向新浪网主页；通过调用 url.openStresm()方法，创建一个字节输入流；通过 InputStreamReader 及 BufferedReader 创建一个缓冲字符流；调用 BufferedReader 对象的 readLine()方法读取新浪网主页的 HTML 内容。

```
import java.net.*;
import java.io.*;
public class App9_2 {
      public static void main(String args[]) {
            String urlname = "http://www.sina.com.cn";
            new App9_2().display(urlname);
      }
      public void display(String urlname) {
            InputStreamReader in = null;
            BufferedReader br = null;
            try {
                  URL url = new URL(urlname);                    // 创建 URL 对象
                  // 创建字符输入流
                  in = new InputStreamReader(url.openStream());
                  br = new BufferedReader(in);                   // 创建缓冲流
                  String aline;
                  // 从流中读取一行显示
                  while ((aline = br.readLine()) != null)
                        System.out.println(aline);
            } catch (MalformedURLException murle) {
                  System.out.println(murle);
            } catch (IOException ioe) {
                  System.out.println(ioe);
            } finally {
                  try {
                        br.close();
                  } catch (IOException e) {
                        e.printStackTrace();
                  }
            }
      }
}
```

说明：程序运行后会在控制台上输出新浪网首页的 HTML 文件。

9.2 Socket 通信机制

Socket 是 TCP/IP 协议中的传输层接口，是建立在稳定连接基础上的以流形式传输数据的通信方式。它是目前实现客户/服务器（C/S）模式应用程序的主要手段。Socket 表示进行数据传输的网络通信端点，一个 Socket 由一个 IP 地址和一个端口号标识。

9.2.1　Socket 通信过程

当网络中的两台计算机进行通信时，实际上是两台计算机中两个应用程序之间的通信。首先需要在两者之间建立一个连接。由其中的一端发出连接请求，另外一端等候连接。当等候端收到连接请求，并且接收该请求后，两台计算机就建立起了连接，可以进行数据交换了，我们把这样的通信模式称为客户/服务器（Client/Server）模式，请求方称为客户端，接收方称为服务器。

建立连接时，一个完整的连接地址应为 IP 地址加上连接程序的端口号。两个程序在进行连接之前要约定好端口号。服务器端分配端口号并等待连接请求，客户端向指定端口号发送连接请求，当两个程序所设定端口号一致时，建立连接成功。

Socket（通常也称作“套接字”）的英文原意是“插座”，意为它如同插座一样方便的帮助计算机进行通信。Socket 是一种软件形式的抽象，用于表达两台机器间一个连接的“终端”。针对一个特定的连接，每台机器上都有一个 Socket 对象，可以想象成连接的两端有一条虚拟的“线缆”，线缆的每一端都插入一个到“插座”里。

应用程序通常通过 Socket 向网络发出请求或者应答网络请求。Socket 用来描述 IP 地址和端口，是一个通信链的端点。在 Java 语言中，服务器端套接字使用 ServerSocket 类对象，客户端使用 Socket 类对象。

Java 中基于连接的通信采用 I/O 流模式，面向无连接的通信则通过数据报方式进行。Socket 连接可以是流连接，也可以是数据报连接，这取决于创建 Socket 对象时所使用的构造方法。本书只介绍常用的流连接方式，优点是能够保证所有数据准确、有序的发送到对方。Socket 是两个应用程序间通信链的端点，每个 Socket 均包含输入流和输出流。通过输出流，向其他网络程序发送数据；同样，通过输入流，就可以读取传输来的数据。

进行 Socket 通信时，首先由服务器端声明一个 ServerSocket 对象并指定端口号，然后调用 Serversocket 对象的 accept()方法等待接收客户端的连接请求。accept()方法在没有请求到达时处于阻塞状态。一旦接收到连接请求，立即建立连接并返回一个 Socket 对象，通过 Socket 对象的 Inputstream 对象读取客户端传送的数据，通过 OutputStream 对象将数据传送给客户端。客户端首先要创建一个 Socket 对象，指定服务器端的 IP 地址和端口号，向服务器端发起连接请求，一旦服务器端接收请求，就可以通过 Inputstream 对象读取服务器传输来的数据，或者将数据写入到 Outputstream 对象即可发送到服务器端。如图 9-2 所示。

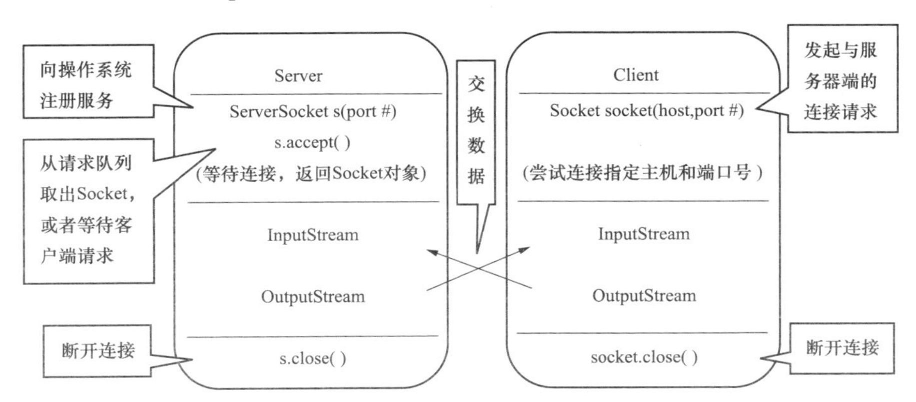

图 9-2　Socket 网络通信模式图

9.2.2 Socket 类与 ServerSocket 类

在 java.net 包下有两个类：Socket 和 ServerSocket，它们继承自 java.lang.Object 类。Socket 类用于客户端，ServerSocket 类用于服务器端。在连接成功时，应用程序两端都会生成相应的 Socket 对象，操作这个对象，便可完成所需的会话（是指客户端与服务器之间的不中断的请求响应序列）。对于一个网络连接来说，套接字是平等的，并没有差别，不因为在服务器端或在客户端而产生不同级别。换句话说，一旦通信建立，则客户端和服务器端完全一样，没有本质的区别。表 9-5～表 9-8 给出了 Socket 类和 ServerSocket 类的常用方法。

表 9-5　　Socket 类的常用构造方法

方 法 原 型	说　　明
public Socket(String host, int port) throws UnknownHostException, IOException	在客户端以指定的服务器主机名及端口号创建 Socket 对象，并向服务器发送连接请求
public Socket(InetAddress address, int port) throws UnknownHostException, IOException	同上，服务器由 InetAddress 对象指定

表 9-6　　Socket 类的常用方法

方 法 原 型	说　　明
public InetAddress getInetAddress()	返回与当前套接字连接的远程主机的 InetAddress 对象，如未连接，则返回 null
public int getPort()	返回此套接字连接到的远程端口
public InetAddress getLocalAddress()	返回与当前套接字绑定的本地主机的 InetAddress 对象
public int getLocalPort()	返回此套接字绑定到的本地端口
public InputStream getInputStream() throws IOException	获得当前套接字的输入流对象
public OutputStream getOutStream() throws IOException	获得当前套接字的输出流对象
public void close() throws IOException	关闭 Socket 连接

表 9-7　　ServerSocket 类的构造方法

方 法 原 型	说　　明
public ServerSocket(int port) throws IOException	创建绑定到 port 端口的服务器套接字
public ServerSocket(int port, int backlog) throws IOException	同上，backlog 为可同时连接的客户端的最大连接数

表 9-8　　ServerSocket 类的常用方法

方 法 原 型	说　　明
public Socket accept() throws IOException	监听客户端的连接请求，并与之连接
public InetAddress getInetAddress()	返回此服务器套接字的本地地址
public int getLocalPort()	返回此套接字在其上侦听的端口
public void close() throws IOException	关闭服务器端的连接

表 9-9 是 Socket 网络编程中常涉及的一些异常类型。表中的四种异常类型都继承于 IOException 类。

表 9-9 Socket 网络编程中的常见异常类型

异常类	说 明
SocketException	服务器连接失败，具体分为下面几种情况：Connection refused：connect/ Socket is closed/ Connection reset 或 Connect reset by peer：Socket write error/Broken pipe
UnkownHostException	主机名字或 IP 错误，即找不到指定主机
ConnectException	服务器拒绝连接、服务器没有启动、（超出队列数，拒绝连接）
SocketTimeoutException	连接超时
BindException	Socket 对象无法与指定的本地 IP 地址或端口绑定。如果企图在已经使用的端口上创建服务器套接字，就会导致 java.net.BindException

其中，SocketException 异常的出错原因分为以下几种：

（1）java.net.SocketException：Connection refused：connect。此类异常发生在客户端进行 new Socket（IP，port）操作时。该异常发生的原因是具有 IP 地址的计算机不能找到（也就是说从当前计算机不存在到指定 IP 的路由），或者是该 IP 存在，但找不到指定的端口。出现此类问题，首先应该检查客户端的 IP 和 port 是否写错；如果正确则从客户端 ping 一下服务器看是否能 ping 通，如果能 ping 通（服务服务器端把 ping 禁掉则需要另外的办法），则需要查看服务器端的监听指定端口的程序是否启动。

（2）java.net.SocketException：Socket is closed。此类异常在客户端和服务器端均可能发生。异常的原因是一方主动关闭了连接后（调用了 Socket 的 close()方法）再对网络连接进行读、写操作。

（3）java.net.SocketException：（Connection reset 或 Connect reset by peer：Socket write error）。此类异常是由于连接被重置或复位连接引起，在客户端和服务器端均有可能发生，原因有两个，第一个就是如果一端的 Socket 被关闭（或主动关闭或者因为异常退出而引起的关闭），另一端仍发送数据，发送的第一个数据包引发该异常（Connect reset by peer）。另一个是一端退出，但退出时并未关闭该连接，另一端如果再从连接中读数据，则抛出该异常（Connection reset）。

（4）java.net.SocketException：Broken pipe。此类异常在客户端和服务器均有可能发生。在抛出 SocketExcepton：Connect reset by peer：Socket write error 异常后，如果再继续写数据则抛出该异常。解决方法是首先确保程序退出前关闭所有的网络连接，其次是要检测对方的关闭连接操作，发现对方关闭连接后自己也要关闭该连接。

Socket 网络编程异常可以进行捕获处理，并建议给出相应提示语句：

```
try{
……
} catch (SocketException e) {
      e.printStackTrace();
      System.out.println("连接失败!请检查连接是否已关闭。");
} catch (UnknownHostException e) {
      e.printStackTrace();
      System.err.println("找不到指定服务器！");
} catch (ConnectException e) {
      e.printStackTrace();
      System.err.println("服务器连接失败！");
```

```
} catch (SocketTimeoutException e) {
        e.printStackTrace();
        System.out.println("连接超时！");
} catch (BindException e)  {
        e.printStackTrace();
        System.out.println("端口使用中……");
        System.out.println("请关掉相关程序并重新运行服务器！");
        System.exit(0);
}
```

实际编程中，常常需要判断 Socket 的实时连接状态，从而进行一些相关的处理。表 9-10 给出了 Socket 的几种常用状态。

表 9-10　　　　Socket 的常用状态

状态	说　　明
isClosed()	连接是否已关闭，若关闭，返回 true；否则返回 false
isConnect()	如果处于成功连接状态，返回 true；否则返回 false
isBound()	如果 Socket 已经与本地一个端口绑定，返回 true；否则返回 false

如果要确认 Socket 的状态是否处于连接中，下面语句是很好的判断方式：

```
// 判断当前是否处于连接
boolean isConnection = socket.isConnected() && !socket.isClosed();
```

9.2.3　简单的 Client/Server 程序（微课 13）

在网络通信中，第一次主动发起通信的程序被称作客户端（Client）程序，简称客户端，而在第一次通信中等待连接的程序被称作服务器端（Server）程序，简称服务器。

1. 服务器端网络编程步骤

（1）监听端口。使用 ServerSocket 类在服务器端创建一个监听服务，可以选择任意一个当前没有被其他进程使用的端口。

```
ServerSocket myServer = new ServerSocket(port);
```

服务器端启动以后，监听本地计算机开放给客户端的端口，等待客户端发起连接。

（2）接收连接。调用 ServerSocket 对象的 accept()方法，随时监听并接收客户端请求。其代码为

```
Socket linkSocket = myServer.accept();
```

当服务器端接收到客户端的请求，用 accept()方法返回的 Socket 建立起连接，这个连接包含了客户端的信息，如客户端 IP 地址等，服务器端和客户端也通过该连接进行数据交换。

（3）交换数据。在服务器端与客户端之间建立好连接后，获取输入流和输出流对象，然后通过 I/O 流来传递数据。其代码为

```
InputStream sSocketIs = linkSocket.getInputStream();
OutputStream sSocketOs = linkSocket.getOutputStream();
```

（4）关闭连接。当服务器程序关闭时，需要关闭服务器端，通过关闭服务器端使得服务器监听的端口及占用的内存可以释放出来。调用 ServerSocket 对象的 close()方法结束监听服

务。其代码为

```
myServer.close();
```

2. 客户端网络编程步骤

（1）建立网络连接。在建立网络连接时需要创建 Socket 对象，指定服务器的 IP 地址和端口号，向服务器端的监听服务发送连接请求，其代码为

```
Socket myClient = new Socket(host,port);
```

如：`Socket myClient = new Socket ("localhost", 8000);`

网络连接建立以后，会形成一条虚拟的连接，然后就可以通过该连接实现数据交换了。

（2）交换数据。建立连接后，可以获取输入流和输出流对象，然后通过 I/O 流来传递数据。其代码为

```
OutputStream socketOs = myClient.getOutputStream();
InputStream socketIs = myClient.getInputStream();
```

交换数据按照请求响应模型进行，由客户端发送一个请求数据到服务器，服务器反馈一个响应数据给客户端，如果客户端不发送请求则服务器端就不响应。根据需要，可以多次交换数据。

（3）关闭连接。在数据交换完成以后，关闭网络连接，释放程序占用的端口、内存等系统资源。调用 Socket 对象的 close()方法来关闭连接，其代码为

```
myClient.close();
```

注意：在使用 ServerSocket 或 Socket 创建对象及调用一些常用方法时，会产生 IOException、UnknownHostException 等相关异常，详见表 9-3～表 9-7，需要进行处理。

【例 9-3】 实现字符界面下的简单的 Client/Server 程序，服务器端与客户端会话一次。

分析：此例实现的是一个字符界面下的 Client/Server 程序。ServerDemo 是服务器类，接收到客户端的连接后，将连接客户端的 IP 地址和端口号等相应信息发送回（输出到）客户端。ClientDemo 为客户端类，连接成功后，通过输入流接收服务器端发送来的信息，输出显示到控制台上。

服务器端程序为

```
import java.net.*;
import java.io.*;
public class ServerDemo {
    public static void main(String args[]) {
        try {
            // 在服务器端的端口 1234 上创建监听服务
            ServerSocket s = new ServerSocket(1234);
            while (true) {
                Socket ss = s.accept();    // 监听并接收客户端的连接请求
                // 通过 I/O 流来传递数据
                OutputStream os = ss.getOutputStream();
                DataOutputStream dos = new DataOutputStream(os);
                dos.writeUTF("Hello," + ss.getInetAddress() + "port#"+
                            ss.getPort() + "  bye-bye!");
                dos.close();                // 关闭输出流
                ss.close();                 // 关闭连接
```

```
                }
            } catch (IOException e) {
                e.printStackTrace();
               System.err.println("程序运行错误！");
            }
        }
    }
```

客户端程序为

```
import java.net.*;
import java.io.*;
public class ClientDemo {
    public static void main(String args[]) {
        try {
            // 与指定 IP 及端口的服务器建立网络连接
            Socket ss = new Socket("127.0.0.1", 1234);
            // 通过 I/O 流来传递数据
            InputStream is = ss.getInputStream();
            DataInputStream dis = new DataInputStream(is);
            System.out.println(dis.readUTF());
            dis.close();                                    // 关闭输入流
            ss.close();                                     // 关闭连接
        } catch (ConnectException connExc) {
            connExc.printStackTrace();
            System.err.println("服务器连接失败！");
        } catch (IOException e) {
            e.printStackTrace();
            System.err.println("程序运行错误！");
        }
    }
}
```

客户端程序运行结果为

```
Hello,/127.0.0.1port#53222 bye-bye!
```

9.2.4 单客户端的 Client/Server 程序（微课 14）

实际应用中，常接触到的是图形用户界面下的Client/Server程序，如网络聊天软件。将上一节中的［例 9-3］改为图形用户界面下的单客户端的 Client/Server 会话程序。

【例 9-4】实现图形界面下的单客户端的 Client/Server 会话程序，服务器端与客户端可会话多次。

分析：网络通信的程序需要编写两个程序，服务器端程序和客户端程序。ChatServer 是服务器类，ChatClient 是客户端类。两个类都实现了交换数据的输入输出功能。由于客户端和服务器端的聊天界面基本相同，只有框架的标题不同，所以统一创建了界面类 SocketGUI，界面效果如图 9-3 所示，文本框组件对象 tf 用于输入发送给对方的数据，文本区组件对象 ta 用于显示两者之间会话的数据。在服务器端和客户端创建这些界面对象的构造方法中还需同时创建输入/输出流对象（in/out），并循环读取查看对方是否有消息发来。当用户在服务器端或客户端的文本框中输入内容后，按“回车”键，将触发动作事件，通过服务器端和客户端各自的输出流对象 out 将会话信息输出给对方。为了简化操作，这里并没有提供关闭服务的功能。

界面类程序为

```
import java.awt.*;
import java.awt.event.*;
import javax.swing.*;
class SocketGUI {
     JFrame frame;
     JPanel p;
     JScrollPane sp;
     JLabel label;
     JTextField tf;
     JTextArea ta;
     public SocketGUI(String s) {
          frame = new JFrame(s);
          label = new JLabel("发送内容");
          tf = new JTextField(15);              // 创建文本行,用来输入会话内容
          ta = new JTextArea(30, 20);           // 创建文本区,用来显示会话内容
          sp = new JScrollPane(ta);             // 将文本区组件添加到滚动面板
          p = new JPanel();
          frame.add(sp);
          frame.add(p, BorderLayout.SOUTH);
          p.add(label);
          p.add(tf);
          frame.setSize(300, 250);
          frame.setVisible(true);
          frame.setDefaultCloseOperation(JFrame.EXIT_ON_CLOSE);
     }
}
```

服务器端程序为

```
import java.io.*;
import java.awt.event.*;
import java.net.*;
public class ChatServer implements ActionListener {
     ServerSocket server;
     Socket client;
     InputStream in;
     OutputStream out;
     SocketGUI sg;
     public ChatServer() {
          sg = new SocketGUI("服务器端");        // 创建服务器端界面
          sg.tf.addActionListener(this);        // 注册事件监听
          try {
               // 在服务器端的端口 8000 上创建监听服务
               server = new ServerSocket(8000);
               client = server.accept();         // 监听并接收客户端的连接请求
               sg.ta.append("已连接的客户端:" +
                         client.getInetAddress().getHostName()+ "\n\n");
               // 将连接的客户端信息追加到文本区的会话中
               in = client.getInputStream();    // 连接客户端的输入流
```

```
                out = client.getOutputStream();      // 设置输出流
            } catch (IOException ioe) {
                System.err.println(ioe);
            }
            while (true)                              // 接收客户端传来的内容
            {
                try {
                    byte[] buf = new byte[256];
                    in.read(buf);                     // 读入客户端的输入内容
                    String str = new String(buf);
                    sg.ta.append("客户端:" + str);  // 追加显示到文本区中
                    sg.ta.append("\n");
                } catch (IOException e) {
                    System.err.println(e);
                }
            }
        }
        public void actionPerformed(final ActionEvent e) {
            try {
                String str = sg.tf.getText();
                byte[] buf = str.getBytes();
                sg.tf.setText(null);
                out.write(buf);                       // 将内容写到输出流,送往服务器
                sg.ta.append("服务器:" + str);
                sg.ta.append("\n");                   // 将内容添加到文本区中
            } catch (IOException ioe) {
                System.err.println(ioe);
            }
        }
        public static void main(final String args[]) {
            new ChatServer();
        }
}
```

客户端程序为

```
import java.io.*;
import java.awt.event.*;
import java.net.*;
public class ChatClient implements ActionListener {
    Socket client;
    InputStream in;
    OutputStream out;
    SocketGUI sg;
    public ChatClient() {
        sg = new SocketGUI("客户端");                 // 创建客户端界面
        sg.tf.addActionListener(this);                // 注册事件监听
        try {
            client = new Socket(InetAddress.getLocalHost(), 8000);
            sg.ta.append("已连接到服务器:" +
                    client.getInetAddress().getHostName()+ "\n\n");
            in = client.getInputStream();
            out = client.getOutputStream();
        } catch (IOException e) {
```

```
                System.err.println(e);
            }
            while (true)                                // 接收服务器端的发送内容
            {
                try {
                    byte[] buf = new byte[256];
                    in.read(buf);                       // 读入服务器端的输入内容
                    String str = new String(buf);
                    sg.ta.append("服务器:" + str);
                    sg.ta.append("\n");                 // 追加显示到文本区中
                } catch (IOException e) {
                    System.err.println(e);
                }
            }
        }
        public void actionPerformed(final ActionEvent e) {
            try {
                String str = sg.tf.getText();
                byte[] buf = str.getBytes();
                sg.tf.setText(null);
                out.write(buf);
                sg.ta.append("客户端:" + str);
                sg.ta.append("\n");
            } catch (IOException ioe) {
                System.err.println(ioe);
            }
        }
        public static void main(final String args[]) {
            new ChatClient();
        }
    }
```

程序运行结果如图 9-3 所示。

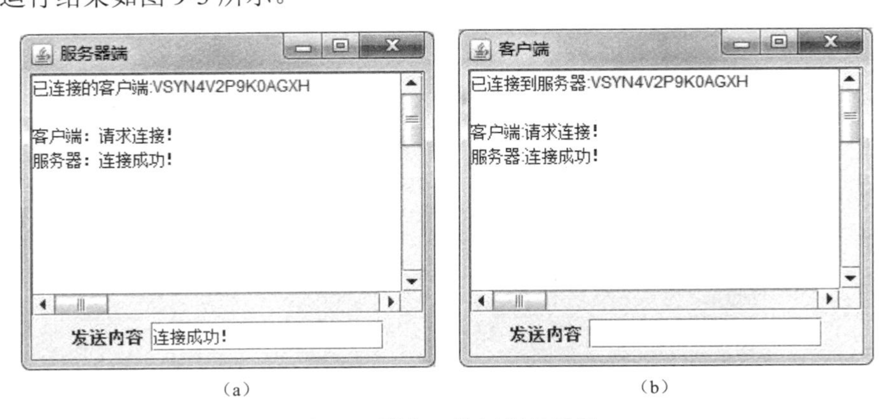

（a）　　（b）

图 9-3 ［例 9-4］运行结果图

（a）服务器端运行结果；（b）客户端运行结果

说明：先启动服务器程序，然后启动客户端程序。在客户端程序中，在文本框中输入要发送的内容，然后按“回车”键发送给服务器。服务器端输入回应内容，再发送给客户端。这个过程不断重复，直到两个程序中有一个结束。

此例虽然已经可以在客户端和服务器之间进行通信，但是服务器端只能响应一个客户端的连接请求，进行一对一的服务。对于大部分网络应用程序来说，常常需要同时处理多个客户端的访问需求。

9.2.5 支持多客户的 Client/Server 程序

在实际应用中，多个客户端同时连接到一个服务器端的情况很常见。比如网络聊天群，它的服务器端程序持续运行，多个客户端都可以连接到它。这需要使用多线程技术来实现。在服务器端程序中，当获得连接时，需要开启专门的线程处理该连接，每个连接都由独立的线程实现。

本小节将首先以一个字符界面下的支持多客户、单次会话的 Client/Server 程序为例，介绍如何利用多线程技术实现同一服务器端程序接收多个客户端程序会话信息的情形。然后通过一个图形用户界面下的网络聊天群程序，来说明服务器端程序怎样进一步将多个客户端发送来的信息转发给聊天群中所有成员。

【例 9-5】 字符界面的支持多客户、单次会话的 Client/Server 程序。

分析：本例除了服务器类（Sever 类）和客户端类（Client 类）外，还包括一个为每个客户端提供服务的线程类 Handler 类。

当一个新的客户端连接建立之后，要进行流对象的创建及数据交换，这些功能由 Handler 类对象来实现。Handler 类通过构造方法将客户端连接对象传递进来。此外，Handler 类还需要实现 Runnable 接口，定义为客户端服务的线程体 run()方法。在 run()方法中创建获取客户端数据的输入流对象 dis，并将连接对象的 IP 地址和端口号、客户端发来的会话信息打印输出到控制台上。

```
import java.net.*;
import java.io.*;
class Handler implements Runnable {
     private Socket socket;
     public Handler(Socket socket) {
          this.socket = socket;
     }
     public void run() {
          try {
               System.out.println("新连接:" + socket.getInetAddress() + ":"+
                                   socket.getPort());
               DataInputStream dis = new DataInputStream(
                                        socket.getInput Stream());
               System.out.println(dis.readUTF());
          } catch (Exception e) {
               e.printStackTrace();
          }
     }
}
```

Server 类是服务器类，服务器端每接收到一个客户端的连接，就创建一个专门线程并启动它来为客户端提供服务。因为需要为多个客户端提供服务，所以将 accept()方法置于循环中，不断检测是否有客户端发送了连接请求。一旦有客户端的连接，就向连接对象传递给包含了为客户端服务的线程体 Handler 对象，同时启动服务线程。

```
import java.net.*;
import java.io.IOException;
public class Server {
     public static void main(String[] args) throws Exception {
          new Server().service();
     }
     public void service() throws IOException {
          ServerSocket ss = new ServerSocket(2345);
          while (true) {
               Socket s = ss.accept();
               System.out.println("一个客户端已连接!");  // 主线程获取客户端连接
               Thread workThread = new Thread(new Handler(s)); // 创建线程
               workThread.start();
          }
     }
}
```

Client 类为客户端类，用以连接服务器端，创建输出流对象 os，向服务器端发送一句会话信息“Hello server!”。

```
import java.net.*;
import java.io.*;
public class Client {
     public static void main(String[] args) throws Exception {
          Socket s = new Socket("127.0.0.1", 2345);
          OutputStream os = s.getOutputStream();
          DataOutputStream dos = new DataOutputStream(os);
          Thread.sleep(2000);
          dos.writeUTF("你好,服务器!");
          dos.flush();
          dos.close();
          s.close();
     }
}
```

程序运行结果为

```
一个客户端已连接!
新连接:/127.0.0.1:60040
你好,服务器!
一个客户端已连接!
新连接:/127.0.0.1:60041
你好,服务器!
一个客户端已连接!
新连接:/127.0.0.1:60042
你好,服务器!
```

说明：通过在服务器端启动多线程来监听客户端的连接请求，就可以实现多个客户端的同时连接。从运行结果可以看到服务器端同时接收到三个客户端发送来的会话数据。每当一个新的连接建立，就同时创建一个新的线程来处理服务器和新客户端之间的通信，这样就可以有多个连接同时运行。为了方便说明，本例中并未进行异常处理，请读者将程序进一步完善。

如果服务器端需要将收到的会话数据转发给其他各个客户端，则还需要保存下来每一个客户端的连接，见［例 9-6］。

【例 9-6】 图形界面下的支持多客户接收转发的 Client/Server 会话程序。

分析：编程实现一个网络聊天群，如图 9-4 所示。多个客户端可以同时连接到一个服务器端，服务器端可以将客户端发送来的会话信息转发给其他各个客户端，每个客户端接收的转发信息将标注是由哪个客户端发出的。

同［例 9-4］一样，构造 SocketGUI 类，为会话程序提供统一的界面。构造 ChatServer 类为服务器类，需要编写接收连接服务的方法、提供服务的线程体的定义及转发客户端会话信息的方法。通过构造方法在指定端口上开启服务，并创建服务器端界面对象。通过 startServer()方法，接收连接，每当接收到一个客户端的连接就将其传入包含线程体的 ClientConn 对象中，并保存到动态数组 cClient 中。在服务器类内定义内部类 ClientConn，在该类中定义为客户端提供服务的线程体，用以循环读取客户端发送来的会话信息，并使用迭代器 Iterator 遍历 cClient 中的所有对象，通过 send()方法将会话信息转发给聊天群中的其他客户端。

在［例 9-5］中，只有服务器端开启了专门的线程来处理多个客户的连接服务，在本例中，客户端也需要建立专门的接收会话线程。构造 ChatClient 类为客户端类，通过构造方法连接指定服务器程序，并启动接收服务器端会话的线程；通过内部类 ReceiveThread 来处理服务器端转发来的会话信息。

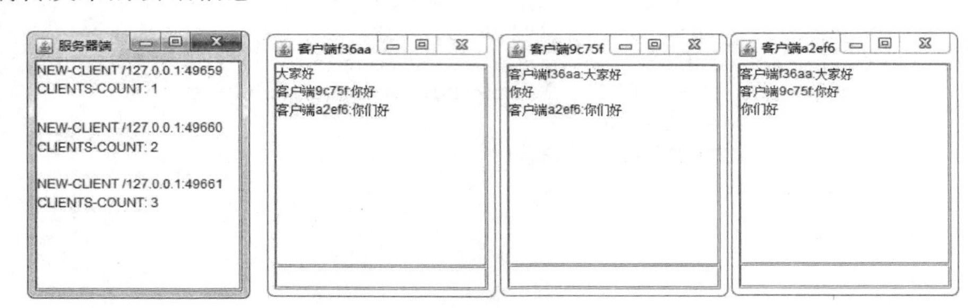

图 9-4 ［例 9-6］运行示例图

因为篇幅所限，完整的程序编码请读者从本书配套资料中下载。

本章主要介绍了网络通信的基本概念，Java 中的 Socket 通信机制及客户/服务器会话程序的实现。通过本章的学习，读者可以掌握面向连接的多客户端、多次会话的 Socket 通信程序的实现方式。

编程题

1．编程获取本机的 IP 地址和本校校园网的 IP 地址。

2．利用 URL 类访问网上资源，读出网址 www.sina.com.cn 的主页内容。

3．编写一个会话程序。要求：会话双方可以自由通话，看到对方发来 Exit 则退出。

4．从键盘上输入主机名称，编写类似 ping 的程序，测试连接效果。

5．写出使用多线程使得一个服务器同时为多个客户程序服务的基本框架。

6．编写一个支持多客户访问的多次会话程序，当客户端从键盘输入“Hello”，服务端响应为“Hello”，当客户端输出“Exit”，则退出程序。

参 考 文 献

[1] Bruce Eckel．Java 编程思想．陈昊鹏，译．北京：机械工业出版社，2007．
[2] Herbert Schildt．Java 8 编程入门官方教程．6 版．王楚燕，鱼静，译．北京：清华大学出版社，2015．
[3] 张基温．新概念 Java 教程．北京：中国电力出版社，2010．
[4] 印旻，王行言．Java 语言与面向对象程序设计．2 版．北京：清华大学出版社，2007．
[5] C．Thomas Wu．面向对象程序设计教程（Java 版）．马素霞，等，译．北京：机械工业出版社，2007．
[6] 陈国君，等．Java 语言设计基础．4 版．北京：清华大学出版社，2013．
[7] Joshua Bloch．Effective Java 中文版．2 版．杨春花，俞黎敏，译．北京：机械工业出版社，2009．
[8] 常建功，陈浩，黄淼，等．零基础学 Java．4 版．北京：机械工业出版社，2014．
[9] Cay S．Horstmann，Gary Cornell．Java 核心技术·卷 1：基础知识．9 版．北京：机械工业出版社，2013．
[10] 传智播客高教产品研发部．Java 基础入门．北京：清华大学出版社，2014．
[11] Jim Waldo．Java 语言精粹．王江平，译．北京：电子工业出版社，2011．